四川名特水产养殖

主　编　覃川杰

副主编　齐泽民

科学出版社

北　京

内 容 简 介

四川是名特水产养殖大省，在不断开发四川本地野生鱼类资源的基础上，也广泛地引进了大量外来名优水产养殖品种。本书较为系统地介绍四川新开发、新引进的名优水产养殖品种的生物学特性、人工繁殖、苗种培育、成鱼养殖及疾病防治等内容，集鱼类生物学基础、养殖技术理论和生产养殖技术为一体，较为全面地总结当前四川主要养殖名特鱼类的养殖现状、养殖技术。

本书可作为相关院校水产养殖专业教学用书，也可供水产科研人员、水产企业养殖生产者参考。

图书在版编目（CIP）数据

四川名特水产养殖/覃川杰主编. —北京：科学出版社，2017.6

ISBN 978-7-03-053607-5

Ⅰ. ①四… Ⅱ. ①覃… Ⅲ. ①水产养殖业–概况–四川 Ⅳ. ①S9

中国版本图书馆 CIP 数据核字（2017）第 137532 号

责任编辑：张 展 孟 锐 / 责任校对：王 翔
责任印制：罗 科 / 封面设计：墨创文化

科学出版社出版
北京东黄城根北街 16 号
邮政编码：100717
http：//www.sciencep.com
成都锦瑞印刷有限责任公司印刷
科学出版社发行 各地新华书店经销
*
2017 年 6 月第 一 版 开本：787×1092 1/16
2017 年 6 月第一次印刷 印张：16
字数：377 000

定价：88.00 元

（如有印装质量问题，我社负责调换）

本书编写受到以下项目支持

1. 卓越水产养殖专业人才培养试点项目（14J001）

2. 水产养殖专业综合改革项目（13B004）

3. 本科院校专业（群）转型发展改革试点项目

4. 农科教合作人才培养实践基地项目（SJ15002）

5. 四川省普通高校应用型本科示范专业建设项目

6. 四川省应用基础研究项目：瓦氏黄颡鱼摄食节律和精准投喂关键技术研究及应用（2017JY0161）

编委会名单

主　编：覃川杰

副主编：齐泽民

编写人员（按照章节顺序）

第一章：白甲鱼　陶　敏

第二章：黄鳝　陶　敏

第三章：花鲭　覃川杰

第四章：齐口裂腹鱼　覃川杰

第五章：斑点叉尾鮰　谢碧文

第六章：长吻鮠　谢碧文

第七章：大口黑鲈　黄泽金

第八章：大口鲇　李华涛

第九章：鳜鱼　李　锐

第十章：黄颡鱼　王永明

第十一章：胭脂鱼　李华涛

第十二章：中华倒刺鲃　李　斌

第十三章：鲟鱼　邹远超

第十四章：乌鳢　邹远超

第十五章：台湾泥鳅　岳兴建

第十六章：乌苏里拟鲿　王永明

前　言

自改革开放以来，四川省水产经济以蓬勃的生机与活力，持续快速发展。2014 年四川省水产品总产量达到 133 万吨，渔业产值 325 亿元，全省水产养殖面积 294.2 万亩，稻田养鱼面积 449.7 万亩。全省生产鱼苗 149.52 亿尾，培育鱼种 8.73 万吨。水产养殖业已成为我省大农业中发展速度最快的产业之一，为保障农产品供给和国家粮食安全、增加农民收入、繁荣农村经济、建设社会主义新农村做出了重要贡献。

四川省地处长江上游，水域宽阔，鱼类资源丰富，有大小河流近 1000 条，有自然分布的水生动物 230 余种，占全国淡水水生动物种类的 27%，占长江水系水生动物种类的 2/3。其中特有鱼类 100 余种，经济鱼类 80 余种，具有丰富的水产种质资源。水产养殖品种达到 40 多种，苗种已基本实现人工繁育。据不完全统计，2013 年全省生产繁育面积在 30 亩以上的生产单位有 285 个，全省实际生产鱼苗 202 亿尾，大规格鱼种 14.87 万吨，名优特色品种鲇、裂腹鱼、黄颡鱼、花䱻、长吻鮠等鱼苗生产量居全国前列；名特水产繁殖和苗种培育已成为四川重要的农业产业。本书的编写即是为了总结和整理四川境内新开发和新引进的名特鱼类的人工养殖技术。

本书依据编者们从事多年的名特水产养殖的科研和教学工作，在收集大量相关养殖资料的基础上，用时一年多时间精心编写而成。在编写过程中，编者们不仅查阅国内相关的研究文献，还实地走访和考察名特鱼类的繁殖场，与经验丰富的养殖工人交流学习。本书比较系统地从生物学特性、亲鱼培育、人工繁殖、苗种培育、成鱼养殖及病害防治等方面介绍目前四川主要养殖的名特鱼类；结合四川的养殖模式，着重介绍水产养殖应用技术，力求反映目前四川名特水产养殖的发展及技术水平。

本书在编写过程中，得到了四川眉山春天渔场、都江堰日兴鲟鱼科技有限公司等多家名特水产养殖企业的技术专家及工作人员的指导，在此特向各位表示感谢，本书引用部分企业科研学者发表的图片，在此一并表示感谢。

由于本书涉及的名特鱼类较多，时间仓促，加之编者养殖实践水平有限，书中错误或遗漏之处，敬请读者批评指正。

目　　录

第一章　白甲鱼……1

1.1　生物学特征……1

1.2　人工繁殖……4

1.3　成鱼养殖……8

1.4　病害防治……9

主要参考文献……10

第二章　黄鳝……12

2.1　生物学特征……12

2.2　人工繁殖……16

2.3　成鳝养殖……23

2.4　病害防治……28

主要参考文献……36

第三章　花鲭……38

3.1　生物学特征……38

3.2　人工繁殖……40

3.3　鱼种与成鱼养殖……43

主要参考文献……48

第四章　齐口裂腹鱼……50

4.1　生物学特征……50

4.2　人工繁殖……53

4.3　苗种培育……55

4.4　成鱼养殖……57

4.5　病害防治……59

主要参考文献……66

第五章　斑点叉尾鮰……67

5.1　生物学特征……67

5.2　人工繁殖……68

5.3　苗种培育……72

5.4　成鱼饲养……75

5.5　病害防治……78

主要参考文献……88

第六章　长吻鮠……90
6.1　生物学特征……90
6.2　人工繁殖……91
6.3　苗种培育……95
6.4　成鱼饲养……98
6.5　病害防治……101
主要参考文献……107
第七章　大口黑鲈……108
7.1　生物学特征……108
7.2　人工繁殖……110
7.3　苗种培育……112
7.4　池塘成鱼养殖……115
7.5　鱼病防治……116
主要参考文献……118
第八章　大口鲇……119
8.1　生物学特征……119
8.2　人工繁殖……120
8.3　成鱼养殖……122
8.4　病害防治……126
主要参考文献……128
第九章　鳜鱼……130
9.1　生物学特征……130
9.2　人工繁殖……132
9.3　鱼苗培养……134
9.4　苗种培育……135
9.5　成鱼池塘养殖……137
9.6　网箱养殖……137
9.7　病害防治……139
9.8　成鱼捕捞……140
主要参考文献……140
第十章　黄颡鱼……141
10.1　生物学特征……141
10.2　人工繁殖……143
10.3　苗种培育……147
10.4　成鱼养殖……152
10.5　病害防治……153
主要参考文献……159

第十一章　胭脂鱼 ……162
11.1　生物学特征……162
11.2　人工繁殖……164
11.3　养殖技术……166
11.4　病害防治……171
主要参考文献……171
第十二章　中华倒刺鲃 ……173
12.1　生物学特征……173
12.2　中华倒刺鲃亲鱼来源、培育、繁殖技术……176
12.3　中华倒刺鲃放流大规格鱼种培育……183
12.4　中华倒刺鲃苗种放流技术……185
主要参考文献……187
第十三章　鲟鱼 ……188
13.1　世界鲟鱼概况……188
13.2　生物学特征……198
13.3　人工繁殖……201
13.4　鲟鱼苗种培育……203
13.5　食用鱼饲养……205
13.6　鲟鱼病害防治……208
13.7　结语……210
主要参考文献……211
第十四章　乌鳢 ……216
14.1　生物学特征……216
14.2　繁殖技术……219
14.3　成鱼养殖……225
14.4　病害防治……227
14.5　结语……230
主要参考文献……230
第十五章　台湾泥鳅 ……231
15.1　生物学特征……231
15.2　人工繁殖……232
15.3　苗种培育……233
15.4　成鱼养殖……234
15.5　病害防治……234
主要参考文献……235
第十六章　乌苏里拟鲿 ……236
16.1　生物学特征……236

16.2　人工繁殖 ······ 237
16.3　苗种培育 ······ 239
16.4　成鱼养殖 ······ 240
16.5　病害防治 ······ 241
主要参考文献 ······ 243

第一章　白　甲　鱼

白甲鱼，属鲤形目，鲤科，鲃亚科，白甲鱼属，俗称白甲、爪流子、腊棕、圆头鱼、泥鲮、帅鱼，为淡水温水性鱼类，分布于长江干流及支流、珠江、元江等水系，是当地优质经济鱼类。该鱼生长速度较快，在产区捕获物中所占比重较大，肉细嫩，味鲜美，营养丰富，极有经济开发价值。但由于水利设施如梯级水电站造成的阻隔，再加上过度捕捞和环境污染，野生白甲鱼资源日益枯竭。近年来白甲鱼人工繁殖和育苗技术日趋成熟，在重庆、四川等地，池塘、网箱养殖白甲鱼成鱼以及苗种培育取得初步成功。

1.1　生物学特征

1.1.1　形态特征

白甲鱼（图 1-1）体长而侧扁，略呈纺锤形，背部呈弧形，腹部圆。头短而宽，吻端钝圆，向前突出，吻皮下垂盖没入上颌中部边缘，吻侧有明显裂沟自前眶骨前缘斜行向口角。口颇宽，下位，呈弧形，横裂，上颌后端达眼前缘的正下方。下颌裸露，具有尖锐的角质边缘。上唇与下颌愈合，下唇仅限于口角，唇后沟很短，不及眼径的 1/2。幼鱼（13cm 以下）有 1 对口角须或 2 对须，成鱼须退化至消失。鼻孔距眼前缘较吻端为近。

图 1-1　白甲鱼

眼在头侧的中上位，眼上缘与鳃孔上角成一水平线。鳃盖膜在前鳃盖骨后缘的下方连于峡部。鳞片中等大，胸腹部鳞片较小。背鳍和腹鳍基具鳞鞘，腹鳍基外侧具狭长腋鳞，其长接近腹鳍的 1/2。侧线完全，胸鳍处略下弯后平直地伸入尾鳍基正中。

背鳍外缘内凹，末根不分枝，鳍条为较强的硬刺，后缘具锯齿；末根不分枝鳍条最长，大于头长。胸鳍末端不达腹鳍起点，相距 3 或 4 枚鳍片。腹鳍略短于胸鳍，起点在背鳍起点之后下方，约相差 3 列鳍片，末端接近肛门。臀鳍条接肛门之后，稍内凹，末端不达尾鳍基。背鳍具有 1 根后缘有锯齿状的硬刺，其尖端柔软。尾鳍叉形，上叶较下叶稍长。

鳃耙短小，侧扁，呈三角形，排列紧密。下咽齿顶端膨大，稍弯，有斜凹面，所有齿冠处于同一水平。鳔 2 室，前室圆筒形，后室细长，后室长度为前室的 2.4 倍左右。背部青灰色，腹部灰白色，体侧鳞片基部有新月形暗斑。背鳍和尾鳍黄褐色，其余浅灰色。

背鳍iv～8，臀鳍iii～5，胸鳍 i ～15～16，腹鳍 ii ～8。侧线鳞 47～49，背鳍前鳞 13～16，围尾柄鳞 16。第一鳃弓外耙 30～39，内耙 46～56。下咽齿 3 行，2.3.4/4.3.2。脊椎骨 4+40～41。

体长为体高的 3.0～4.1 倍，为头长的 4.3～5.6 倍，为尾柄长的 4.9～5.9 倍，为柄高的 7.9～9.9 倍。头长为吻长的 2.6～3.1 倍，为眼径的 3.8～5.3 倍，为眼间距的 2.0～2.7 倍，为口宽的 3.5～4.4 倍。尾柄长为尾柄高的 1.8～2.2 倍。

1.1.2　地理分布

白甲鱼属在我国各大江河流域中分布有 14 个品种，主要分布于长江水系干、支流流域的水体中，在嘉陵江、岷江、沱江、渠江、清江、酉水和赤水河等地均有分布，珠江水系中也有少量分布。

1.1.3　生活环境与习性

白甲鱼属于广温性鱼类，适应温度为 0～36℃，最适摄食生长温度 15～28℃，水温在 10℃以上时开始摄食，30～30.5℃食欲减弱，超过 34℃时基本停食。在溶氧为 3.5mg/L 时仍能正常生活，最佳摄食生长溶氧量为 4.0mg/L 以上，当水体中溶氧低于 1.34mg/L 时开始浮头，溶氧量低于 0.58mg/L 时鱼表现迟钝，呼吸频率加快并出现死亡。正常摄食生长的 pH 为 6.8～8.5，有机物耗氧量小于 8.5mg/L，总氮不超过 0.48mg/L，亚硝酸盐在 18μg/L 以下。

白甲鱼在天然水体中主要生活于急流的环境条件下，喜欢在有着生藻类的底层栖息活动。立春后成群溯游到支流摄食产卵，立秋后则顺水而下，在长江的深水处越冬。每年 9～10 月进入长江干流的湾沱中越冬，成群栖于底部有着生藻类的乱石间等处。至第二年春天水位升高时溯游进入长江支流，溯河索食、肥育和繁殖，白天在深水处活动，夜间游至乱石滩有着生藻类的近岸摄食与活动。

1.1.4　食性与生长

1. 食性

白甲鱼是一种刮兼滤食性鱼类，食物以藻类为主，主要是硅藻和绿藻，其中以硅藻的出现频率最高，如桥弯藻、异极藻、曲壳藻、菱形藻等；次要饵料为水蚯蚓和摇蚊幼虫；偶然饵料为其他水生昆虫等，出现频率很低。从食物的组成、出现频率和饵料生物的生态类群来看，白甲鱼是以固着藻类为主兼食其他动物性饵料的植物食性鱼。但白甲鱼下颌角质化，应属于底栖刮食性为主的鱼类，并能摄食含蛋白质36%～38%的人工配合饲料。白甲鱼摄食与水温关系较为密切，通常在2月底至5月初摄食强度为最大；冬季与生殖季节一般摄食量较少，有时停止摄食。

2. 年龄与生长

白甲鱼属于生长速度较快的鱼类，常见个体体重为1.8kg以上。体长增长以1～5龄鱼为最快；5龄以前体重增长无减缓的趋势。

1.1.5 繁殖生物学

白甲鱼的初次性成熟年龄，雄鱼最小成熟个体为3龄，4龄鱼基本上全部成熟；雌鱼最小成熟个体为4龄，5龄雌鱼全部成熟。

在非生殖季节雌雄鱼区别不明显，生殖季节性腺成熟的亲鱼较易区别，雄鱼体色为深灰白色，有明显的婚装，吻部或上颌部及臀鳍可见不规则的珠星，用手摸有粗糙刺手感，腹部不膨大，用手挤压腹部可有少量的精液流出，精液入水易散；雌鱼体灰白色，较浅，上颌缘和鳃盖两侧无珠星，较光滑，腹部稍有膨大，有明显轮廓，生殖孔微红，生殖孔突起呈管形。

白甲鱼在长江流域的产卵场大多分布于支流及其上游水流湍急的江段，在石质或沙砾质河床流水处产卵，卵附着在水底砾石上孵化。产卵处流速多为0.6～0.8m/s。在嘉陵江、岷江、沱江、渠江、酉水和赤水河等支流的产卵时间为4～5月。产卵水温20～28℃，最佳水温21～24℃。水温超过27.5℃，出现畸形胚胎或发育停止而死亡。性成熟雌鱼卵巢以Ⅲ期越冬，到3月初卵巢开始发育，在4月中旬左右卵巢达到Ⅳ期，属于一次性产卵型鱼类。性成熟的亲鱼怀卵量随个体增长有所差异，绝对怀卵量为每克体重16～26粒，相对怀卵量为每克体重14.9～41.3粒。通常1.5～2.0kg的4龄亲鱼怀卵量为3万～3.1万粒；2.5～3.0kg的5龄亲鱼怀卵量为3.9万～6.5万粒；3.0～3.5kg的6龄亲鱼怀卵量为4.5万～7.5万粒。

性成熟的Ⅳ期卵巢呈橘黄色，卵径为1.99～2.31mm，黏性较弱，卵膜间隙较小，吸水较慢，吸水膨胀系数较低，吸水膨胀后卵膜直径为2.68～3.19mm。受精卵在水温22～25℃时从受精卵到仔鱼出膜时间为43～45h，水温23～26℃时孵化出膜时间为38～40h。受精卵孵化出膜68天幼鱼鳞片生长完全。刚出膜的仔鱼全长6.5mm，体色粉红，鳃弧形成，眼内有色斑。孵化出膜后2天，全长7.5～8.1mm，体表开始出现色素细胞。孵化出膜后4天，全长8.6～9.5mm，鳔出现；出膜5天，全长9.92～10.2mm，卵黄囊消失；出膜后15天，全长20～22mm，尾鳍基部出现分叉；出膜后20～25天，全长30～35mm，全身披鳞，各鳍发育完善，具备成鱼特征。

1.2 人工繁殖

1.2.1 白甲鱼亲鱼的来源与雌雄鉴别

亲鱼品质的选择与人工亲鱼培育是人工繁殖的重要环节。长江流域干、支流水体中白甲鱼属有白甲鱼、四川白甲鱼、稀有白甲鱼、粗须白甲鱼、多鳞白甲鱼、短身白甲鱼 6 个品种，因此，必须根据生物学特征与经济性状的要求进行亲鱼的选择，保证种质纯正。

1. 亲鱼的来源与选择

亲鱼主要来源为天然水体中收集的野生亲鱼或人工培育至性成熟的商品鱼，以及从天然水体中收集的野生苗种经池塘人工培育而性成熟的亲鱼。繁育的纯种亲鱼必须按生物学与外部形态特征筛选后才能作为繁育苗种的亲鱼使用，并对亲鱼进行标记防止近亲交配。

2. 亲鱼的雌雄鉴别与比例

在非生殖季节及未成熟的亲鱼不易区别雌雄，通常根据鱼体的形态及体色来区别：雌鱼体为灰白色，其体型背部比雄鱼的高，体长稍短，生殖器部位两侧有两瓣鳞鞘；雄鱼体色为灰青色，体型的背部比雌鱼矮一些，体长较长。池塘放养亲鱼的雌雄比例以 1∶1 为宜。

1.2.2 亲鱼培育

白甲鱼亲鱼池塘培育极为重要。亲鱼培育的好坏直接关系到亲鱼性腺发育的成熟度，以及亲鱼人工繁殖成功率，影响到催产率、产卵率及孵化率等的高低。

1. 亲鱼培育池及生态环境

亲鱼培育池必须满足的条件：面积 3～4 亩（1 亩≈666.7m^2），水深 1.5m 以上，水源充足，进排水方便，池底平整，少泥或埂质泥，挖除池底过多的淤泥，维修和加固塘埂，割除杂草。在亲鱼放养前，应对池塘进行严格的清塘消毒和杂草清除。每亩用生石灰 100～120kg 干池泼洒消毒。池塘生态环境条件：溶氧在 5mg/L 以上，pH7.2～8.5，水体透明度 35cm 以上，要保持池水的一定肥度，亲鱼培育所用水源水质应符合淡水渔业水质标准的要求，并定期加注新水。

2. 亲鱼放养密度

根据亲鱼不同年龄其放养密度有所不同，3 龄左右的后备亲鱼每亩放养 250～280 尾，总重 250～300kg；4 龄亲鱼每亩放养 180～200 尾，总重 300～350kg；5 龄亲鱼每亩放养 160～180 尾，总重 300～350kg。同时在亲鱼培育池中混养 20cm 左右的花鲢每亩 15～20 尾，白鲢 80 尾，以调节池塘的水质。注意不能放养草鱼、鲤鱼、鲫鱼，因为它们与白甲鱼争食，会影响亲鱼的性腺发育。

亲鱼在放养前要用 2%～3%的食盐溶液浸浴鱼体 10～15min 进行消毒，预防疾病发生。

3. 亲鱼饵料及投喂

根据亲鱼培育中所需求的营养配置含粗蛋白 33%～38%的人工配合颗粒饵料，适当补充青苔等着生植物，保持亲鱼培育池中有大量的硅藻类。根据不同水温变化投喂量有所不同：水温 10～15℃投喂量占体重的 0.8%～1%；水温 15～20℃为 1.5%～2%；水温 20～25℃为 2.5%～3%；水温 25～30℃为 3%～4%。其投喂方法为每天上午 8：00、下午 4：00 各投喂一次，根据白甲鱼在水体底部摄食的特点，首先在饵料投喂点用少量的饵料诱导鱼集中摄食后再边投喂边摄食，待摄食鱼群集减少不抢食后不再投喂。在第二年春天亲鱼正常摄食后，必须适当投喂青苔等，促进亲鱼性腺正常发育顺利产卵。

4. 亲鱼的培育管理

亲鱼培育管理较为重要，应注意池塘生态环境条件的变化，加强池塘管理。在日常管理中，要注意调节池塘水质，并视天气、水温和亲鱼的摄食状况等情况适当调节投喂量。亲鱼入塘前，首先用生石灰进行池塘消毒除野，将选择好的后备亲鱼经过严格消毒处理后放入池塘单养。每半个月给培育池塘冲新水一次，尤其在亲鱼繁殖前一个半月每 4～5 天冲水一次，以促进亲鱼性腺的发育。每半个月用生石灰、二氧化氯、杀虫剂等药物消毒一次，防止病害发生。

春季随着水温上升并稳定在 10℃以上时，应及时投饵，并将池塘内越冬的老水换掉一半，然后加注新水至 1m 水深，以改善水质，提升水温，促进亲鱼的生长。随着水温的上升，亲鱼的摄食量逐渐增大，此时，要注意投足饵料，并应投喂一些青苔促进亲鱼性腺发育。待亲鱼临产前要少投喂饵料或停止投饵。

在亲鱼培育池塘中要时常注意观察白甲鱼在培育池中的活动状态，如发现亲鱼在池塘中产生转圈或游动急躁不安，必须进行寄生虫与细菌性病害的防治，防止亲鱼不产卵与发病死亡。

1.2.3 人工繁殖

1. 催产的亲鱼选择

白甲鱼人工催产成败的关键是亲鱼的选择，应选择体质健壮、无病、无伤、游动较正常、体型完整的个体。在生殖季节，性腺成熟的亲鱼雌雄及成熟度较易区别和选择。雄鱼体呈深灰白色，上颌前缘可见不规则珠星，用手摸有粗糙感并刺手，体呈侧扁平长形，腹部不膨大，用手挤压腹部有精液流出，入水后立即散开而成雾状，生殖孔的末端微红。雌鱼体呈浅灰白色，上颌光滑不刺手，体背高侧扁形，腹部较膨大，卵巢轮廓较明显，有流动感，腹鳍至臀鳍的腹区较软有弹性，用手轻压腹部生殖孔形成管状，生殖孔肿胀微红。

选择亲鱼时尽量避免在操作过程中伤害亲鱼，因为白甲鱼性情急躁，在抬网时较易乱跳动，尽量避免长时间离开水体。

2. 人工催产设施

将流水水泥池、四大家鱼常用的产卵池作为白甲鱼的人工催产池较为适宜。白甲鱼是一种性情急躁喜欢跳跃的鱼，必须在产卵池上口用网盖好，防止亲鱼跳出产卵池受伤影响产卵。产卵池的水深应保持在 1.2m 以上，池底光滑。

3. 催产药物种类及使用剂量

白甲鱼的人工催产有效药物如下：鲤脑垂体（PG），用量为每千克体重 2～3mg；促黄体释放激素类似物（LRH-A_2），用量为每千克体重 10～15μg；绒毛膜促性腺素（HCG），用量为每千克体重 800～1200IU；地欧酮（DOM），用量为每千克体重 5～10mg。必须 3 种药物同时混合使用，每种药物单独使用的效果较差或不产卵，其方法是 PG+LRH-A_2+HCG 或 DOM+LRH-A_2+HCG。

4. 催产剂注射及效应时间

白甲鱼亲鱼放入产卵池中催产的雌雄比例以（1∶1）～（1∶1.2）为佳。亲鱼采用胸鳍基部注射，雌鱼分两次注射，第一次为总剂量的 1/10～1/8；雄鱼一次注射，剂量为雌鱼的 1/2 或 3/5。雌鱼第一次和第二次注射间距的时间根据不同水温而定，水温 19～21℃为 12～14h，22～25℃为 11～12h，26～28℃为 10～11h。产卵效应时间通常控制在第二天早上 5：00～8：00 进行产卵受精，第二次注射至产卵效应时间根据水温不同有所差异：水温 19～21℃第二次注射至产卵效应时间为 12～13h，22～25℃为 10～11h，26～28℃为 8～10h。

5. 人工授精

白甲鱼的人工授精效果最佳的为干法授精。当到达催产亲鱼的效应时间，雄鱼开始追雌鱼，而且亲鱼开始在水体表面游动时即可进行人工授精。其方法为先将亲鱼用网捞起，放入小型担架内，鱼体表水不擦干，轻压鱼腹，将卵子和精子同时挤入干净无毒的容器中，用鸡毛轻轻搅动 1～2min，使精卵充分混合均匀后，首先加入少量清水再拌半分钟后，徐徐加放清水，边搅边加水 1～2min，再将受精卵放入孵化桶及孵化环道中进行微流水孵化。白甲鱼的受精卵呈弱黏性，放入孵化容器中立即粘在桶壁上，30～60min 后鱼卵自动脱落随水流漂动孵化。

1.2.4 人工孵化

1. 孵化方式

白甲鱼卵呈橘黄色，微弱黏性，在流水条件下基本上不产生黏性，适合在孵化桶、孵化环道中微流水条件下孵化。流水使受精卵在孵化器中漂动，待受精卵吸水膨胀达到最大时慢慢降低流速，只要能使受精卵漂动孵化的微流水即可，流水冲力过大会影响胚胎正常发育。在鱼苗出膜时应稍稍加大流水量，但不宜过大，待鱼苗出膜完后再将孵化器内流水量调至能使鱼苗在孵化器水体中微弱漂动的状态。当鱼苗能稍作游动后将其取出，放入水泥池或网箱中进行短暂饲养。在水温 19～21℃的条件下，需 42～48h 仔鱼出膜；水温 24～26℃的条件下，需 40～42h 仔鱼出膜。最适孵化水温为 21～25℃；水温超过 27.5℃时，受精卵会出现死亡，或孵化出的仔鱼产生畸形及死亡。

2. 孵化管理

受精卵人工孵化的管理比较重要，在整个孵化过程中必须保证水质清新，无泥沙及污染物，无敌害生物；保持溶氧在 6mg/L 以上，pH 为 6.8～8.0。如遇水温过低时要注意预防水霉病的发生，及时用药。鱼苗出膜后破碎的卵膜易使过滤纱网孔堵塞，要注意时常清洁，防止因纱网堵塞致使满水而鱼苗外逃。此外还需注意整个孵化过程必须在室内避光条件下进行。

3. 仔鱼暂养

刚孵化出膜的仔鱼体呈橘黄色，卵黄囊较大，呈球形或椭圆形，占体长的 1/4.2～1/3.8，不能正常平游，伏于池底，在避光处集群活动。因此，刚孵出的仔鱼必须进行暂养后方可放入池塘进行苗种培育。仔鱼暂养通常采用的设施是网箱与流水水泥池两种。网箱中需暂养 3 天左右，流水水泥池中需暂养 8～10 天，待鱼苗体长为 10～12mm 后，再进行鱼苗培育。

网箱暂养：首先将鱼苗网箱在流水池或鱼苗培育池中固定好，然后将从孵化器中取出的鱼苗放入网箱内进行暂养。待鱼苗开始摄食外界营养物后投喂蛋黄浆。暂养鱼苗的放养量根据网箱放置的条件而定，流水池网箱中每平方米放养 8000 尾左右；池塘网箱中每平方米放养 5000 尾左右。

流水水泥池暂养：首先将水泥池消毒，池底清洗干净，灌入清新透明的水，池底须无泥沙，因为放入池中的鱼苗喜欢在池底活动。放养量为每平方米 5000～8000 尾，并保持有微流水不断加入。

1.2.5 鱼苗培育

长江流域野生白甲鱼资源极少，除亲鱼数量有限外，主要原因是鱼苗出膜后对水环境要求较高，苗种成活率极低。环境条件差较易引起苗种激烈活动导致死亡，温差反应等也会引起苗种批量死亡。白甲鱼的幼苗培育（即从带卵黄囊仔鱼培养成 3.5cm 左右体长的阶段）是整个苗种培育过程中最关键的环节，直接影响到苗种成活率。苗种培育要经过鱼苗培育和鱼种培育两个阶段。

1. 鱼苗培育池

鱼苗培育池一般是采用池塘与流水水泥池两种：池塘面积 500～700m^2，深度 1.2～

1.5m，水源充足，便于进排水。水质清新无污染物，进出水口设栅栏。放苗前10～15天将池水排干，清除池底淤泥及杂草等，每亩用生石灰100～120kg化浆趁热全池均匀泼洒消毒。消毒后第二天即可进水。初次进水水位应控制在60cm左右，每亩投放经过充分发酵、消毒的粪肥250～350kg，以利于饵料生物的大量繁殖。

流水水泥池面积为10～20m^2，水深0.8～1.0m，水源水质要求同上，进排水方便，出水口设栅栏，以防止鱼苗逃逸。将水泥池清洗干净用药物消毒，然后加入新水至水深为0.8～1.0m即可投放鱼苗培育。

2. 鱼苗放养密度与投喂

鱼苗的放养应根据池塘中浮游生物繁殖与池塘水质水色而定。选取孵化出膜后5天左右，体长一般达1cm的鱼苗放入鱼苗池培育，此时鱼苗已能摄食桡足类和枝角类。投放鱼苗前应用数尾鱼苗试水24h，情况正常后方可放养，每亩放养的密度为5万～6万尾。鱼苗在运输与放养时注意水温差不能超过2℃。每天泼洒黄豆浆3次，每天每万尾鱼苗用黄豆2～3kg。鱼苗生长到2.5～3cm时开始投喂含粗蛋白质36%～38%的人工配合的微型颗粒饵料；或者在池塘中设饵料台用分装的人工配合饵料拌成块状投喂，并适当搭配经过捣碎的青苔浆。

流水水泥池放养密度为每平方米3000～4000尾。鱼苗放养后，以微流水方式向水泥池中加水。每天投饵3次以上，前5天以投喂浮游动物和蛋黄为主，第6～10天投喂水蚤和粉状饲料，第11～30天以投喂含粗蛋白质36%～38%的微型颗粒饵料为主。

3. 饲养管理

在饲养期间，每天早晨坚持巡池，观察水色、鱼的活动及摄食情况，保证水体透明度保持在40cm左右，发现问题及时采取措施。池塘中浮游生物过多，水质不良，则应适当换水，降低饵料生物的密度，保持饲养水体充足的溶氧量。流水水泥池要保持微流水不间断。苗种饲养过程中水体保持溶氧在5mg/L以上，并定期做好鱼苗病害防治。经过30天左右的培育，鱼苗长到4～5cm的规格时，可进行大规格鱼种培育。

1.3 成鱼养殖

1.3.1 池塘准备与白甲鱼投放

养殖池塘应为土池，面积2～5亩为宜；池塘水深1.5～2m，底质淤泥厚度5～10cm。池塘环境安静，水源充足，水质良好，进排水方便，池埂高出水面30cm以上，同时配置增氧设备0.5～1kW/亩。放养前彻底清理池塘，施生石灰折合150kg/亩，杀灭塘内的野杂鱼和各种病原微生物。将清新的水灌注入池，使水中溶氧在4mg/L以上。

5月放养鱼种。鱼种放养前用3%的食盐水浸泡5～10min，或用（1～2）/10万的高锰酸钾浸洗鱼体5～10min。鱼种应体质健壮，规格均匀，尾重在50g以上，放养密度为1000～1200尾/亩。池塘中同时搭配小规格鲢、鳙鱼种，用于水质改良。由于白甲鱼抢食能力弱，池塘中不宜放养其他杂食性或草食性鱼类。鲢、鳙鱼种规格为 100～150g/尾，放养密度为 150～200 尾/亩，鲢、鳙的比例约为 3∶7。

1.3.2　饲料和投喂

目前市场上还没有白甲鱼专用人工配合饲料，养殖中可以使用鲤鱼配合饲料。有条件时也可自制饲料，饲料粗蛋白质含量应为 36%～38%。如用 40%配合饲料（鲤鱼饲料，颗粒打成粉）、40%活饵（杂鱼、螺、蚌等打成浆）和 20%面粉捏成团状软饲料。

白甲鱼是以着生藻类为主要食物的底层鱼类，不像鲤鱼那样集群上浮抢食，因此投喂时最好在池塘底部用竹筛或簸箕设置食台，食台面积约 $1m^2$。日投饲 3～4 次。

1.3.3　日常管理

根据白甲鱼喜好水质清新、高溶氧水体环境的习性，可在池塘中保持微流水，增加水体中溶氧量，以满足白甲鱼对氧的需求。养殖期间每天记录投饲、天气、水温、pH 及鱼类摄食和活动情况，并根据水体状况适时加注新水，维持水体透明度为 30～45cm。

根据白甲鱼食性配制人工饲料，每天坚持定时、定量、定质、定位投喂饲料，投饲量根据鱼的规格、水温和水质来确定。

1.3.4　鱼病防治

采用预防为主、防治结合的方法，鱼病流行前预防，发现鱼病及时诊断治疗。定期投喂药饵，每 15 天用恩诺沙星配制药饵 1 次，用药量为每千克料添加恩诺沙星 0.5g，连喂 3 天为 1 个疗程。还可每 15～20 天用生石灰 20kg/亩改良水质。加强日常巡查管理，保持池塘清洁、干净，定期加注新水，保持清新水质和适宜水位，以利于鱼类生长。在高温或阴雨天气适时开增氧机，防止发生泛池；并注意防止水鸟、蛇和老鼠等危害及人为破坏。

1.4　病 害 防 治

1. 细菌性烂鳃病

【病原】细菌。

【症状及危害】病鱼体色变黑，鳃丝黏液增多，末端腐烂缺损。

【流行】流行于 5～6 月和 9～10 月，水质差的池塘中的鱼易患此病。

【防治方法】①控制养殖密度，改善水质可有效预防此病。②用二氧化氯 0.5mg/L，全池泼洒，连用 2～3 天。③在外用药物的同时，每 50kg 饲料拌抗生素 2～3g 投喂，连续 5～7 天为一疗程。

2. 水霉病

【病原】水霉菌。

【症状及危害】严重时能看见体表有白色棉毛状菌丝向外长出。

【流行】流行于2～4月。

【防治方法】①加强饲养管理，避免鱼体受伤可有效预防此病。②用食盐400mg/L和苏打400mg/L合剂全池泼洒。③用防治水霉病的复方中草药煮药汁，全池泼洒。

3. 车轮虫病

【病原】小车轮虫和显著车轮虫。

【症状及危害】病鱼无食欲，在水面快速游动。鳃丝呈淡红色，镜检时可见车轮虫。

【流行】流行于5～10月。

【防治方法】①改善环境，疏稀密度，培肥水质可预防此病。②用鱼虫净或敌鱼虫5mg/L，用热水浸泡1h后全池泼洒。

4. 小瓜虫病

【病原】多子小瓜虫。

【症状及危害】病鱼群集浮游于水面窜游。肉眼可见1mm左右的白点状孢囊，鳃小片坏死呈糜烂状，最后呼吸功能受阻而死。

【流行】水泥池饲养易患此病，流行于3～6月和9～10月。

【防治方法】①甲醛30mg/L全池泼洒，隔天1次，连用3次，用后需大量换水。②每亩用防治小瓜虫的复方中草药3～4kg煮汁全池泼洒，连用3天。

5. 锚头鳋病

【病原】锚头鳋。

【症状及危害】病鱼在水面缓慢游动，不摄食，极度瘦弱，零星死亡。从池中捞取病鱼进行检查，锚头鳋主要寄生在鱼的鳃、皮肤、头部等处，死亡的鱼身上通常有3～4个虫寄生。锚头鳋头部插入鳞下肌肉，身体大部露在鱼体外部且肉眼可见。镜检可见虫体上布满藻类和固着原生动物，寄生处周围组织充血发炎，形成溃烂，导致细菌、水霉的继发感染。

【流行】以秋季流行最严重。

【防治方法】①用生石灰清塘消毒，可以杀灭水中的锚头鳋幼虫。②鱼种在放塘以前，用1/100000～1/50000的高锰酸钾溶液浸洗鱼体1.5～2h，可杀死全部幼虫和部分成虫。③全池泼洒90%晶体敌百虫0.3～0.5mg/L，连用2天。④对成鱼也可采用10～20mg/L高锰酸钾浸浴1.5～2h的方法，可彻底杀死锚头鳋的幼虫和成虫。

主要参考文献

蔡焰值，蔡煜，雷晓中，等. 2014. 岩原鲤、白甲鱼与中华倒刺鲃增殖放流技术手册. 北京：科学出版社.

陈先均，周剑，李孟均. 2008. 白甲鱼生物学特征与繁殖技术初探. 江苏农业科学，（6）：222～223.
丁瑞华. 1994. 四川鱼类志. 成都：四川科学技术出版社.
何斌，陈先均，龙治海，等. 2012. 人工养殖条件下白甲鱼幼鱼生长特性的研究. 西南农业学报，25（5）：1929～1933.
胡世然，张竹青，周承辉，等. 2009. 白甲鱼生物学特性及人工驯养技术. 贵州农业科学，（37）：152～154.
李强，李孟均，周传江，等. 2009. 饥饿对白甲鱼（*Onychostoma sima*）仔鱼摄食、生长的影响. 淡水渔业，39（5）：32～37.
李强，姚明予，陈先均，等. 2012. 白甲鱼（*Onychostoma sima*）早期阶段生长与发育的研究. 西南农业学报，25（4）：354～360.
李涛. 2009. 白甲鱼成鱼池塘养殖技术. 重庆水产，（3）：50～51.
王永爽，权恒，丁诗华，等. 2010. 白甲鱼耗氧率与窒息点的测定. 西南大学学报：自然科学版，32（6）：6～10.
伍律，金大雄，郭振中，等. 1989. 贵州鱼类志. 贵阳：贵州人民出版社.
向枭，周兴华，陈建，等. 2013. 饲料脂肪水平对白甲鱼幼鱼生长性能、体组成和血清生化指标的影响. 动物营养学报，25（8）：1805～1816.
尹邦一，代应贵. 2014. 白甲鱼属鱼类研究进展. 水产科学，（1）：63～68.
周剑，陈先均，李孟均. 2007. 白甲鱼食性的初步研究. 水生态学杂志，27（5）：83～83.

第二章 黄 鳝

黄鳝属淡水经济鱼类，浅水性底层生活，多栖息于稻田、沟渠、池塘等浅水水域，其肉质细嫩，味道鲜美，营养丰富，且具药用保健功能，是深受国内外消费者喜爱的美味佳肴和滋补保健食品。我国南方一直将黄鳝作为上等菜肴，江浙一带素有“无鳝不成席”的说法。

由于黄鳝在水产品中的特殊地位，国内市场对黄鳝的需求量日益增大，每年均在300万吨以上。随着对黄鳝在药用、保健方面的开发，年需求量还会进一步提高。黄鳝也深受亚洲其他国家如泰国、印度尼西亚、菲律宾、印度、日本、朝鲜等的欢迎，尤以日本为最，有“夏吃烤鳝”的风俗。这些国家的野生和养殖黄鳝资源无法满足市场需求，每年需从我国进口20万～30万吨，并且随着国际市场的进一步开拓，需求量呈递增状态。而黄鳝自然增殖率很低，仅靠自然生长是不能满足国内市场需要的，更不足以向国外市场出口，故其人工繁殖与养殖经济前景极佳。

2.1 生物学特征

2.1.1 分类地位及分布情况

黄鳝又名鳝鱼、长鱼、田鳝、蛇鱼、田鳗、蝉鱼、罗鳝、无鳞公子、田赤、黄参等，在分类上属于硬骨鱼纲、辐鳍亚纲、合鳃目、合鳃科、黄鳝亚科，为黄鳝属中我国仅有的一种。黄鳝分布在除青藏高原以外的全国各水系、各种水体中，广东、广西、台湾、福建、江苏、浙江、安徽、河南、湖南、湖北、江西等地为主要产区，特别以长江中下游地区大小河流、湖泊、水库、池塘、沼泽、沟渠和稻田为多。黄鳝除在我国分布以外，主要还分布于泰国、印度尼西亚、菲律宾、印度、日本、朝鲜。

2.1.2 形态特征

产于我国的黄鳝（图2-1），体为黄褐色，黑色小斑点遍布全身，但随着地域和饵料生物的不同，目前普遍按照黄鳝的体色将其分为四个家系：第一种体色微黄或橙黄，体背多为黄褐色，腹部灰白色，身上有不规则的黑色大小斑点，生长快，最大个体体长可达70cm，每尾体重1.5kg左右；第二种体色为土红，有细斑，生长速度仅次于第一种；第三种体色为青黄，生长速度一般；第四种体色为灰，斑点细密。黄鳝体形细长，形如蛇或鳗鱼，前段呈圆柱形，向后慢慢变扁，尾端细而尖。一般体长25～40cm，最长可达70cm。体长为体高的10.6倍左右，为头的8.3倍左右。头部膨大，前端略呈圆锥形，吻较尖，头长约为吻长的 5.3 倍。口大，端位，上颌稍突出，上、下唇较发达，尤其是下唇肥厚，口裂延伸到眼后。眼小，位于颌骨上方，隐于皮肤之下，为皮肤覆盖，视觉较差。有鼻孔两对，前、后鼻孔分离，前鼻孔位于吻端，后鼻孔位于眼前缘上方。鼻孔内有发达的嗅觉小褶帮助觅食或感知敌害。黄鳝的喉部特别膨大，可以在浅水中竖起前半身将吻端伸出水面呼吸，使空气长期贮存在口腔的喉部。上、下颌及口盖骨都附有细齿，咽部也具有细小呈绒毛状的上咽齿和下咽齿。齿的排列不规则，大小也不一致。鳃 3 对，鳃孔较小相连为一横裂，位于喉部。鳃通常呈退化状，只有鳃耙的痕迹，不能在水中独立呼吸，但口腔、咽腔及肠腔内壁表面布满了血管，利用口腔及肠来辅助呼吸。鳝鱼看似无鳍条，背鳍和臀鳍为皮褶代替，没有腹鳍，鳍无棘，背鳍、臀鳍与尾鳍连在一起，且较小，仅留下不明显的低皮褶。鳝鱼体表光滑无鳞、无须，黏液丰富，侧线发达，略向内凹，并有淡色的条纹，或呈青灰色。

图 2-1 黄鳝

2.1.3 栖息特点与栖息环境

黄鳝为底栖性鱼类，适应能力较强，对溶氧的要求较低。一般多栖息在水体的底部淤泥中，埂、堤边的洞穴中，或石缝、瓦块及水草中。除有一般鱼类的共性外，还有如下特点。

1. 钻洞性

黄鳝一般会利用天然缝隙、水中石头和砖瓦的缝隙、漂浮在水面的密集水草（如水葫芦、水花生等）以及其他动物的洞穴作为栖息场所，也喜欢钻洞进入底泥中生活，尤其是冬季，可在底泥中冬眠 2～3 个月。洞呈圆形，洞长一般为体长的 2.45～3.65 倍。洞道弯曲，多分岔，多洞口（至少两个以上），每个洞口之间相距 60～90cm。洞口比较光滑，其中必有一个洞口在水面以上，便于外出觅食或作为脱逃之路，其他都在水面以下 10～30cm，便于呼吸。黄鳝打洞是对环境的一种适应能力和自我保护能力。

2. 避光性

黄鳝视觉较差，但嗅觉和触觉十分灵敏，一般在夜间或特别阴暗的白天出洞觅食，或在洞口守株待兔，待猎物经过时猎杀。

3. 喜温性

黄鳝对温度的敏感性比其他鱼类更为灵敏，这也是我们在黄鳝运输和养殖中应该注意的问题。水温过高时黄鳝会停止觅食，在阴凉的地方躲避；水温过低时也会停止觅食进入冬眠状态。

4. 喜静多疑性

黄鳝喜静，多在较偏僻、杂草较多的水域栖息；多疑而胆小，遇到危险会迅速逃避；如果在洞中会从其他洞口逃脱并钻入水中或淤泥中；在淤泥中遇到危险会迅速从泥土中逃脱。

5. 耐低氧性

黄鳝比一般鱼类更能耐低氧。黄鳝的鳃退化，使其呼吸能力大大下降，但其口腔内壁黏膜有辅助呼吸的功能，可以竖立身体前半段将吻端伸出水面呼吸空气，但时间过长也会因为缺氧死亡。因此一般鳝鱼养殖池的水位不宜过深。

虽然黄鳝对水环境的要求比其他鱼类稍低，但好的水环境能促进其生长，创造更好的经济效益。因此要充分了解黄鳝的生存环境需求，更好地把握养殖规律，提高养殖产量。

黄鳝可在5～32℃水温范围内正常生活，适宜水温为15～30℃，最适水温为23～28℃，每年的6～8月是黄鳝的生长旺季。当水温高于32℃时会停止觅食钻入洞中；水温低于10℃时停止觅食，低于5℃时会钻入泥土中冬眠。夏季防暑、冬季防寒在黄鳝养殖中非常重要。黄鳝对溶氧的要求较低，它的辅助呼吸器官能够帮助呼吸，但长时间的低溶氧状况也会对其产生不良影响。在溶氧低于2mg/L时，黄鳝会出现浮头或吐食现象，严重时会造成大面积的死亡。所以在养殖中经常换水和改善池塘溶氧条件十分必要。池塘水营养盐类要保持正常含量，以维持较高的初级生产力和有机物含量，为黄鳝提供充足的溶氧以及天然饵料如原生动物、大型水蚤及其他小型动物，降低二氧化碳含量。水中适宜的有机物耗氧量为20～40mg/L，若高于50～100mg/L，代表投饵过多或施肥过量，残留物可能发生酸败，使得pH降低，应添换新水。pH的变化也会影响到黄鳝的生长，一般鱼类要求在中性偏碱性条件下生活，黄鳝则要求中性偏酸条件，pH在6.5～7.2时较为适宜。

此外，水中有害物质的控制也是必要的，氨、硫化氢、亚硝酸盐、农药等有害物质过量都会影响黄鳝的生命活动，甚至会造成大量死亡。

2.1.4　呼吸特点

黄鳝的呼吸特点鲜明。刚孵化出的仔鳝具有胸鳍和鳍褶，密布毛细血管，卵黄囊上具有与水有很大接触面的血管网膜，是该时期的主要呼吸器官，故黄鳝苗可直接在水中进行呼吸。随着仔鳝的发育，卵黄囊、鳍褶和胸鳍逐渐退化消失，口腔和喉部的呼吸功能开始健全，成为主要的呼吸器官。成体鳃基本退化，只留一点痕迹，不能进行独立的呼吸作用。而口腔、喉腔、肠道内壁表皮黏膜充满毛细血管，是黄鳝最重要的辅助呼吸器官。黄鳝可将前半段竖起，吻端伸出水面直接在空气中呼吸，并把空气贮存在喉部，在口腔内壁进行气体交换。一般来讲，雄鳝将头伸出水面呼吸氧气的频率较高，雌鳝相对较低。

2.1.5　食性及捕食方式

黄鳝为以肉食为主的杂食性鱼类，食物的组成也较为复杂，在生长的各个阶段摄取的食物有很大的变化。仔鳝阶段喜食浮游动物，轮虫、枝角类是首选。后期开始吃食较大型的动物，如水蚯蚓等。幼鳝与成鳝的食性基本相同，喜食鲜活饵料，不吃变质腐烂食物。在自然状态下，黄鳝主要以小虾、小鱼、水生昆虫及其幼虫、小河蚌、小螺蛳、大型浮游动物等为食；同时也吞食小蝌蚪、小青蛙，兼食有机碎屑和固着藻类。除水生种类外，陆生昆虫、蚯蚓、动物的内脏等也是黄鳝喜欢的食物。在饵料缺乏时，也食植物的根茎、果实、嫩水草、菜叶、麸皮等植物性饲料，甚至吞食小型同类。

黄鳝贪食，饵料充足时食量很大，可以达到体重的 15%以上；在食物缺乏时可长时间不进食而存活。黄鳝一般白天不离开洞穴，人工饲养下可驯化到白天吃食，但吃食时也不能打搅和大声喧哗，否则会影响摄食，甚至需要重新驯化。由于黄鳝视觉较差，喜欢避光，又生性多疑喜静，所以一般在夜间出来觅食，主要靠嗅觉和吻端的触觉感知食物摄食，天亮后退回洞中。

2.1.6　生长规律与性逆转特性

黄鳝的生长速度与家系、食物的丰歉相关。在自然条件下，一年只能增重 1 倍，在人工饲养情况下可以达到 3 倍，网箱养殖可以达到 4～5 倍。黄鳝的增重与黄鳝的年龄也有较大关系，不同的年龄段生长速度各不相同。在 2 龄前生长速度较慢，3 龄后生长加快，4 龄生长最快，5 龄后又开始减慢。每年 6～8 月是生长旺季，10 月后逐渐停食而停止生长并钻入泥土中越冬，翌年 3 月水温升高时开始觅食。

黄鳝有着与其他脊椎动物不同的生理习性，要经历雌雄两种性别。在性成熟后为雌性，经过 1 次产卵后逐渐转为雄性，中间转换期为雌雄间体，这种生理现象称为性逆转。在达到性成熟后，较小的为雌性，大的主要为雄性。一般情况下，体长 24cm 以下均为雌性，24～30cm 绝大部分为雌性，大约占 90%，30～36cm 雌性占 60%，36～38cm 雌性占 50%；38～42cm 雄性占 90%，42cm 以上个体基本都是雄性。

2.2 人工繁殖

2.2.1 亲鱼的性别鉴定与选择

1. 雌雄鉴定

黄鳝在孵化出膜后第3天即观察到生殖腺原基出现，30天后有卵母细胞出现，60日龄卵母细胞为不规则形，120日龄后生殖腺为单一体，位于体腔左侧，右侧生殖腺已不存在。生殖腺的外观为乳白色，卵母细胞大多为圆形或椭圆形，越冬后，生殖腺中的卵母细胞和卵细胞逐渐发育为成熟的卵，进入性成熟时期。产卵后的雌鳝性腺中的卵母细胞部分开始退化，起源于细胞索中的精母细胞开始发育并逐渐增大，性腺向雄性方向发展，这一阶段处于雌雄间体状态，前半段为偏雌性阶段，后半段为偏雄性阶段。以后随着身体的发育和生长，完全由雌性变为雄性。

在达到性成熟的黄鳝群体中，较小的个体一般为雌性，较大的个体一般为雄性，两者之间的个体一般为雌雄间体。实际上，呈雌雄间体的性腺组织从生理角度看，是一个处于动态的性腺组织，是从有功能的典型雌性转变为有功能的典型雄性过程中的一个中间过渡体。在雌雄转变的过程中没有明显的体形体态和性征的变化，只是头部有细微的变化，即头部慢慢变尖，但一般不明显。雌雄很难从外观上鉴别，除看头部变化外，主要以体长作为鉴别雌雄的指标。一般认为，体长20cm以下的成鳝为雌性，体长22cm左右的成鳝开始性逆转，体长20～35cm时，绝大部分为雌性，体长36～38cm时，雌雄个体相等，体长38cm以上时，雄性占多数。一般认为，50cm以上的全为雄性。但也有报道，在池塘养殖的黄鳝中有50～60cm仍为雌性，并能正常产卵孵化的现象。

2. 亲鳝的来源

亲鳝的来源主要有三个方面：一是从市场上选购。黄鳝是我国主要的淡水水产品，分布广，各地一年四季都有销售。选购时须注意体色、健康状况以及捕捞的手段和捕捞的时间。二是利用笼捕或定置网在各水域捕捞。由于水稻田中比较容易操作，而且出产的黄鳝规格较小，大部分为雌鳝，因此以稻田捕捞为好。三是人工繁殖培育，直接从中挑选，是最好的方法。黄鳝亲本的搜集可以从上年的下半年开始，搜集后集中养殖，养殖及管理方式可以参照成鱼养殖方式执行。

2.2.2 亲鱼的培育

1. 繁殖季节和繁殖环境条件

黄鳝每年只繁殖1次，产卵周期跟个体发育、季节和地区有关。整个产卵周期较长，可以从5月持续到8月，尤以6～7月为盛。

黄鳝人工繁殖的方式有：①网箱有土繁殖；②网箱无土繁殖；③水泥池无土繁殖；④水泥池有土或土池繁殖。网箱有土繁殖一般在浅水或稻田中布置网箱。网箱以 1m^2 左右为好，放养前先消毒，使用时在其中放置 20cm 厚经消毒的塘泥，保持网箱水深 15～20cm。箱内可种植消毒后的水花生或水葫芦。网箱无土繁殖的网箱布置与网箱有土繁殖基本相同。水泥池有土或土池繁殖可以建立仿生态的繁殖条件，用土在池四周或池中每隔 70～100cm 堆筑一个宽 20cm 土埂，并在土埂上种植一些杂草。

2. 性比及放养密度

自然条件下繁殖季节的黄鳝群体中雌性个体比雄性个体多，繁殖季节结束后，雌雄比例基本平衡。亲鱼培育时，雌雄亲鳝的搭配比例一般为 2∶1 或 3∶1，也可按 1∶1 投放亲鳝。每平方米放雌鳝 7～8 尾，雄鳝 3～4 尾，亲鳝一次性放足。

3. 饲养管理

每年 3 月开始，对准备放养亲鳝的土池、水泥池、网箱进行清塘和消毒。有土水泥池在放养前 1～15 天用生石灰 150～200g/m^2 消毒，再注入新水至水深 10～20cm；无土水泥池池底应光滑，在放养前 15 天加水 10cm 左右，用生石灰 75～100g/m^2 或漂白粉（含有效氯 28%）10～15g/m^2，全池泼洒，然后放干水再注入新水至水深 10～20cm。水泥池内可放养占池面积 2/3 的凤眼莲。放养前 15 天用 20mg/L 高锰酸钾浸泡网箱 15～20min，网箱中的淤泥在放养前 1～15 天用生石灰 150～200g/m^2 消毒。在网箱内设置一个长 60cm、宽 30cm，与水面成 30°角左右的饲料台，沿网箱长边靠水摆放。放养亲鳝时按不同方式加水至要求水位，其水深要求见表 2-1。

表 2-1 不同亲鳝培育方式的水深要求

方式	网箱有土	网箱无土	无土水泥池	有土水泥池	土池
水深（cm）	15～20	60	30	20	30

亲鳝培育的好坏，直接影响到怀卵量、卵子质量和繁殖率。黄鳝经过冬眠后，体内营养物质消耗殆尽，急需补充。在春季开口后，应以精料为主，主要投喂一些动物性饵料，如蚯蚓、水蚯蚓、螺蛳肉、蚌肉等。1 个月后，可以在饲料中加一些植物性饲料，如麦芽、豆饼等，使亲鳝的营养更为全面，防止雌鳝体内脂肪积累过多而影响繁殖率。5～7 月为黄鳝的繁殖期，这时的饲料就要转为以精饲料为主，加大动物性饵料的投喂。在整个培育期间最好以鲜活饵料为主，投喂量控制在 5%～8%（鲜重）。另外，在管理上要坚持每天早、中、晚三次巡塘，观察亲鳝的吃食情况、活动情况，注意水质变化，勤加水、换水，每次加水、换水不能超过池水的 1/3，清理池中污物、枯萎腐烂植物、蛙卵，防止老鼠进入。保证繁殖期间繁殖区域内的安静，特别是夜间，禁止闲杂人员在繁殖区内过多行走。由于黄鳝有性逆转现象，繁殖结束后，黄鳝可以转入成鱼池继续喂养或出售。网箱可清理出场，水面用于成鱼养殖。

2.2.3 人工繁殖

1. 亲鳝的选择

一般认为深黄大斑鳝生长最快，土红大斑鳝次之，这两种黄鳝常用作繁殖用的亲鳝。

亲鳝质量鉴定以外观鉴定为主，与种苗质量鉴定基本相似，再按照亲鳝的标准进行选择。外观鉴定要沿用固定程序和鉴别方法。首先进行外观观察，确定体表是否光滑，黏液是否丰富，体表是否有外伤或者腐烂症状。体表光滑，用手捉时有较强的逃避能力，手感硬朗有力，说明此鳝较健康；如软弱无力，两端下垂，为不健康黄鳝。在浅水盆中游动正常，受惊后反应敏捷说明黄鳝健康；如果反应迟钝，肚皮朝上为不健康。黏液很少，皮肤有粗糙感或黏液特别多者，以及头大尾小，僵硬蜷曲、颤抖者均为不健康黄鳝。体表有明显的外伤、腐烂症状和充满血丝，或嘴唇和口腔有钩伤者，或眼睛及鼻孔有出血和红肿现象，或肛门红肿（繁殖季节正常的生殖孔红肿除外）者均应剔除。选出外观无异常的黄鳝，用一只手固定鳝体，另一只手从上至下轻轻挤压至肛门处，如果有脓或血出现，则也应该淘汰。在捕捞方式上，应该选择笼捕、诱捕和徒手捕的为好，电捕、钩捕、针扎的不能作为亲鳝。

亲鳝要求选择健康无病、无伤、游泳迅速、体色鲜艳，生物学特点明显的个体，以 2 龄的个体为最好；体长 20～30cm，体重 150～250g 的个体为好，因为这个体长与体重段的个体多为雌鳝。雌鳝要求背青褐色，无色斑或微显 3 条平行褐色素斑，体侧颜色向腹部逐渐变浅，褐色斑点色素细密，分布均匀。腹部浅黄色或淡青色，腹壁较薄。繁殖季节内，手握黄鳝比较温顺，腹部两侧饱满，生殖孔明显突起，吻带圆形，尾巴粗而齐全。雄鳝应选择体长 40cm 以上，体重为 200～250g，腹部两侧凹陷，尾尖的个体。

2. 人工催产

催产的药物与“四大家鱼”的催产药物基本相同，但使用剂量比“四大家鱼”的大。采取的注射方式以 1 次注射为好，也有 3 次注射的。注射剂量为：LHRH-A 0.3μg/g 体重；或 HCG2～3 国际单位/g 体重；或垂体 6～8mg/kg 体重。24h 后雄鱼减半剂量注射。注射前要对所有的注射用具高温消毒，冷却后进行激素的配制。配制前，按照总鱼体重量，计算好激素的总用量，按照每条鱼注射量为 0.5～1mL，外加 10%的损耗，确定溶剂用量。如果使用垂体，要准确称量后放入洁净的研钵中，干磨或湿磨成粉末状后再加生理盐水至所需浓度的悬浮液备用。使用 LHRH-A 和 HCG 时可以直接配制，如果要加地欧酮时应该先分别配制，在注射前再临时混合；如果 1 次注射的亲鳝较多，应该分几次混合，防止混合时间过久引起注射针头堵塞。

由于黄鳝黏液丰富，徒手捕捉困难，用力过大还可能伤害亲鳝，在注射时，可一人用纱布包住亲鳝的头部和尾部，使腹部朝上，另一人左手稳住亲鳝背部，右手向亲鳝胸部呈 45°角插针，使针尖正好达到胸腔，把药液慢慢推入亲鳝胸腔。也可采取肌内注射，当针插入黄鳝肌肉后，不能转动针管，防止药液在注射时从针眼处倒流出体外；当针插入黄鳝肌肉后慢慢将药液推入黄鳝肌肉中，注射完后，用手轻揉针眼片刻即可。

亲鳝注射催产剂后分别放入亲鳝暂养箱中。亲鳝暂养箱可以是网箱、水泥池、水族箱或塑料桶等容器。暂养箱内盛水不宜过深，20～30cm 即可，每天换水 1 次；有条件的可以采取微流水刺激的方式刺激亲鳝发情。

3. 人工授精

水温 25℃条件下，注射催产素 40h 后每隔 3h 检查 1 次。水温高于 25℃的情况下，每提高 1℃，检查时间提前 2～3h。检查时握稳亲鳝，用手触摸腹部，从前向后滑动，如感到卵粒已游离或有卵排出，即可开始人工授精。同一批注射的亲鳝效应时间相差大，有的可以持续到 80h 以后，因此检查应该延长到 80h 以后。

将已通过检查的雌鳝取出，以干毛巾擦干其身上的水分，再用擦干的双手操作：一只手用毛巾握住黄鳝前半部，另一只手从前向后挤压腹部，部分亲鳝即可顺利挤出卵，但多数亲鳝会出现泄殖腔堵塞的现象，此时可用消毒后的小剪刀在泄殖腔处向里剪开 0.5～1cm，然后再将卵挤出，连续 3～5 次，挤空为止。卵挤入擦干水的瓷盆或玻璃缸中。如果有几尾鳝同时挤卵，则可集中挤完后一起授精。同时，另一人杀死雄鳝，取出精巢，取一小部分放在 400 倍以上的显微镜下观察，如精子活动正常，即可用小剪刀捣碎精巢，挤入盛卵的容器中，充分搅拌。不管有多少雌鱼的卵，取精的雄鳝数量不低于 2 尾，一般雌雄比为（3～5）∶1。搅拌均匀后加入任氏溶液 200mL，放置 5min 后再加清水洗去精巢碎片和血污，放入孵化容器孵化。在整个操作过程中避免阳光直射。（附：任氏溶液的配方：NaCl 0.75g，KCl 0.02g，$NaHCO_3$ 0.0021g，$CaCl_2$ 0.021g，蒸馏水 100mL。）

2.2.4 孵化

1. 孵化方式与条件

可根据产卵的数量选用不同的孵化工具，玻璃缸、瓷盆、水族箱、小网箱、水泥池、孵化桶、鲴鱼孵化器、鲟鱼孵化器均可。现介绍 4 种孵化率高的孵化方式。

1）孵化桶（槽）孵化

孵化桶的基本原理是借助水流不断冲动鱼卵并更新水体。优点是水质清新，溶氧充足，孵化量较多，孵化率也较高，管理方便，适于规模化生产。一个孵化桶 1 次可孵化 40 万个卵。

2）网箱孵化

网箱架设在水泥池中，网箱内可架设水管不断冲水，保证溶氧充足。须时常检查网箱，防止鱼卵成堆造成缺氧死亡。

3）室内孵化盆孵化

可用一般的塑料盆在室内孵化。由于黄鳝卵的相对密度比水大，在静水状态下会沉入水底，因此盆中水不能太深，10cm 左右即可。鱼卵均匀放入盆底，不得成堆，1 天换 2 次水，保证水中溶氧充足。该方式适合小规模的孵化。

4）鲴鱼孵化器孵化

黄鳝卵与鲴鱼（长吻鮠）卵一样，相对密度大于水，所以有条件的地方，用鲴鱼孵化器孵化也可以达到最佳的孵化效果。

黄鳝的孵化条件中最重要的是水温，其胚胎发育与水温的关系十分密切。适宜水温为18～30℃，最适水温为22～28℃。在最适水温孵化时，孵化率较高；水温过高或过低都会增加胚胎的畸形率和死亡率。水温16℃，多数卵不能孵化出苗，即使孵化，成活的也极少；水温17℃，部分胚胎虽能正常孵出，但成活率较低；水温18℃，一般能够正常孵化，但孵化时间较长；水温达到31℃，即使能够正常孵化，出苗率也极低。

2. 仔鱼发育

黄鳝胚胎全长达到13mm时，即从卵膜内孵出。刚孵出的仔鳝能够间断地做上下游动，身体弯曲，胸鳍扩大到最大程度，不断来回摆动，卵黄囊向前、后两端伸展，前端有较大的油球，卵黄囊、胸鳍及鳍褶上的血管仍然存在，身体和眼睛上的黑色素增多。

孵化出膜49h，水温达到28℃时，仔鳝体长17mm，身体能蜿蜒游动，全身黑色素显著增多，卵黄囊前端延伸成袋状，上有较稀疏的黑色素，血管随卵黄囊的缩小而减少。胸鳍缩小，上面仍有血管，鳍褶上的血管仍存在。

孵化出93h，仔鳝全长达21mm，身体不能伸直。卵黄囊呈三角形，后端有一缺刻，上布血管显著减少，且上半部血管分布比下半部密。鳍褶缩小，上仍有血管，但是较之前稀疏。胸鳍上的血管也比以前细小，来回摆动剧烈，每分钟多达124次。眼上有较密的黑色素。

孵出145h，仔鳝全长达22.5mm，身体已能伸直。卵黄囊变成长形，后端缺刻消失，血管网更加缩小，胸鳍和鳍褶显著减少，但仍有微弱的血管网。仔鳝游动迅速，能经常游至水面，举头呼吸空气。

孵出266h，仔鳝全长达28mm，卵黄囊尚未完全消失，仍有血管，但被黑色素所掩盖，全身呈黑色。胸鳍退化到只剩一点，口已经能捕食，消化道内壁出现皱褶状性腺，发育对称。

3. 孵化管理

水温、溶氧、病害、水流以及水质的控制，都是孵化中的管理问题。管理者要根据孵化过程安排好值班人员，严格按照操作规程管理孵化设施，同时注意水电的运转情况，切不可因为停电缺水使黄鳝堆积窒息而死。

1）水质管理

黄鳝的孵化率一般不高，鉴别受精率的时间较迟，要待鱼卵崩解后才知道为未受精卵。崩解后，水质容易恶化，尤其是小型的静水孵化，必须及时换掉污水，保证水质清新。如果是专用孵化设备，孵化用水必须长期保持流动，并装有过滤纱网过滤掉杂物和敌害生物与大型浮游动物。

2）水温管理

黄鳝的孵化水温适应范围较广，一般为22～32℃，最适水温28～30℃，但对水温的敏感性比其他鱼类强，在孵化季要注意水温变化，防止天气变化影响黄鳝孵化。水温相差3～5℃会导致胚胎发育畸形，降低孵化率。

3）水流管理

黄鳝在整个孵化过程中对溶氧的要求较高；受精卵在不同发育阶段耗氧量不同，一般开始时较低，之后逐渐增加，在受精卵未开始崩解时对氧的消耗更大。由于黄鳝受精卵的发育速度个体差异大，在受精卵开始崩解时水流应加到最大。在发现有胚胎出膜后，应该把该种苗轻轻移入静水中发育，防止水流过大伤害种苗。

4）病害防治

在孵化水温较低时（低于22℃），可用20mg/L高锰酸钾溶液浸泡受精卵15～30min，防止水霉滋生影响受精卵的发育。如果采用静水孵化，可在水中加入少量的抗生素防止水霉及有害细菌的滋生。此外还应消灭孵化水中的枝角类和桡足类，防止受精卵被啄伤而影响孵化率。

5）其他管理

在采用流水孵化方式时，应有专人24h值班，防止因停电停水造成受精卵堆积缺氧死亡，并根据受精卵的发育阶段适时调节水流大小，提高孵化率。此外还应避免在孵化期间有大的噪声干扰，防止强光照射等。

2.2.5 鳝苗的培育

鳝苗培育是整个黄鳝养殖过程中最为关键的阶段。鳝苗从依靠吸收卵黄中营养维持胚后的生长发育，到开始摄取浮游动物等外来食物支持身体发育及器官的形成，完成从胚胎到能够独立适应环境的发育过程。在此阶段中黄镨普遍缺乏抵抗力和躲避能力，对食物的摄取也十分被动，主动摄食能力不强，特别是食物缺乏时对其影响更大。因此在整个养殖阶段，该时期的死亡率最高，同时鳝苗培育的好坏也直接影响到以后的养殖成效。

1. 鳝苗池的准备

鳝苗池的位置应该选择在水源充足、无工业和生活污水、排灌方便的地方。选择的地方还要远离闹市区，防止噪声干扰。鳝苗池以长方形、东西向为好，背风向阳；面积为5～10m^2，易于管理，并且排灌分开，防止疾病传播。如果是土池，要求以壤土为好，防止渗水漏水；水泥池要底质光滑，以免擦伤鳝苗皮肤，引起疾病的发生。对水深的要求，各种培育方式不同。肥水培育，特别是采用水蚯蚓、黄鳝苗一起培育的培育池，水深不能超过30cm，水泥池一般为30cm，网箱可以达到40cm。总体来说，肥水培育水较浅，清水培育水稍微深。但不管是哪种培育方式，都必须栽种水生植物作为鳝苗栖息的场所。

鳝苗池是鳝苗栖息、生活的场所，环境质量直接影响鳝苗的生长与成活率。因此，鳝苗池的整理与消毒是必不可少的。如池中需有淤泥，应该把淤泥在池中铺平，在阳光中暴晒数天后进行消毒。不需要淤泥，就应该清除淤泥，洗刷池底池壁后再消毒。若为新修的水泥池，还应进行脱碱处理。

每年至少对鳝苗池消毒1次，消毒时间选择在开始培苗之前10～15天。时间过早，病原体和有害生物会重新出现；时间过晚，容易出现药物清理不干净留下残毒的事故。药物消毒一般选择在晴天进行，最佳药物为生石灰，其次为漂白粉。具体用量参见前文。网箱培育应用高锰酸钾消毒；池中水葫芦和水花生也需经高锰酸钾浸泡。

2. 施肥

肥水培育需施肥，为鳝苗提供丰富的饵料生物，提高鳝苗的存活率。首先在池底铺一层泥土，再铺入一定数量发酵好的畜禽粪便，泥肥比例为 5∶1；待水中出现白色细小颗粒状枝角类后投放鳝苗。以后每隔 5 天按每平方米 0.5～1g 追施菌肥。

3. 鳝苗的开口

鳝苗在卵黄营养消耗殆尽前后有适口饵料跟上，就能保证较高的存活率。黄鳝苗的卵黄囊较大，有的能保证营养供给到出膜后 10 天以上。一般在出膜 5 天后投喂少量的浮游生物，同时注意观察鳝苗腹部，如有开始摄食，应加大投喂量。饵料最好为活饵料，如大型的轮虫、枝角类、桡足类，也可投喂经过消毒后剁碎的水蚯蚓。

4. 鳝苗质量的鉴定

鳝苗来源、卵子质量、饵料生物丰歉、捕捉、运输等都可能影响鳝苗质量。一般个体大小均匀、整齐，体色鲜嫩，肥满度好，游动活泼，体表无伤和寄生虫，体质健壮，身体无残缺的为好苗，反之为次苗。

鉴别鳝苗质量的方法有下列几种：①将鳝苗放在白色瓷盘中，用口吹动水面，鳝苗如果顶水游动，则为壮苗，随波逐流者为弱苗。②用手轻轻地划动孵化器中的水，使水产生漩涡，鳝苗如果能够在旋流边缘逆水游动，说明体质健壮；假如多数鳝苗被卷入漩涡中无力反抗，则这批苗的质量都不好，体质太弱。③在无水瓷盘中，鳝苗能够扭动身体，使身体始终呈“S”状扭动不停，说明体质健壮；无力挣扎或头尾有点颤动，则为弱苗。

5. 放养密度

培育方式及饵料的丰歉决定鳝苗的放养密度。采取人工投饵，水体交换较好的养殖方式如网箱培育、水泥池流水培育，放养密度较高，可以达到每平方米 2000 尾以上；采用静水肥水培育的，放养密度较低，每平方米只有 500～600 尾。

6. 饲养管理

黄鳝苗的饲养管理主要是投饵、追肥、加水、换水、巡塘，以及捞取有害生物等。

投饵是整个饲养管理的关键，必须做到“四定”、“四看”。“四定”是定质、定量、定时、定点，即投喂的饲料要保证质量、保证投喂数量，投喂时间要一致，投喂的地点要基本不变。“四看”就是在饵料投喂中：①看天气，天气好可以多投一些，天气不好可以少投或者不投；②看季节，各个季节的投饵数量是不一致的，春秋两季水温、气候适宜，可以多投一些，夏天天气炎热，水温较高，可以少投；③看水质，水质正常可以多投，水质过肥可以少投，甚至不投；④看食欲，鳝鱼在水中活跃、生长良好，可以多投，反之可以少投或者不投，比如生病时，就应该以治病为主。

追肥主要是指用肥水培苗的方式，要保证水中有足够的饵料生物，就必须不断地补充肥料，肥料补充得过多，也会影响水质，所以现在一般使用菌肥，即生物菌肥，可以达到培养较多的饵料生物而保证水质的目的。

培苗池的加水、换水一定要考虑水温，温差不能过大，否则会影响鳝苗的生长。一般一次换水不能超过 1/3，流水培育池一定要注意水源的水温、水质变化。巡塘要保证一天早、中、晚三遍，主要观察水质变化、吃食情况、病害情况等，发现有害生物如青蛙或老鼠应该清除，清理腐败的水葫芦或水花生。各个养殖池的情况做好记录。

2.3　成鳝养殖

2.3.1　鳝种的选择

人工繁殖的种苗规格整齐，伤病少，体质健壮，已经适应了人工养殖，且不需驯饲，这是野生鳝种无法比拟的。但在我国的鳝种来源中，野生来源所占比例也不小。无论是人工繁殖的还是野生的，优质健康的黄鳝种苗均主要从两个方面选择，一是品系，二是个体健康。具体选择如下：

1. 品系选择

黄鳝体色为黄色并杂有大斑点的长得最快，增重比可以达到 1∶（5～6）；体色土红并有大斑的生长也较快；体色青黄色的生长速度次之，增重比为 1∶（3～4）；体灰色且斑点细密的长的较慢，增重比只有 1∶（1～2）。因此选择时要以黄色大斑的个体为主。

2. 健康个体的选择

1）外观选择

外观选择要坚持“三不要”：一是“伤鳝”不要。黄鳝的伤分外伤和内伤。外伤比较容易发现，如破皮、身体发白、身上有寄生虫、断尾、鳃盖有伤痕、出血、充血等。内伤一般不容易发现，主要是挤压引起的。二是“病鳝”不要。病鳝主要表现为头大、颈细、体弱，病情严重的身体蜷曲；体表局部发白，甚至有棉絮状的东西，黏液少，体表有明显的红色凹斑；肌肉腐烂，轻轻从上部往肛门挤压，有脓液流出。三是“药鳝”不要。药鳝即用药物捕捞的鳝种，这种黄鳝没有活力，腹部常有小红点，时间越长越明显。

2）辅助方法选择

有些鳝种从外观上无法辨别质量，可以用其他方法进行选择。方法是：①购买当天捕捉的鳝种。②将鳝种放入盛水的瓷盆中，选择呈蛇形游动而且活跃的，体色一致，无灰白色花斑，腹部橙黄，背部黑绿，体格健壮，无病无伤者。③将鳝种放入深水容器中，拼命浮头的要舍弃。④把鳝种浸泡在 3%的盐水中，活动激烈的拣出，如果体表无伤则可以留用，体表有伤者淘汰；飞窜不跳者留用，行动迟缓甚至腹部朝上的淘汰。

2.3.2 鳝种的运输

鳝种可用竹篓、竹筐等工具运输，长途也可用活鱼车或尼龙袋运输。在竹篓或竹筐底部铺设无毒塑料薄膜，上置少许肥泥，运输前将 3～4 个去壳鸡蛋掺入泥中，使泥土润滑，增加营养和水分。长途运输可以放一些泥鳅和水草，泥鳅好动可以搅动水体，防止鳝种互相缠绕而受伤，水草也有此功能。

2.3.3 放养前的鳝种处理

鳝种在放养前要进行药物消毒，该步骤可在收购和运输时进行。如运输时在每个黄鳝水箱中放土霉素片剂 5～6 片，或用每立方米水 20 万～30 万单位浓度的青霉素进行浸泡。在条件允许的情况下，还是尽可能选择运到后消毒，以达到理想的消毒杀菌效果。在鳝种放养前也可以用 3%～4%的食盐水浸泡 4～5min，或 10～20mg/L 的高锰酸钾水溶液浸泡 10～30min。

消毒时，要仔细观察鱼的活动情况，如少数有剧烈反应，可以先捞出清养；如大部分反应强烈，可以提前结束浸泡；如果大部分反应平和，可以适当延长一段时间。水温高低也是计划浸泡的时间依据，温度越高，浸泡的时间越短。有条件的可以在鳝种放养前进行短期疗养。运到后按体质好坏分 2～3 个等级，分别放入无土水泥池或网箱中，维持水深 0.8m 左右并及时消毒。每天注意疗养鳝种的活动情况，及时清理死亡个体，挑出有病有伤个体进行分养。在疗养期间，以投喂生物活饵为主，7 天后慢慢添加配合饲料，以后逐渐转为完全投喂配合饲料。视恢复情况决定结束疗养时间，一般为 4～28 天。

2.3.4 投喂

1. 饲料的选择

黄鳝嗜食动物性饵料，大型浮游动物、水蚯蚓、蚯蚓、蚌肉、螺蛳肉、蝇蛆、黄粉虫、鲜鱼及动物内脏等都是黄鳝喜食的饵料，但是在实际喂养中，考虑到经济效益，培养此类生物活饵来喂养效果最佳。完全用鲜鱼（主要为白鲢）喂养效果也不错。在资金周转许可的情况下，使用配合饲料最为安全可靠，营养也比较全面。

2. 驯养

人工繁殖培育的种苗，已经养成白天集群摄食的习惯，无须驯养，野生鳝种则需要驯养。

驯养有三个目的：一是改变摄食习惯。黄鳝昼伏夜出，夜间觅食，驯养可将这种摄食习惯训练为早上和晚上摄食。二是改变食物种类，即驯饲。使黄鳝从习惯摄食鲜活饵料到习惯摄食饲料。三是使黄鳝完全适应人工养殖环境，不影响其生长甚至利于其生长。这三个目的中最主要的是驯饲。通过驯养，使之能够适应人工养殖环境及养殖方式。

鳝种的驯饲根据养殖方式有所不同。池塘养殖的条件下，鳝种刚入池前3～4天不投饵，使之消耗完消化道中食料，处于饥饿状态。之后排干池水，断绝生物饵料来源。再加进过滤后、无可食用浮游动物的新水，注意保持新水与原池的水温一致。在这种极度饥饿的状况下，即可进行引食。引食的饵料要选择黄鳝喜食的水蚯蚓、蚯蚓、蚌肉、蛙等，将这些饲料切碎分成几个小堆，放在进水口一边，适当进水，形成微流。第一次的投喂量为池鱼总重量的1%～2%。第二天如果吃完，投喂量可以增加到2%～3%；如果没有吃完，要适当减少投喂量，并把残食捞出。第三天检查，如果吃完，则把投喂量增加到3%～4%，没有吃完则不增加投喂量，并要把残食捞出。第四天检查如果吃完，投喂量增加到4%～5%。

若黄鳝食量逐天增加，吃食正常，还可以添加一些容易获得的饲料，如麦芽、麦麸、菜籽饼、豆饼、米糠、瓜果等，或根据要求添加配合饲料。一般第一天添加20%，如果吃食正常，第二天再增加20%；如果有残余，应把残食捞出，并将投喂量减少一些；以后如果吃食正常，每天增加20%，直到黄鳝完全适应摄取配合饲料。如果吃食不正常，可以减缓添加配合饲料，直到鳝种适应了这种添加比例后再增加。黄鳝种适应了某种配合饲料后，一般不再更换。如果一定要更换，不能直接改喂更换的饲料，应像驯饲一样把两种饲料混合在一起，逐步替代原饲料。如果是网箱养殖和水泥池无土流水养殖，驯饲不需要排干池水，直接在3～4天后开始驯饲。如果有饵料台，则要慢慢把黄鳝引到饵料台上。

改变黄鳝的摄食时间，训练方法是每天把投饲时间向后推迟2h，最后一直推至每天早上投饲，一般每天投饲2次，早晚各1次；早上的投喂量少一些，一般按早晚比3∶7或者4∶6的配比量进行投喂，直到摄食正常。

3. 投喂方法

与其他鱼类一样，投饲要遵循“四定”和“四看”原则，具体如下。

1）四定

“四定”是指在投饲时要定时、定量、定质、定点。①定时：根据不同的季节，不同的水温，确定每天投饲的时间。一般来讲，水温在20～28℃时，上午投饲1次，傍晚投饲1次；水温在20℃以下或28℃以上时，每天傍晚投饲1次。②定量：水温在20～28℃时，日投喂量，鲜活饵料为黄鳝体重的5%～10%，配合饲料为2%～3%；水温在20℃以下或28℃以上时，日投喂鲜活饵料为黄鳝体重的4%～6%，或1%～2%的配合饲料。黄鳝生性贪食，可以1次吃大量的食物，易引起消化道的疾病。所以，喂养黄鳝的最好方法是每日投喂2～3次，每次投饲间隔4～5h，每次以1h吃完为宜。投饲2.5h后把没有吃完的残食捞出，以免污染水质；如果不到1h就吃完，下次投饲量就要增加。③定质：动物性饵料一定要鲜活，不能有腐败变质的食物，鲜活饵料最好用3%～4%的食盐水浸泡3～5min，非鲜活饵料最好煮熟；不能投喂病死的动物肉和血。豆饼、菜籽饼及配合饲料不能发霉、变质，受潮的饲料也最好不要投喂。④定点：饲料在投喂时，应该固定在一个或几个地方，使黄鳝养成定点吃食的习惯，一般饲料的投喂点选择在池中的进水口附近，这样饲料的气味一下子就会传递给黄鳝，黄鳝觅食主要是根据嗅觉来感知的，这样黄鳝闻到气味后会集中吃食，也会形成一种条件反射，到时会自动去觅食。

2）四看

“四看”要求投喂者有比较高的养殖技术，根据季节、天气、水质和黄鳝的吃食情况灵活掌握投喂量，这样不仅能够让黄鳝吃好，而且水中没有剩余饲料，不仅能提高饲料的利用率和转化率，还能有效地保护水质。

（1）看天气。黄鳝的吃食与天气也有很大的关系，晴天温度适宜，可以多投，阴雨天则应该少投；闷热无风或阵雨前不能投饲，要等闷热天气过后或阵雨过后天气转好后再投；雾天、气压低时，要等雾散后再投；雨天要少投或不投；天热早上提早投喂，晚上推迟投喂，天凉早上要推迟投喂时间，下午要提前投喂。当水温高于28℃或低于15℃时，要减少投喂量。水温 25～28℃时，为黄鳝最佳生长期，食欲也特别旺盛，可以适当增加投喂量和投喂次数，也可添加一些精料以加速黄鳝生长。

（2）看季节。不同的季节，水温不一，黄鳝的摄食量也不一样，一般早春，温度较低，刚开始吃食，食欲较差，吃食量少，可以多投一些精饲料，加强营养；6～9 月，是主要喂养期，投饲量占全年的 70%～80%，是养殖的关键时期；6～7 月，水温比较适宜，可以适当增加投喂量；8 月，天气炎热，黄鳝的食欲下降，应该少投多次，防止水温过高饲料变质过快影响黄鳝消化并带来疾病；9 月天气转凉，可以适当加大投喂量。但不管什么季节，保证在 1h 内吃完，不能投得太多，以免池中残食过多影响水质或者因暴食引起消化道疾病。

（3）看水质。水质的变化也是调整投饲量的因素，水质在正常的肥度下，可以正常投饲，如果过肥又无法换水，就应该少投，防止水质变化影响黄鳝生长，如果水质较清新，说明水质良好，可以适当多投。

（4）看食欲。如果黄鳝抢食活跃，说明黄鳝身体状况良好，可以适当多投一些，也可适当增加投饲次数，增加黄鳝营养，加快生长；如果食欲不强，吃食量少，可以适当少投，并及时把残食捞出，以免影响水质，另外，要尽快找到影响食欲的原因，如果是病害，就应该及时治疗；如果是水质问题，就应该尽早换水；如果是饲料的质量问题，就应该更换饲料。

4. 日常管理

针对日常管理，应注意以下几个方面：

1）水质

尽管黄鳝较耐低氧，但是良好的水质更利于黄鳝的生长。黄鳝养殖池一般都较浅，水质容易恶化。鳝池中的残食、黄鳝的粪便及分泌物是池水变质的主要原因，放养的鱼类、池塘底质等也会影响水质。要改变池塘的水质，除了利用微生物制剂改良外，换水是最有效的方法。一般情况下，3～5 天换 1 次水，天热 2～3 天换 1 次。池塘网箱养殖黄鳝的换水时间可以长一些，天热时 1 周 1 次，平时 10～15 天 1 次。换水的同时要清洗食物残渣和被残渣污染的场地，使污水随水流出。换水时要注意新水与池水的水温相差不能超过3℃。在水质好的情况下，黄鳝吃食时会发出“吱吱”的声音，晚上声音更为清晰，这也是判断水质好坏的指标。

2）水温

黄鳝的活动直接受水温影响。水温高于28℃时，黄鳝食欲下降，生长变慢，需采取防暑措施。可在池边搭遮阳棚、池四周种植攀缘类植物，或在池中种植水生植物如水葫芦、水花生等，都可以起到遮阳降温的作用。池塘网箱养殖条件下，在池中种植一些沉水植物如金鱼藻等，不仅可以降低水温，还可以改良水质，增加溶氧。水温高于30℃时，要加注新水，最好是地下水，但一次不要加得太多，水温温差不要超过3℃。水温在25～28℃时，是黄鳝最佳的生长期，要加大投喂量，并尽可能控制水温在此范围内。水温在15～25℃，黄鳝吃食较最适温度差，可以加大高蛋白饵料的投入，增加营养，也可以起到快速增加黄鳝体重的目的。当水温低于15℃时，黄鳝吃食量很少，更要加大营养，增加黄鳝的脂肪积累。当水温低于10℃时，要注意防寒，可加深水位保温；也可以及时排干池水，并在底泥上铺盖稻草等保温物，使土温保持在0℃以上，保证黄鳝安全越冬。此法在当地最低温度低于5℃的地区不能采用，因为5℃的气温也会使部分底泥结冰而冻伤黄鳝。

3）水位

不同养殖方式的适宜水位不同，但均应保持相对稳定，尤其是网箱养殖，水位变化太大可能会造成逃苗事故或网箱悬空导致黄鳝死亡；如果水位变化过于频繁，有可能发生老鼠咬破网箱而造成逃苗。池塘养殖的水位也不能变化太大，因为会使黄鳝的食场发生变化，影响黄鳝摄食。此外水位的变化不仅改变黄鳝的生活空间，还会使水温发生变化，从而影响黄鳝生长与健康。

4）季节

初春水温上升到10℃以上，部分黄鳝开始摄食，当水温超过15℃时基本全部开始摄食，这时的饵料要以精料为主，因为黄鳝经过一个冬季，体内脂肪已经耗尽，需补充营养；春末夏初，水温上升到25～28℃，是黄鳝的最佳生长期，这时应适当加大饲料的投喂量，提高黄鳝的生长速度，该时期同时也是病害的高发期，要注意防治；夏季高温时节，水温可达30℃以上，应减少投喂量，还要注意防暑；夏末秋初，水温重回最适温度，可加大投饲量，提高黄鳝的生长速度；秋末，水温转凉，要减少投饲量，同时要准备防寒；冬季水温最低，黄鳝停食，主要任务就是防寒。

5）溶氧

黄鳝养殖池的溶氧要求最低为3mg/L。一般来讲，黄鳝养殖不采用增氧机，溶氧含量通过换水来保证。除换水以外，还应采取其他措施，如及时清理食物残渣、种植沉水植物增加溶氧，以及泼洒微生物制剂增氧和改善水质等方法。

6）防逃防盗

黄鳝善逃，特别是在缺少饵料的情况下，水质恶化时或雷雨天。另外，防逃网的损坏和设备如网箱的破损等也会使黄鳝逃逸。因此，在日常管理中，防逃是一个重点，除了要控制好水位以外，还要时刻检查防逃网是否破损，是否有新的洞或孔甚至裂缝的出现，如果有，要及时补上。另外，在雷雨天要加强巡塘，防止雨大产生逃逸。在喂养上，也要及时投饵，防止黄鳝饥饿逃逸。此外由于黄鳝价格较高，会有人偷盗谋利，这就使防盗成为黄鳝养殖中另一项重要工作内容。

7）病害等

（1）病害。病害是黄鳝养殖中的第一大害，轻者影响黄鳝生长，重者可以造成毁灭性的灾难。关于病害会在专门的章节中进行详细的介绍。

（2）鼠害。鼠害对网箱养殖黄鳝的破坏较大，在饵料缺乏时，它们会咬烂网箱，造成黄鳝逃逸。老鼠也有对病鳝的攻击行为。除了采取必要的灭鼠（切不可用灭鼠药）措施外，还要根据老鼠的生活习性进行预防。老鼠咬网箱的部位一般在水面以上，除了每天坚持巡塘外，还要注意水位的变化，如果老鼠夜晚咬破网箱，同时水位又上涨，就有可能使破洞淹没于水中而不能被发现造成黄鳝逃逸。

（3）鸟害。鸟类对黄鳝的危害较少，有经验的养殖户可以通过鸟类的活动来判断鱼类的健康状况，一般健康的鱼鸟类很难抓到，只有病鱼才能抓到，所以只要看到哪里歇息的鸟类较多，说明哪里的鱼可能得病。

（4）农药。有许多农药、化肥对黄鳝的毒性很大，如五氯酚钠、血防糊、呋喃丹、杀螟松、DDT、1605、氨水、碳铵、苏化203等，有些对黄鳝有很强的麻痹作用，如敌杀死、杀灭菊酯、氟氰菊酯等。另外，与农田共用水源也会因为农田的径流水造成水源污染而受影响。

2.4　病害防治

2.4.1　发病的原因

黄鳝在自然条件下，有很强的抗病能力，很少发病。只是在人工饲养的条件下，由于放养密度的加大，致使水环境发生很大变化，加之营养不均衡、操作伤害等因素，使黄鳝发病率增加，引起黄鳝死亡。不管什么病，都有发病的原因，找出发病的原因就能预防和治疗。

1. 外因

鳝池引起的原因：新建的鱼池，碱性较高，如果不进行除碱处理或用清水长期浸泡，黄鳝放养后就会产生不适而得病。长期养殖的鱼池，如果清塘不彻底，池内腐殖质过多，给病原体繁殖侵染提供了条件，也容易得病。

水质：水质的好坏直接影响到水生生物的健康和生命，可以说水质是引发鱼病最重要的因素。池中有机质过多，微生物繁殖旺盛，在分解的过程中会大量消耗水中氧气，同时释放硫化氢、甲烷、氨氮等有毒物质，致使黄鳝浮头，甚至泛池。特别是天气发生变化时，水底有机质的加速分解，会造成溶解氧含量骤减，造成的危害更大。由于微生物的大量活动，可能会使水中成分发生变化，也会滋生某些病原体，在黄鳝身体有伤或者体质较弱时最容易染病。过高或过低pH的变化也会引起疾病，如在pH高于7.8或低于6.2时。

水温：黄鳝对水温比其他鱼类更为敏感，特别是在经历高密度运输后，对温度的不适会直接引起疾病或死亡，有时是大批的死亡。运输后放养时温差不能超过2℃。黄鳝能在15～30℃的范围内生长繁殖，高于30℃就会产生不适，甚至出现“烫死”现象；低于15℃

就会停止摄食，10℃以下基本不活动，进入冬眠期。

（3）放养密度：由于放养密度的增加，黄鳝分泌物和排泄物就会增加，使得水质变坏，病菌的繁殖加快，黄鳝获得感染的概率增加。另外，密度过大，摄食不足，营养缺乏，对病害的抵抗力减弱，会使黄鳝更容易得病。

（4）放养规格：如果放养规格不一致，大的抢食能力强，生长速度也快；小的抢食能力弱，甚至不敢抢食，长期处于饥饿或半饥饿状态，体质下降，容易发生疾病。另外，小个体还会受到较大个体的攻击而受伤，从而更易染病。

（5）溶氧：黄鳝虽然对水中低溶氧量有较强的忍受力，但更喜好在水质优良、溶氧丰富的水中生活。在养殖过程中，应该勤换水，保证水中溶氧在安全范围内。如果水质恶化，溶氧量降低，就会引起黄鳝疾病的发生和死亡。

（6）饲养管理：在饲养管理中，如果管理不当，也会发生疾病。如饲料的管理不善，造成了霉变，这些霉变的饲料又拿去喂养黄鳝，就会引起疾病，或者把在已染病的池中用过的工具拿到没有染病的池中使用等都会引发疾病。

（7）机械损伤：捕捞、挑选运输、放养黄鳝时，由于操作不慎或者野蛮操作，造成黄鳝体表受伤或者内伤，容易感染病原体。

（8）生物因素：一是由病原体等微生物引起的鳝病；二是凶猛鱼类、蛙类、水蛇、老鼠、水鸟等敌害造成的直接或间接危害；三是水质的变化引起水中某类生物的大量繁殖而引起的疾病。

2. 内因

内在因素主要是指黄鳝的体质状况、健康状况、生长发育状况、遗传原因和对疾病的抵抗能力等。一般来讲，黄鳝的体质好，摄食正常，对疾病的抵抗力就强；体质差，抵抗力就弱，就容易生病。另外，有些品系由于遗传的原因，对某些疾病的抵抗力本身就弱，也容易染病。

2.4.2　疾病预防措施

1. 病原体控制与杀灭

任何传染性疾病的发生，都有病原体的存在，预防疾病必须从源头控制，从消灭和控制病原体着手。

（1）水体消毒：病原体一般是通过水体传播的，因此控制病原体的传播，第一关就是搞好水体消毒，消灭或控制水中病原体的滋生蔓延。定期对水体消毒是有效的预防办法。

（2）控制水体传播：在鱼池的设计上，尽量少用串联的方式，防止鱼病相互传染。如果发现鱼病，要对发病池进行隔离，严防病池水流入其他鱼池，并对病池进行有效的消毒。

（3）鳝种消毒：鳝种消毒是黄鳝养殖中必不可少的环节。下塘之前，用 10mg/L 的高锰酸钾溶液浸泡鳝种 10～15min，也可用 3%～4%的食盐水浸泡 3～5min。

（4）饵料消毒：病原体的另一个传播途径就是通过饵料进行传播，投喂的配合饲料必须经过消毒处理，禁止投喂发霉变质的饲料。在投喂生物活饵料时，必须用5%的食盐水清洗后方能投喂。

（5）工具消毒：养鳝用过的工具，特别是在病池中用过的工具，极易传播疾病，因此，工具一定要进行消毒，方法是用10mg/L的高锰酸钾浸泡30min。

（6）及时清除残食和食场消毒：残食往往是滋生病原体的场所，必须彻底清除，并对食场或食台进行消毒。

2. 加强体质

（1）把好种苗挑选关：种苗质量的好坏，直接影响到黄鳝养殖的成活率，甚至疾病的发生。好的鳝种，体质健壮，规格整齐，摄食旺盛，成活率高，生长速度快，经济效益明显；差的鳝种，体格瘦小，规格不齐，活动能力差，摄食力不强，生长缓慢，容易得病，成活率低。对于鳝种质量的把握还要注意黄鳝品系的选择。

（2）加强喂养，增强体质：黄鳝体质的好坏不能完全靠种苗的质量，后天培养也是很重要的。在喂养的过程中，注意饲料的各种营养物质的平衡，根据季节进行科学喂养，勤换水保持好的水质环境等，都是提高黄鳝体质的有效办法。有了好的体质，黄鳝摄食力就强，生长速度快；反之，就容易得病，死亡率就高。

（3）防止鳝体受伤：很多疾病是从伤口侵入的。如果在捕捉、暂养、运输等的操作过程中，规范操作，减少黄鳝表皮的擦伤，就可以减少疾病。

3. 鳝池整理与消毒

（1）鳝池的整理：鳝池是黄鳝的生活场所，必须保持环境整洁，才能防止病原体的滋生。整理鳝池一般选择在秋末冬初或冬末春初的晴天进行。如果池中有黄鳝，就要选择秋末冬初进行，整理好后利于黄鳝越冬。整理时，先把水放干，清出黄鳝，清除池边杂草，挖出过多淤泥，把池底推平，填补好池埂裂缝、水洞等，并夯实，防止渗水和漏水；修理进排水防逃网；让鳝池暴晒数日，让强烈的紫外线杀灭病菌。池中为黄鳝设置的瓦片、石块、砖头等要用水冲洗，并利用阳光杀菌消毒。

（2）鳝池的消毒：一般选择在放养前半个月进行，以生石灰和漂白粉为好，也可以选择其他市售药品。生石灰的用量和使用方法为：池水保持深7～10cm，每平方米用生石灰50～75g。先将生石灰化水全池泼洒，1～2天后用泥巴翻塘一次，7～10天以后就可以进水。漂白粉的用量为每平方米7～15g，全池泼洒即可。也可用生石灰、漂白粉混合清塘，用量为每平方米生石灰50g，漂白粉8g。

4. 鳝体消毒

黄鳝在放养之前都要进行药浴消毒，常用的药物有漂白粉、硫酸铜、高锰酸钾、食盐等。具体用法如下。

1）漂白粉

每立方米水体加入10～20g漂白粉（有效氯为30%），搅拌均匀，将黄鳝放入浸泡。消毒时间视水温高低和黄鳝的忍受力而定。水温10～20℃时浸泡10～15min。如果黄鳝浸泡时反应敏感，上蹿下跳，时间应缩短，反之应适当加长。此法可以防止细菌性皮肤病的发生。

2）硫酸铜

浓度为 8mg/L，在水温 10～20℃时浸泡 5～10min，同样根据鳝体的反应灵活掌握时间。通过浸泡，可以杀灭或者使寄生虫从黄鳝身体上脱落。

3）漂白粉、硫酸铜合剂

每立方米水体用漂白粉 10g，硫酸铜 8g，各自溶解后均匀合并，在水温 10～20℃时，浸泡 10～20min。此法具备杀菌、杀寄生虫的效果。

4）高锰酸钾

用 10～20mg/L 高锰酸钾溶液，在 10～20℃水温时浸泡 10～30min，浸泡过程中防止阳光直射。此法用于预防水霉病和细菌性疾病。

5）敌百虫

用 2mg/L 敌百虫溶液（90%的晶体）浸泡 10～15min。此法用于杀灭附着在黄鳝表皮的寄生虫。

6）食盐

用 3%～4%的食盐溶液浸泡 5min，可杀灭黏附在黄鳝体表的寄生虫和水霉等。

在进行黄鳝体消毒时，必须根据黄鳝所带菌种和药物来源而定。但是，一般黄鳝所带菌体较难确定，要请有经验的技术员进行目检或镜检，或者做必要的病理调查，确定用药种类，然后根据药品来源确定用药，一般以容易得到、效果好作为选用原则。消毒的时间应该灵活掌握，水温高，时间短一些，水温低，时间长一些；鳝体反应激烈时时间短一些，而且要马上结束浸泡，鳝体反应平和时时间可以稍微长一些。浸泡后，受伤的部位有药品浸入，能够起到杀菌杀虫消毒的作用，机体自然分泌黏液把药物保护在患处。为防止药液脱落，浸泡过程中不宜用手或工具翻动鱼体，浸泡结束后应该连同药液一起倒入养殖池，不宜用工具捞起再放入养殖池，在养殖池中可以采用加水换水的方法稀释药液。

5. 生态预防

生态预防主要通过两条途径来完成，一是改善水环境，消除和抑制病原体；二是通过饲养管理来达到预防的目的。

1）改善水环境，消除和抑制病原体

改善养殖水环境主要包括鳝池底质整理消毒和水质调控。底质整理消毒包括对鳝池过多底泥的清理、池边杂草的清除、进排水系统的分离、池底的晾晒、池埂的加固夯实、池塘的清塘消毒和新修水泥池的脱碱处理等。通过这些工作，可以铲除病原体的滋生场所，减少有毒物的毒害作用。

2）改善饲养管理，提高黄鳝抗病能力

投喂发霉变质的饲料、生物活饵料不消毒、精料粗料搭配比例不当、营养失衡、营养缺乏、营养过剩、投喂过剩、不规范操作、未及时清除残食、未清理杂草腐败枝叶、未规范巡塘等，都是导致疾病的隐患。因此，应根据黄鳝的生态习性，采用科学的饲养管理方法，投饲时采用“四定”、“四看”的科学投饲方法，进行科学的管理，提高黄鳝的体质，增强抗病能力，达到预防的效果。

2.4.3 疾病的诊断治疗方法

1. 出血病

【病原】产气单胞菌。

【症状及危害】黄鳝患此病后不再潜伏在洞中或水生植物底下，而是在水中上下蹿动或不停绕圈翻滚，而后无力游动，静卧在水草上呈假死状。病鳝体表有血斑，斑块形状不定，大小不一，斑块周边出血较中间严重，有时也呈弥漫性出血，整个体表以腹部出血为重，两侧次之，背部较少。死亡不久的病鳝肛门红肿出血外翻，口腔内有血样黏液，用手轻轻挤压便流出。

【流行】全国水域流行，每年的 4～10 月份为高发季节。

【防治方法】①彻底换水后用三氯异氰尿酸钠溶液 0.4～0.5g/m^3 全池泼洒。②用金霉素（每毫升 0.25 单位）浸洗病鳝。③在饲料中加入 1%～3%的大黄片投喂，亦有较好的效果。④每亩水面（水深 30cm）用 250g 烟叶温水浸泡 5～8h 后全池泼洒，有一定的疗效。

2. 打印病（腐皮病、梅花斑病）

【病原】点状产气单胞菌点状亚种。

【症状及危害】病鳝体表出现许多圆形或椭圆形黄豆大小的红斑，多出现在腹部两侧，严重时可见骨骼和内脏，尾梢部分常常溃烂，病鳝不入穴，直至最后瘦弱死亡。打印病是目前黄鳝成鱼阶段的主要疾病，全年可见，危害很大，此病发生与鱼体受伤有关。

【流行】全国各地均有流行，一年四季都可发生，尤以夏秋两季最为常见。

【防治方法】①捞出病鳝，用过氧化氢擦洗伤口，除去腐烂组织，然后涂上土霉素药膏。②用二氧化氯 0.3g/m^3 全池泼洒。③每克苦参加水 250g 煎煮 20～30min，全池泼洒，连用 3 天。④用五倍子汁全池泼洒，使池水中药物浓度为 2g/m^3。⑤水深 30cm 的池水，每 100m^2 水面用辣蓼 200g、苦楝树皮 300g、烟叶 100g，切碎熬成 5kg 汁，加食盐 10g，全池泼洒，重点在食场周围泼洒，每天 1 次，连续 3 天。⑦用 5g/m^3 明矾全池泼洒，两天后用生石灰 25g/m^3 全池泼洒。

3. 肠炎病

【病原】肠型点状产气单胞菌。黄鳝吃了腐烂变质的食物或水质恶化导致肠道感染，或饥饱不均，或肠道寄生虫寄生等，都可以引起本病的发生。

【症状及危害】病鳝表现为食欲减退，游动迟缓，离群独游，有时腹部朝上或头长时间浮于水面。体色发黑，以头部为重。腹部膨大，肛门红肿突出，用手挤压腹部，可见口腔和肛门有大量血水或黄色黏液流出。解剖检查，肠内无食，局部或全肠充血发炎，严重者腹腔有紫黑色淤血，肾脏有充血斑点。

【流行】过去通常在 4～8 月发生，北方推迟 1 个月左右。现在已提前到 3 月份开始发病。甚至全年都有此病发生。苏州、无锡、常州、淮安、盐城、连云港等地近几年发病较严重。

【防治方法】①用漂白粉 1～2g/m^3，或生石灰 10g/m^3 全池泼洒。②每 50kg 黄鳝用大蒜 250～500g、食盐 250g，分别捣烂溶解，拌饵后晒干投喂，连用 3～5 天。③每 50kg 黄鳝用地锦草、辣蓼或菖蒲 2.5kg 煎汁，拌入饲料内投喂，每天 1 次，连喂 3 天。④用漂白粉 1g/m^3 全池泼洒。同时，每 10kg 黄鳝第一天用磺胺脒 1g，第 2～6 天用 0.5g，拌饲投喂。⑤每 100kg 黄鳝用辣蓼 5kg、薄荷叶 3kg，熬水全池泼洒，15 天后重复 1 次。⑥每平方米水面用韭菜 2～3g、大蒜 2～3g、食盐 0.1～0.2g，混合捣碎，加水拌匀，泼洒在饲料中，每天投喂 1 次，直至病愈。⑦每 100kg 黄鳝配 20mL 十滴水放入 2～3kg 的米糠内，加入 1kg 面粉拌匀，趁热投入池中，连续投喂 3 天，效果很好。

4. 赤皮病（赤皮瘟、擦皮瘟）

【病原】荧光极毛杆菌。大多是因黄鳝的皮肤在捕捞或运输时受伤，细菌侵入皮肤所致。

【症状及危害】初期表皮局部出现不明显小红疹斑，随即发炎充血，尤以腹部和两侧最为明显。食欲下降，活动减少，严重时毛细血管破裂，全身发红，黏液脱落。肛门红肿渐发紫，发病后短期内死亡。该病发病快，传染性高，慢性死亡，发病死亡率达 90%以上。

【流行】一年四季都可发生，是目前发生较严重的疾病，大小鳝均可发病。

【防治方法】①水深 10cm 左右用漂白粉 1g/m^3 全池泼洒。②漂白精（含有效氯 60%）或优氯净（含有效氯 56%）全池泼洒，0.5～0.6g/m^3。③用 0.05g/m^3 明矾兑水泼洒，2 天后用 25g/m^3 生石灰全池泼洒。④用五倍子煎水 2g/m^3 全池泼洒，连用 2～3 天，或用生石灰全池泼洒。⑤饲料内拌药，如三黄片，池内浸沤枫树叶、蓖麻叶。⑥每 100kg 黄鳝每天投喂 3kg 的鱼泰 2 号，分 2 次投喂，连喂 3～6 天。

5. 水霉病

【病原】黄鳝机械损伤后被水中真菌感染。

【症状及危害】真菌孢子吸取黄鳝皮肤里的营养，向外长出毛状的菌丝，继续在体表蔓延扩展形成肉眼可见的“白毛”，常造成黄鳝和鳝卵的大批死亡。

【流行】一般一年四季可发生，晚冬早春最为流行。

【防治方法】①用 5%的碘酒涂抹患处，或用 2%～3%食盐浸泡病鳝 3～4min，效果较好。②用甲基蓝 3g/m^3 或 0.04%的食盐和 0.04%的碳酸氢钠合剂全池泼洒。

6. 烂尾病

【病原】产气单胞菌中的一种。

【症状及危害】病鳝尾巴充血发炎，继而肌肉坏死溃烂，严重时尾部肌肉烂掉，口腔出血，尾脊外露。病鳝反应迟钝，头伸出水面，丧失活动能力而死。此病与打印病的明显区别是发炎充血面积大，病灶处无凹陷现象，且大多为头部病灶严重，发病后便离穴不返，直至死亡。

【流行】密集养殖池和运输途中容易发生。

【防治方法】①在养殖黄鳝的容器内放置水草，每 6～8kg 黄鳝加庆大霉素 8 万国际单位，可较好地预防此病。②用二氧化氯或二溴海因 3g/m^3 全池泼洒。③每毫升 0.25 单位金霉素药液浸洗鱼体。

7. 隐鞭虫病

【病原】颤动隐鞭虫。

【症状及危害】颤动隐鞭虫侵蚀黄鳝皮肤和鳃组织。

【流行】全年都可感染，以夏秋两季较常见。

【防治方法】①用 4%～5%食盐水浸洗病鳝 5～10min。②用 0.7g/m^3 的硫酸铜和硫酸亚铁合剂（两者比例为 5∶2）全池泼洒，每 2 天 1 次，3 次 1 个疗程。

8. 锥体虫病

【病原】锥体虫。

【症状及危害】锥体虫寄生在黄鳝的血液中，黄鳝感染锥体虫后，大多数呈贫血状，鱼体消瘦，生长不良。

【流行】一般发生在 6～8 月。

【防治方法】①用生石灰清塘，清除锥体虫的中间寄主水蛭。②用 4%～5%的食盐水浸洗病鳝 10min 左右。

9. 复口吸虫病

【病原】复口吸虫。

【症状及危害】复口吸虫的尾蚴和囊蚴寄生黄鳝皮下组织，发病初期病鳝尾部出现黑色小圆点，手摸有异样感。随后小圆点颜色加深，有的黑点突起进入皮下，并蔓延至体表多处，病鳝烦躁不安，停止摄食，直至萎缩消瘦而死。

【流行】全年发生，主要流行季节 5～8 月。

【防治方法】①用硫酸铜 0.7g/m^3 全池泼洒，消灭中间宿主椎实螺；②用二氧化氯 0.2g/m^3 全池泼洒。

10. 嗜子宫线虫病

【病原】子宫线虫。

【症状及危害】虫体血红色，胎生，寄生于黄鳝体内肠道和腹腔中。

【流行】发病有季节性，一般冬季出现，春后生长迅速而使黄鳝致病。

【防治方法】每 50kg 黄鳝用 90%晶体敌百虫 2～5g 拌 1kg 蚯蚓投喂，连用 3 天，其中第 2 天用 90%晶体敌百虫 0.2g/m^3 全池泼洒。

11. 鳗鲡独孤吸虫

【病原】鳗鲡独孤吸虫。田螺是鳗鲡独孤吸虫的第一中间宿主，麦穗鱼等多种小型鱼类是第二中间宿主，黄鳝为终末宿主，黄鳝吞食有鳗鲡独孤吸虫的小鱼而感染。

【症状及危害】鳗鲡独孤吸虫寄生于黄鳝肠内，大量寄生时，可使肠壁充血发炎，食欲减退，生长缓慢，身体消瘦，严重时甚至死亡。

【流行】3～10月均可检出，夏季为流行高峰。

【防治方法】每50kg黄鳝用90%的晶体敌百虫5g拌饲投喂，连用5天，池水可用90%的晶体敌百虫0.5～0.7g/m³全池泼洒。

12. 毛细线虫病

【病原】毛细线虫。

【症状及危害】患病黄鳝在养殖水体中躁动不安，或将胸部伸出水面做剧烈抖动；把病鳝捞出水面，放在无水容器中，可见病鳝不停地做挣扎性运动，用手握住病鳝，可见鳝体扭曲颤动；同时鳝体有阵发性僵挺之感。病鳝外观体表瘦弱，严重者肛门红肿、增大。解剖鳝腹，可见肠壁外呈红色或紫红色，肠内无食物。解剖鳝肠，可见肠内壁有白色虫体寄生，少则三五个，多则数十个，虫体乳白色，镜检可见其头部尖细，尾部钝圆，虫体长为5～10mm。寄生量较多时常形成肠梗阻活肠穿孔，同时肠道内壁黏膜脱落，肠壁毛细血管严重充血，伴有肠道炎症的并发。黄鳝患毛细线虫病，轻者消瘦滞长，重者大量死亡。

【流行】每年6～9月是毛细线虫的旺发季节，高密度静水养殖的土质鳝池发病居多。

【防治方法】①病初发时，用生石灰20g/m³消毒池水，杀灭虫卵。②发病鳝池第一天用90%的晶体敌百虫0.7g/m³全池泼洒，第二天更换全部池水，再用左旋咪唑、敌百虫硫、双二氧酚中的任何一种药物拌蚌肉、蚯蚓浆或配合饲料投喂，连续3～5天。每千克黄鳝用三种药的剂量分别为0.12g、0.1g、0.2g。第一天剂量加倍。③用贯众、荆芥、苏梗、苦楝树根等中草药合剂，按50kg黄鳝用药量290g（比例16∶5∶3∶5）加入总药量3倍的水煎至原水量的1/2，倒出药汁，再按上述方法煎2次，将药汁拌入饲料投喂，连喂6天。④大面积发病时，用90%晶体敌百虫0.7g/m³全池泼洒，用药后隔2天彻底换水。

13. 棘头虫病

【病原】棘头虫，虫体为白色条状，能收缩，体长8.4～28mm。

【症状及危害】黄鳝感染棘头虫后，食欲严重减退，或不进食，体色变青发黑，肛门红肿。解剖病鳝肉眼可见肠内有白色蠕虫，其吻进入肠黏膜内吸取营养，以致引起肠道充血发炎，阻塞肠道，部分组织增生或硬化，严重时可造成肠穿孔，导致黄鳝死亡。

【流行】分布广泛，危害严重，往往呈地方性流行。

【防治方法】①每50kg黄鳝用90%晶体敌百虫5g拌饵投喂，连喂5～7天。②1kg蚯蚓拌甲苯咪唑1g喂黄鳝，连喂2～3天。③用苦楝树根或果实2kg捣碎，加入1.5kg三氯甲烷溶液，密封3天后过滤出浸出液，用混合液拌蚯蚓1kg喂黄鳝，连用6天。

14. 水蛭病

【病原】中华颈蛭和拟扁蛭。

【症状及危害】水蛭寄生在黄鳝的头部或体侧的皮肤上，吸取黄鳝的血液，引起贫血。轻者影响黄鳝吃食和生长，重者失血。

【流行】夏季发病，加温条件下无季节性，流行面广。

【防治方法】①病鳝用 10g/m^3 的硫酸铜溶液浸洗 20min，注意不要用金属容器装硫酸铜溶液。②用 0.1%的晶体敌百虫浸泡患病黄鳝 15min，同时全池泼洒 90%晶体敌百虫 0.1～0.2g/m^3，连续 2 次。③用 0.02%茶饼溶液全池泼洒，24h 换水 1 次。④用老丝瓜芯浸猪血，待猪血灌满瓜芯凝固后放入水中，30min 后，取出瓜芯即可诱捕大量虫体，如此反复多次。

15. 发热病

【病因】高密度养殖或高密度长途运输，黄鳝体表分泌的大量黏液在水中聚集发酵使水温飙升（可达 50℃），溶氧降低。

【症状及危害】黄鳝焦躁不安，相互缠绕，大批死亡。黄鳝在将近死亡时，体表黏液大量脱落使池水带有黏性。鳝体黏液脱去后，头部膨胀，随即死亡。

【流行】高密度养殖或高密度长途运输时。

【防治方法】①在池内混养少量泥鳅，吃掉残饵，并通过泥鳅的上下蹿动，防止黄鳝相互缠绕。②黄鳝在运输前先经蓄养，勤换水，将黄鳝体表泥沙及肠内容物除尽，水温 23～30℃，每隔 6～8h 换 1 次水，或每隔 24h 在水中施放青霉素，用量为每 25kg 水 30 万单位。③发病池内用硫酸铜溶液 0.7g/m^3 泼洒。④1m^3 水体用大蒜 100g、食盐 50g、桑叶 15g，捣碎成汁，均匀泼洒鳝池，每天 2 次，连用 2～3 天。

16. 感冒

【病因】常因使用未经过太阳照射的井水或泉水，使池水温度陡然下降，黄鳝一时不能适应而得病。

【症状及危害】严重时食欲缺乏，并易死亡。

【流行】全年。

【防治方法】水温过低的井水或泉水要经过太阳照射升温后使用，防止水温相差过大。

17. 痉挛

【病因】水质变化等。

【症状及危害】主要表现为头部极度痉挛，身体呈蜷曲状。身体表面及内脏器官无病症。该病主要出现在黄鳝放养 7 天后，常有批量发病，10～12 天后开始死亡，直至发病黄鳝死尽为止，1 个月左右死亡结束。

【流行】在养殖过程中常出现，是目前对黄鳝养殖威胁最大的病害。

【防治方法】①严格按照种苗采集技术采集种苗，严格实施日常管理措施，可杜绝此病的发生。②将病鳝、死鳝捞出并隔离以防止病情恶化。控制疾病蔓延。③彻底换水后，用三氯异氰尿酸钠泼洒，使池水浓度为 0.4～0.5g/m^3。④坚持每天换水并用适量生石灰消毒，调节水质。7 天后，病情得到控制，黄鳝吃食正常。

主要参考文献

艾为明，敖鑫如，周发林. 2002. 稻田垄沟式黄鳝养殖试验. 水生态学杂志，2（3）：44～44.

邴旭文. 2005. 模仿自然繁殖条件下的黄鳝人工繁殖试验. 水产学报，29（2）.
陈芳，刘百韬. 1998. 黄鳝配合饲料的初步研究. 饲料工业，（3）：36～37.
段国庆，江河，胡王，等. 2014. 不同生态因子对黄鳝产卵率的影响. 四川动物，（5）：741～745.
段国庆，江河，胡王，等. 2016. 不同来源黄鳝（*Monopterus albus*）繁殖力的比较分析. 渔业科学进展，37（2）：84～90.
何智，任红梅，杨德英，等. 2010. 嗜水气单胞菌源黄鳝出血病的组织病理学研究. 淡水渔业，40（4）：56～61.
李芝琴，欧阳珊，吴小平，等. 2008. 鄱阳湖黄鳝的生长特征. 动物学杂志，43（3）：113～120.
刘建雄，郭琼林. 2002. 黄鳝（缘拟扁蛭）水蛭病的首次报道. 水生生物学报，26（5）：571～573.
罗鸣钟，靳恒，杨代勤. 2014. 黄鳝生物学及养殖生态学研究进展. 水产科学，（8）：529～534.
潘建林. 2002. 黄鳝健康养殖新技术. 渔业现代化，（2）：21～22.
彭彬，陈晓利，杨光友，等. 2014. 四川省黄鳝体内寄生蠕虫感染状况调查. 动物医学进展，（12）：164～167.
彭彬，杨光友，陈晓利，等. 2011. 黄鳝出血病病原菌的分离与鉴定. 淡水渔业，41（3）：72～76.
宋锐，李文祥，邹红，等. 2013. 黄鳝体内寄生隐藏新棘虫和胃瘤线虫的频率分布及季节动态. 水生生物学报，37（6）：1044～1050.
王兴礼. 2004. 黄鳝常见的疾病及其防治. 黑龙江畜牧兽医，（12）：36～37.
徐在宽，潘建林. 2005. 泥鳅与黄鳝无公害养殖重点、难点与实例. 北京：科学技术文献出版社.
徐在宽，徐青. 2010. 黄鳝高效养殖 100 例. 北京：科学技术文献出版社.
许芸华. 1984. 家庭养殖黄鳝. 淡水渔业，（5）：31～33.
杨帆，张世萍，韩凯佳，等. 2011. 投喂频率对黄鳝幼鱼摄食、生长及饵料利用效率的影响. 淡水渔业，41（3）：50～54.
叶雄平，郑卫东. 2013. 黄鳝养殖技术一本通. 郑州：河南科学技术出版社.
尹绍武. 2005. 黄鳝的繁殖生态学研究. 生态学报，25（3）：435～439.
于海罗，胡毅，何艳林，等. 2011. 不同饵料比对黄鳝生长及生理生化指标的影响. 水生态学杂志，32（6）：121～124.
张俊智，吕富，郇志利，等. 2015. 膨化豆粕替代不同比例鱼粉对黄鳝生长性能、体成分、肠道消化酶活力及血清生化指标的影响. 动物营养学报，27（11）：3567～3576.
周秋白，李有根，陈云香，等. 2000. 黄鳝含肉率及肌肉营养成分分析. 淡水渔业，30（11）：41～43.

第三章 花　　䱗

花䱗隶属于鲤形目、鲤科、鮈亚科、䱗属，俗称芝麻勾、芝麻鲮、季鱼、季郎鱼。花䱗是广泛分布于我国江河中的一种重要的中小型经济性鱼类，从黑龙江流域向南一直到广东、云南元江等地均盛产此鱼。花䱗不仅体型优美、肉质鲜嫩、味道鲜美、营养丰富，还有健身补血等功效，深受人们喜爱。花䱗适应能力强、群体产量高；近年来，随着该鱼自然种群数量逐渐减少，市场售价较高，需求量较大。花䱗已成为目前广大消费者青睐的名优水产品之一。目前，花䱗移养驯化、人工繁殖和苗种培育在四川等地已经获得成功，成鱼养殖也取得了良好效果。

花䱗营养价值丰富。花䱗肌肉鲜样中粗蛋白质、粗脂肪、水分和灰分的含量（均为质量分数）分别为 17.5%、2.8%、78.4%和 1.2%；新鲜肌肉中 18 种氨基酸的总量为 15.46%，占鱼体粗蛋白质的 88.34%，其中 8 种人体必需氨基酸总量为 6.14%，占氨基酸总量的 39.69%，其必需氨基酸的构成比例基本符合 FAO/WHO 的标准。花䱗蛋白质的第一限制性氨基酸为（蛋氨酸+胱氨酸），必需氨基酸指数为 69.02，脂肪酸中含有高比例（23.6%）的多不饱和脂肪酸，高于鲤科其他名优养殖鱼类。

3.1 生物学特征

3.1.1 形态特征

花䱗（图 3-1）体较长，前部略呈圆棒状，后部稍侧扁，腹部圆；吻钝圆，前端略平扁，吻长小于或等于眼后头长；口下位，马蹄形；唇稍薄，下唇不发达，两侧叶狭窄，唇后沟中断，间距较宽，中央有一小三角形突起；口角有须一对，其末端达眼前缘的下方；眼较大，眼径等于或小于眼间距；眶前骨、眶下骨及前鳃盖骨边缘有一排黏液腔，下咽齿末端呈钩状，鳞中等大，侧线平直；背鳍具一根长且粗壮的光滑硬刺，其长度小于或等于头长，背鳍起点至吻端较至尾鳍基较近；胸鳍不达腹鳍起点；腹鳍短小，起点约位于背鳍基部中点的垂直线下方；尾鳍叉形，上、下叶等长；肛门紧靠臀鳍起点；体灰褐色，腹部白色，背部和体侧有褐色小斑点，侧线上有 7～14 个大黑斑，背鳍、尾鳍具褐色小斑点；胸鳍、腹鳍、臀鳍灰白色；腹腔膜呈白色；生殖腺呈条状，肉红色。

花䱗特定体长的怀卵雌性个体的体高显著大于产后雌体和成年雄体，产后雌体的头宽、头高、尾柄长、尾柄高大于怀卵雌性和成年雄性，产后雌体的尾鳍长、腹鳍臀鳍间距则相对较小，其他局部形态特征不存在显著的两性差异。

图 3-1 花鲳

3.1.2 生活习性

花鲳多生活在湖泊、河流水体的中下层，性温顺，喜底栖钻洞，常聚居出没于沿岸生有青泥苔的石缝、木桩等障碍物附近。对水流较敏感，尤其是春汛繁殖季节，稍有水流即兴奋游窜，甚至涌出水面。鱼苗期则喜偏卧水底活动。有集群生活习性，不同的生长阶段其活动规律有所不同，鱼苗阶段有一定的趋弱光性，2～5cm 夏花阶段生活在水的中上层，5cm 以上营底栖，一般白天潜伏于水底和石砾中，晚上到池边觅食。花鲳对温度的适应范围较大，属于广温性鱼类，摄食和生长的最适温度为 25～32℃。

3.1.3 摄食习性

花鲳与黄颡鱼食性相似，属于偏肉食性鱼类，是一种以无脊椎动物为主要食物的温和肉食性鱼类。自然环境中主要以小虾和小型软体动物，如螺、蚬、淡水壳菜、幼蚌、昆虫幼虫等为食；幼鱼期以枝角类、桡足类、轮虫等浮游动物为食，也食一些藻类以及水生植物；成鱼主要摄食虾和小软体动物。花鲳几乎全年摄食，即使冬季仍保持一定的摄食水平，有较长的生长期。水温 6℃以下摄食较少，4℃以下停止摄食。繁殖期一般不摄食或少摄食。产卵期后，在 6～8 月摄食活动加强；而在准备越冬阶段的 10～11 月，摄食活动有所减弱；但从 12 月到翌年 3 月，为了满足性腺发育，摄食活动一直持续。人工养殖条件下，可完全摄食人工配合饲料。

3.1.4 花鲳的生长

花鲳属中小型经济鱼类，生长缓慢，大约当年可长到 7cm，第二年可长到 12cm，第三年可长到 16.8cm，第四年可长到 20cm，第五年可长到 23.6cm。花鲳体长的增长以第一年最快，第二年次之，生长速度年增长随年龄的增大有递减的趋势。与年体长增长相反，第一年增加的体重最小，年增重随年龄的增大有逐渐增加的趋势，但增加量各龄鱼有所不同，第三年增重和年增积量均低于第二年和以后各年。以夹江花䱻为例，当体长小于 6cm 时，体长的相对增长明显大于体重的相对增长；6cm 以上时，体重的相对增长开始加快；个体越大，体重相对增长越大。花䱻当年能长到体长为 12～20cm，体重为 20～100g，第二年能长成体长为 24～28cm、体重为 150～250g 以上的商品鱼。

3.1.5 繁殖习性

在自然条件下，环境中的饵料是影响花䱻性腺发育的主要因素。花䱻雌雄性成熟最小年龄均为 1 冬龄，多数性成熟年龄在 2 冬龄，也有极少个体要到 3 冬龄才完全成熟。从花䱻成熟系数的周年变化中可以看出，二月份性腺成熟系数开始上升，4、5 月份达最高点，此时雌鱼为 13.64%，雄鱼为 2.34%；6 月份成熟系数处于下降趋势，处于Ⅵ期或恢复至Ⅱ期卵巢，怀卵量 4.8 万～13 万粒，绝对生殖力 F 波动范围 6985～56026 粒，平均为 23677 粒（丰溪河花䱻）。花䱻卵呈青色略带橘黄色，卵径 1.2～1.7mm，晶莹透明，具黏性，黏附于水草上，受精卵吸水膨胀后，卵径为 1.9～2.0mm。刚孵出的仔鱼细长透明，眼点大，不黏附于鱼巢上，而转入水底侧卧或抖动式垂直游动，或上下左右间歇翻滚，2～3 天卵黄囊逐渐消失；6～7 天体表出现色素，鳔充气转成银白色，并开始追捕不活泼的浮游动物；两周后色素明显，常沿池边向一个方向游泳，并能追捕轮虫、枝角类、桡足类等浮游动物。

花䱻的产卵期在 4～6 月，水温 16～23℃，盛产期集中在 4 月中旬至 5 月。一般在阴雨天或雨后起风、水面波浪起伏时为花䱻产卵最盛时间。花䱻产卵行为昼夜都有，尤其是傍晚和拂晓比较集中。

花䱻的人工繁殖已经取得成功。从性腺发育情况看，花䱻性腺发育高峰在三月中下旬。人工繁殖季节为 3 月中旬至 4 月中旬，三月下旬为产卵高峰期，且高峰期较短。因此，人工催产时间宜在三月下旬进行，采用流水刺激花䱻产卵。花䱻的卵属黏性卵，采用棕片作为卵的附着物效果较好。在卵脱黏后，采用流水孵化，22～25℃是最为理想的孵化水温。

3.1.6 雌雄鉴别

花䱻未达到性成熟之前，雌鱼和雄鱼的外部形态无显著差异，但达到性成熟较易区别。成熟时，花䱻的雌雄区别主要表现在体色和个体形态上。一般情况下，性成熟的同龄个体，雄鱼明显大于雌鱼。成熟的雌鱼体色较白亮，吻部上颌无珠星，腹部膨大、饱满、柔软，有腹沟，卵巢轮廓明显，用手轻压腹部有流动感，生殖孔红肿外翻。成熟的雄性色泽较雌鱼鲜艳，体色略呈浅橘黄色。雄鱼头部、胸鳍内侧有明显的珠星生成，手摸有粗糙的感觉。挤压腹部，有乳白色的精液流出，副性征比较明显。

3.2 人 工 繁 殖

自 20 世纪 90 年代以来，国内相继开展了花䱻驯养和繁殖研究。

3.2.1 亲鱼培育

1. 亲鱼的收集

亲鱼主要从天然湖泊中捕捞收集，可以在繁殖季节到湖上直接收集成熟亲鱼进行繁殖，或者在冬季或早春收集未成熟的亲鱼暂养繁殖。

2. 亲鱼养殖

亲鱼池面积一般为 667～2000m^2，水深 1.5m 左右，以放养 1500～1800kg/hm^2 为宜。池中可搭配少许鲢、鳙鱼，但不宜混养鲤鱼、鲫鱼等底层鱼类。每天用潜水泵抽本池内水进行循环，每天抽水时间为 3h，分三次进行，刺激鱼类的性腺成熟。水源应清洁无污染，水质应符合 NY 5051《无公害食品淡水养殖用水水质》的规定。池塘的底质应符合 GB/T 18407.4—2001《农产品安全质量无公害水产品产地环境要求》的规定。因其食性是偏肉食的杂食性，故亲鱼培育期间投喂的饲料中粗蛋白应不低于 35%，或用新鲜鱼糜投喂更好。

花䱻在小水体池塘中经人工培育，性腺能够发育成熟，可以满足人工繁殖的需要。池塘人工培育花䱻亲鱼，当年能够长至 20～100g，第二年能长到 150～250g 的商品鱼。2 足龄后，性腺成熟，雌鱼性腺发育达第Ⅳ期，雄鱼性腺发育达第 V 期，怀卵量一般为 3 万～10 万粒/尾，可作为亲鱼进行人工繁殖。

3.2.2 人工繁殖

1. 亲鱼的选择

直观选择法：选择无伤、无病、有光泽、肥满度好、体质健壮的鱼；雌鱼腹部膨大、柔软、富有弹性、卵巢轮廓明显；用手轻压腹部，生殖孔外突；雄鱼生殖孔发红，在吻部、眼下方到颊部有大量的珠星；轻压腹部有精液流出。间接选择法：用挖卵器取出少量鱼卵放入玻璃皿中，加入 3mL 透明液浸泡 3min，当卵质半透明而核尚不透明时，在显微镜下观察。大部分卵粒中的核已经偏心或呈极化状态（卵核位于卵膜边缘），说明卵母细胞分别发育至 IV 时相末期，性腺发育成熟；多数卵核居中者，性腺发育尚未成熟；多数卵粒无核象者，卵已过熟。

2. 催产

花䱻鱼的繁殖期一般在每年的 3 月下旬至 5 月中旬，在收集亲鱼时发现成熟亲鱼便直接进行人工繁殖。暂养在鱼池中尚未成熟的亲鱼，当水温到 18℃左右时，用催产药物 HCG、LRH-A 1 单位+地欧酮 3mg；雄鱼注射减半，效应时间为 18～20h。结果表明 DOM 5mg/kg+LRH-A_2 1.2ug/kg 和 HCG1000IU/kg+LRH-A_2 1.2ug/kg 明显较同类具有催产优势，但催产剂量的加大并不能相应提高催产率和受精率。

用 1mL 的无菌医用注射器，采取胸鳍基部注射，进针深度在 8mm 左右，每尾鱼缓慢注射的药液量为 0.5mL，注意避免药液外流。催产操作均在水体内进行，不得使鱼体离开水面，避免亲鱼死亡。

产卵池中水质清澈，透明度 80cm，溶氧 8.3mg/L。产卵池中亲鱼雌雄比例为（1～3）：1，池内插入棕片，发情后鱼卵产在棕片上，受精卵可直接放在产卵池内孵化。此外，可取雌雄亲鱼［按（2～4）：1 比例配比］擦干授精用的盆及鱼体，把鱼卵挤入盆内，同时挤入精液，用手指或者羽毛轻轻搅拌，1～2min 后注水，把受精卵均匀倒洒于浸在盆中的棕片上，使受精卵均匀地转移到棕片上，黏附在鱼巢上，把棕片放在授精盆中 10～15min 进行充分受精，以确保受精率，待其充分吸水后移入孵化池。花鲭受精卵吸水后略膨胀，卵色为青而略带橘黄。

花鲭的精子活力的适宜温度为 19～23℃，温度为 23℃时精子寿命最长为 522.7s；适宜 pH 为 7～8，pH 为 8 时精子寿命最长为 535s；适宜盐度为 1‰～7‰，盐度 7‰时精子寿命最长，为 304.3s。2 龄野生花鲭的精液浓度大于 5 龄的，为 1.6×10^{10} 个/mL。

3. 孵化

1）胚胎及鱼苗发育

孵化是指从受精卵到仔鱼上浮这个过程。成熟的花鲭鱼卵径 1.5～2.0mm。在水温约 22℃时，花鲭卵受精 1.5h 后，胚盘隆起进入细胞分裂期；受精 3.5～12h，依次发育到囊胚早、中、晚期；受精 13～28h，依次发育到原肠早、中、晚期；受精 30～60h，依次发育到视泡期（30h）、尾芽期（33h）、肌肉效应期（36h），心跳（44h）、耳石（53h）出现至心跳和呼吸均匀。此后，低倍镜下观察，胚胎外部形态发育较慢而体内各组织、器官、系统逐步完善。平均水温 21.5℃，受精卵需 120h 破膜。刚破膜的花鲭仔鱼平均全长约 6mm，身体细长且透明，眼点大，不黏附在鱼巢上，而转入水底侧卧或抖动式垂直游动，或上下左右间歇翻滚，或侧卧水底，头部弯向卵黄囊前方，口未开启，受惊扰后短距离急游；破膜 24h 后，仔鱼立卧，可见红色血液循环，胸鳍搅动剧烈，卵黄囊相对较小；镜检破膜 52h 的仔鱼肠道内清晰可见摄入的食物，每尾有轮虫 28～35 个；破膜 75h 鳔出现，游泳能力明显增强；破膜第 6 天卵黄囊完全消失；第 7 天鱼体消化道内充满食物；第 8 天两室鳔明显可见，泳速快，活泼、机敏，不易捕捉，背鳍鳍条轮廓出现；第 10 天，体色素增加，体力明显增强；第 11 天尾鳍条长满；第 13 天腹鳍出现；第 15 天，臀鳍出现，平均全长 12.5mm，外部形态发育完善，色素明显，能追捕轮虫、枝角类和桡足类等浮游动物。

当水温低于 18℃时，花鲭受精卵孵化率会很低；如果低于 15℃，鱼苗难以孵化出来；22～25℃是最为理想的孵化水温。受精卵在孵化环道中微流水孵化，在水温 19～20℃时，出膜时间约为 115h，脱膜时间集中，鱼苗规格整齐；当水温下降至 18℃时，出膜时间延长为 140h，且脱膜时间较长。

2）孵化条件

对孵化用水的基本要求是清澈、无污染，pH 6.5～7.4，温度在 22～25℃最为适宜。一般采用孵化环道微流水孵化，结果发现孵化率较高，达 80%～85%以上。孵化密度在 50000 粒/m³为宜，可根据亲鱼的量来设置鱼巢的数量，调整其卵密度。对于流水孵化，水流速度会直接影响到花䱻受精卵的孵化效果，控制好水的流速非常重要，流速一般为0.5m/s。

花䱻受精卵的孵化期较长，在水温18℃时，肌肉效应期约在受精后100h出现，150h后出现眼点，170h左右才出膜，水流速度变为1m/s；200h出膜结束后水流速度为0.5m/s，在水温21℃时，肌肉效应期约在受精后75h出现，眼点出现在约110h后，出膜在受精后145h出现。水温为18～20℃，花䱻的受精卵出膜要6～7d时间。

3）孵化管理

孵化前对孵化设施用浓度为500mg/L的甲醛溶液浸泡喷洒，15min后用清水清洗。孵化期间，经常观察孵化用水和排注水是否畅通、水质颜色、气味和鱼卵的发育情况，监视充气泵的工作状态，发现问题及时解决。孵化期间主要防止受精卵生水霉，可每天用50mg/L浓度的“水霉净”浸泡鱼卵15～20min，直至出现眼点。当鱼卵发育到原肠期后开始统计鱼卵的受精率。鱼苗全部破膜后，开始统计受精卵的孵化率。发现仔鱼出现腰点，约8h能平游之后，及时将鱼巢取出。当多数仔鱼能平游后，开始投喂蛋黄、小型浮游动物，及时下塘。在（20±1）℃条件下，仔鱼在出膜后的第三天开口摄食，卵黄囊在第7天基本消失，此阶段仔鱼的全长平均日增长率为4.67%。鱼苗的初次摄食率高达90%和89.5%，如果此时给予充足的饵料，仔鱼的存活率会显著提高。

3.3 鱼种与成鱼养殖

3.3.1 苗种培育

1. 鱼苗培育

选择水源充足、水质清新无污染、注排水方便的池塘。鱼苗出膜后4～5d放养，放养密度为10万～20万尾/亩。鱼苗注入池后，泼洒豆浆，每天泼洒2～3次，每天每亩水面用3～5kg黄豆。一般经过30d，培育至3cm左右出池，转入鱼种培育。

2. 鱼种培育

花䱻夏花鱼种放养5000～6000尾/亩。鱼种放养前用3%的盐水浸鱼体5min左右。饲料采用粗蛋白含量36%的配合颗粒饲料。待发育至腰点（鳔）出现，可以平游开食。前期培育以红虫为主，后期适当投泼豆浆及鱼糜；每天分早晚两次投喂。经过一个月左右的培育，鱼苗可达3cm，再经过一个月左右可达5.5～6.5cm。此时可分池养。

以1.5～2.0亩培育池培育花䱻夏花鱼种为宜，池深在1.5m较为合理，鱼苗放养可选择受精卵孵化出膜后7～10天的鱼苗，鱼苗放养量应不大于4万尾/亩。鱼苗下塘采用“肥水”下塘方式，花䱻有贴壁的习性，尤其在鱼苗阶段常常吸附在池壁上，因此应以周边投喂为主。

3.3.2　成鱼的养殖

1. 池塘养殖

在花䱻鱼种放养前，每亩水面用 200～250kg 生石灰清塘，3～4d 后施有机肥 1000～1500kg，另加碳酸氢铵 20kg、过磷酸钙 30kg，培育浮游动物。早春季节每亩放养 1200～1500 尾花䱻鱼种，搭配尾重 50g 的鳊鱼 120 尾、尾重 300g 的白鲢 80～100 尾和少量肉食性鱼类，忌放养鲤、鲫、草鱼等争食能力强的鱼类，以免与花䱻争食。

从生产实践看，池塘面积在 0.33～1.67hm^2 时，养殖产量最高，低于或高于这一范围养殖产量将下降。这是因为养殖面积小，水体的负荷缓冲能力差，养殖产量不高；养殖面积过大，管理困难，也不利于提高单产。水深以 2.5～3.5m 最为适宜，充足的水源和良好的水质也是获得高产的重要保证。

花䱻生活在池塘底部，起捕较难，拉网效果不理想，只能干池起捕，这是池塘养殖花䱻的不足之处。

2. 网箱养殖

因网箱养殖的花䱻方便上市，常年有活鱼供应市场，销售价格较高，单位面积经济效益远远高于池塘养殖。网箱养殖也是花䱻成鱼的重要养殖方式。网箱养殖区宜选择在避风向阳、水深在 3.0m 以上的深水库湾区，要求水域水质清新、无污染，有微流水的区域是最为理想的网箱设置点。有污染源的水域及航道、码头附近不宜选择。网箱采用聚乙烯无结节网片制作，形状为不加盖的六面体，规格为 5.0m×2.0m×2.5m、5.0m×5.0m×2.5m 或 5.0m×8.0m×2.5m，网目大小根据鱼种大小来决定，养殖过程中依据鱼体的生长情况及时调整，网箱底用密网制作。花䱻性情较为温顺，可不设置盖网。

网箱框架采用脚手架钢管或 4.5cm×4.5cm 角钢焊接，用成形泡沫作浮子。一般 4 只网箱为一组，中间做走道，两边放置网箱，箱与箱间隔 50cm，多组网箱可串联为一排，排与排间隔 15～20m；网箱框架安装采用缆绳固定，网箱上面的 4 个角固定在框架上，上沿离开水面 40～50cm，下面 4 个角用石头或沙袋作沉子，箱底四边用竹片或钢筋固定成形。放养鱼种前一星期将网箱安装下水，以使网片附生藻。

鱼种规格约 100 尾/500g 时，网箱放养密度为 800 尾/m^2；鱼种规格 37 尾/500g 时，放养密度为 280 尾/m^2；鱼种规格 15 尾/500g 时，放养密度约 100 尾/m^2。放养小规格花䱻鱼种起始密度以偏高为好，但要及时分箱疏养，这样能提高成活率，提高产量，降低饵料成本。水温在 23～28℃的 5 月和 9～10 月，花䱻摄食旺盛，生长较快，要及时分箱疏养。11 月上旬，当平均水温在 20℃以下时，花䱻的摄食量明显减少，生长速度也相应下降。7～8 月因水温偏高，影响花䱻的摄食，生长较慢。网箱养殖中，抓住 5 月、9 月、10 月等月份的最佳饲育期进行有效管理，可以明显提高养鱼效益。

网箱养殖不足之处在于投资较大，对水库水质要求严格，要求水质清新、溶氧量高。网箱培育鱼种后再养殖商品鱼的效益要高于池塘培育鱼种后再养殖商品鱼的效益。网箱培育花䱻种具开食早、应激反应小、机械损伤小、成活率高和生长速度快等特点。

3. 混合养殖

由于池塘养殖中套养花䱻和黄颡鱼可以充分利用有限的池塘水体，在无须增加饲料成本和不影响主养品种产量的基础上，提高了饲料的转化率，可增加综合产出，此模式已成为近年来池塘生态、高效养殖中深受青睐的套养品种。2007 年，常州市武进名优水产引繁推广中心进行了花䱻与翘嘴红鲌和花白鲢混养，花䱻与瓦氏黄颡鱼和花白鲢混养的两种养殖模式，取得了良好的经济效益。

翘嘴红鲌用来套养，可以很好地消除养殖水体的小型野杂鱼和子代鱼，改善养殖水体的生态环境。翘嘴红鲌属上层肉食性鱼类，花䱻为杂食性底层鱼类，黄颡鱼为底层肉食性鱼类，水层分布、食性各不相同。试验结果表明，套养花䱻和黄颡鱼对翘嘴红鲌养成规格、单产、成活率等与主养没有明显差异。花䱻不仅可以利用翘嘴红鲌的残饵，起到净化水质的作用，而且也能充分摄食水体底层的天然饵料。花䱻、翘嘴红鲌和黄颡鱼综合养殖效益比一般单养以及常规鱼养殖效益高。

常州市武进名优水产引繁推广中心进行了花䱻与翘嘴红鲌和花白鲢混养，花䱻与瓦氏黄颡鱼和花白鲢混养的两种养殖模式试验，取得良好的经济效益，套养殖比例以及放养规格大小如表 3-1～表 3-4。

表 3-1 花䱻和翘嘴红鲌的混养鱼种放养情况（每亩）

放养时间	放养鱼种	鱼种规格（尾/kg）	放养数量（尾）
2007.1.27	花䱻	18	550
2007.1.27	翘嘴红鲌	8	830
2007.1.29	白鲢	8	68
2007.1.29	花鲢	6	22
小计			1470

表 3-2 花䱻和黄颡鱼的混养鱼种放养情况（每亩）

放养时间	放养鱼种	鱼种规格（尾/kg）	放养数量（尾）
2007.1.27	花䱻	18	330
2007.1.27	黄颡鱼	32	1000
2007.1.29	白鲢	8	135
2007.1.29	花鲢	6	40
小计			1505

4. 饲料

花䱻养殖可采用以投喂人工饲料为主、施肥培育浮游生物为辅的饲养方法。由于花䱻属于偏肉食性鱼类，最好选用花䱻专用沉性配合饲料。饲料中蛋白质含量约 40%，

表 3-3　花鲟和翘嘴红鲌的混养收获情况（每亩）

收获时间	养殖品种	规格（尾/kg）	数量（尾）	成活率（%）	亩产量（kg）
12.15～12.18	花鲟	0.28	501	91	140
12.15～12.18	翘嘴红鲌	0.60	813	92	488
12.15～12.18	白鲢	1.65	63	98	104
12.15～12.18	花鲢	2.30	21	97	48
12.15～12.18			1398		780

表 3-4　花鲟和黄颡鱼的混养收获（每亩）

收获时间	养殖品种	规格（尾/kg）	尾数	成活率（%）	亩产量（kg）
12.19～12.21	花鲟	0.34	307	93	140
12.19～12.21	黄颡鱼	0.28	860	86	241
12.19～12.21	白鲢	1.15	123	91	105
12.19～12.21	花鲢	1.85	38	96	70
12.19～12.21			1328		520

脂肪的适宜水平约为 5.5%，蛋白能量比为 19.6mg/kJ，总磷含量宜在 0.83%。花鲟的饲料来源较广泛：①使用活的饲料虾，有条件的可以定期定量投放饲料鱼的鱼浆鱼块，这对于防病和提高成鱼的品质有极大好处；②冰鲜鱼、家禽下脚料等，这样的饲料可以降低饲料成本和提高养殖生产的规模化程度；③人工配合饲料，为防止饲料散失，网箱中必须设置饲料台。水温 15～20℃，日投饲量为鱼体重的 1%，20～25℃，日投饲量为鱼体重的 1.5%；25℃以上时投饲量为鱼体重的 2%。此外，在投喂饵料的同时，应少施有机肥，适量施化肥，保持一定的浮游生物量，要求透明度保持在 30～40cm。

5. 日常管理

花鲟耐氧能力较其他常规品种差，其耗氧率还具有昼夜节律性。耗氧高峰出现在凌晨 3：00，低谷是在上午 11：00，故养殖花鲟应常年保持养殖水体的水质清新，透明度在 40cm 以上，保证水体溶氧充足。溶氧昼夜稳定在 5mg/L 以上，pH 为 5.7～8，避免强碱性水体。

花鲟鱼种培育应保持水质清新。春、秋季一般每月注水 2～3 次，夏季每月注水 5～8 次，每次加 10cm 左右；春秋季每月换水 1～2 次，夏季换水 4～5 次，换水量为原池的 1/4～1/3。加注新水时应用 10 孔径的密网过滤，防止野杂鱼及卵进入池塘，同时也防止塘内鱼种顶水逃逸。平时每月施用生石灰 1～2 次，每亩用量 15～25kg，以调节水质。高温季节的晴天午后 14：00、15：00 时要开动增氧机，使池塘中的上下水体得到交换。加强巡塘检查，每天日出前、中午及傍晚各巡塘一次，以观察水质变化情况，检查鱼的吃食和活动情况。高温及天气突变时需通宵值班，以避免缺氧造成损失。

3.3.3 疾病防治

花鲭养殖鱼病防治贯彻“无病先防，有病早治”的方针。一是进行清塘，每亩用生石灰 100～150kg 进行清塘；二是做好鱼体消毒，夏花和鱼种放养前用 5%的食盐水或 10×10^6 的漂白粉进行消毒 10～15min；三是鱼病治疗，锚头鳋、烂鳃以及出血病是花鲭的主要病害。预防鱼病时，可不定期地用硫酸铜硫酸亚铁合剂、漂白粉等泼洒网箱四周，也可以在网箱四周悬挂篓（袋），每个袋（篓）中装硫酸铜 100g 和硫酸亚铁 40g 或漂白粉 100g，每箱 3～6 个，以形成密集的药物区，能起到预防鱼病的作用。

1. 淡水鱼类败血症

【病原】嗜水气单胞菌。

【症状及危害】其外表症状主要为病鱼上下颌、口腔、鳃盖、体表两侧、腹部及鳍基充血发红，肛门红肿突出，部分病鱼眼睛充血或突出，鳃丝略发白；解剖可见肝、胆肿大，胆汁呈淡黄色，肠壁充血，并积有大量黏液。

【流行】花鲭败血症在各养殖区域时有发生，该病多发生于 8～9 月。

【防治方法】先杀灭鱼体外寄生虫。外泼消毒药，一个疗程一般泼 1～3 次，可以任选下列一种药物：每立方米水体中用二氧化氯 1～2mL，或溴氯海因 0.5g，或二溴海因 0.5g，或三氯异氰尿酸 0.4～0.5g，或二氯异氰尿酸钠 0.5～0.6g，或漂粉精 0.5～0.6g。同时，采用季铵盐络合碘制剂，每 800kg 饲料掺入 2000mL 药液，制成药料，全天投喂，连喂 10 天为一疗程，需两个疗程。在治愈后两天，全池遍洒一次生石灰，将池水调成弱碱性，适合鱼类生长。

2. 烂鳃病

【病原】柱状纤维黏细菌。

【症状及危害】病鱼体色发黑，尤其是头部，渔民称为“乌头瘟”。病鱼独自在池边或浮于水面慢慢游动，反应迟钝，呼吸困难，食欲减退，病情严重时，离群独游水面，不吃食，对外界刺激失去反应。鳃丝末端腐烂、充血，有时被成块的污物和泥土黏着。严重时鳃丝被侵蚀成柱状，鳃骨外露发白，鳃盖骨内外层同时被腐蚀时远看呈空洞状，如草鱼的“开天窗”。

【流行】该病在水温 15℃以上开始发生和流行。发病时间在 4～10 月份，7～8 月为发病高峰期。

【防治方法】①由于草食性动物的粪便是黏细菌的滋生源，因此鱼池必须用已发酵的粪肥；②用 2%～2.5%的食盐水溶液，给鱼种浸洗 10～20min，可较好地预防此病；③平均每亩水面每米水深用二溴海因或二氧化氯 200g 化水全池泼洒。

3. 跑马病

【病因】主要由于鱼苗下塘后，天气阴雨，水温偏低，池水清瘦肥不起来，池中缺乏鱼苗的适口饵料。也有的因夏花培育池漏水，引起水质变瘦，加之投饵不及时。

【症状及危害】此病会造成鱼苗（种）成群结队，围绕池边逛游，形似“跑马”，长时间不停，最终因体力消耗殆尽，而引起大批死亡。渔民一般称之为“跑马病”，有些地区俗称“车边病”。

【流行】跑马病为花䱻鱼苗培育至夏花阶段常见疾病之一，主要发生在5～6月。

【防治方法】鱼苗放养不能过密。发病时，立即用芦席或竹帘隔断鱼苗逛游路线，并同时投喂一些适口饵料如蚕蛹粉等以诱其摄食，可终止“跑马”。将夏花鱼种移放到已培育有丰富浮游生物的鱼池中。

4. 气泡病

【病因】过饱和的氧气。

【症状及危害】鱼的肠道出现气泡，或体表、鳃上附着许多小气泡。

【流行】此病多发生在春末和夏初，鱼苗和鱼种都能发生此病。

【防治方法】避免将抽出的地下水直接注入鱼池中，须经过曝气处理，最简便的方式就是把地下水注入一空池中，经过1～2天曝气后再注入鱼池，可防止本病发生。若无空池，则可将入水的水管架高，让地下水呈瀑布状泄入池中，用这种方式增加地下水与大气接触面，借以排出多余气体。一旦发现气泡病，应立即注水，加强曝气，同时打开池中水车，借由水车的运转增加大气与水中气体的交换速率（运转的水车数量须控制，以免同时注入过多气体入池中），将过饱和气体迅速带离池水。此外，花䱻大规格鱼种培育过程中，水生昆虫的危害也有一定影响，常见的有害水生昆虫是水蜈蚣（龙虱幼虫），主要发生在鱼苗阶段，特别是水质较清、鱼苗体质弱的情况下，水蜈蚣的危害性较大。全池泼洒晶体敌百虫0.3g/m^{3}即可杀灭水蜈蚣。

主要参考文献

陈建明，叶金云，沈斌乾，等. 2007. 花䱻饲料中脂肪适宜水平的研究. 饲料工业，(18)：20～22.
戴俊，俞小先. 2011. 花䱻大规格苗种繁育及成鱼养殖技术. 水产养殖，(5)：23～27.
顾若波，徐钢春，文海波，等. 2006. 花䱻精子主要生物学特性的研究. 长江大学学报（自科版），3（4）：167～169.
顾若波，徐钢春，闻海波，等. 2006. 光温度与花䱻仔鱼饥饿耐受力的关系. 湛江海洋大学学报，(6)：66～68.
顾若波，徐钢春，闻海波. 2006. 花䱻耗氧率和窒息点的初步研究. 上海水产大学学报，(1)：118～122.
郭水荣. 2005. 花䱻网箱养殖技术要点. 水利渔业，(4)：227～228.
胡廷尖，黄小，徐正奎. 2004. 花䱻网箱养殖技术. 内陆水产，31（5）：227～228.
黄孝湘，熊炎成. 2003. 花䱻鱼种培育和成鱼繁殖技术. 水利渔业，23（3）：18～19
寇方露，杨昌齐，王从锋，等. 2013. 北盘江光照库区花䱻人工增殖技术. 河北渔业，(9)：43～45.
李明锋. 2003. 花䱻的生物学特性及人工养殖技术. 特产研究，(2)：211～213.
李明锋. 2003. 花䱻的养殖技术. 渔业现代化，1：23～24.
林植华，雷焕宗，林植云，等. 2005. 花䱻的两性异形和雌体繁殖输出. 上海交通大学学报（农业科学版），23（3）：284～288.

刘艳，乔德亮. 2008. 夹江花䱻的形态生物学. 水利渔业，(1)：53～55.
陆红，李智强，方美娟，等. 2004. 花䱻的生物学特性和人工繁殖初步研究. 浙江海洋学院学报（自然科学版），23（3）：211～213.
缪学祖，殷名称. 1983. 太湖花䱻生物学研究. 水产学报，7（1）：31～34.
潘立新. 2005. 花䱻的人工繁殖技术研究. 浙江：浙江大学硕士学位论文.
潘立新，李智强，方美娟. 2007. 花䱻人繁子代亲鱼个体生殖力研究. 渔业现代化，(01)，34（1）：27～28.
潘志军. 2008. 花䱻的两种养殖方式及效益比较. 内陆水产，(7)：45～46.
任慕连. 1981. 黑龙江鱼类. 哈尔滨：黑龙江人民出版社.
沈全华，朱晓荣，蒋全南. 2008. 花䱻池塘混养不同模式试验. 水产养殖，(5)：31～32.
汪若澎. 2008. 丰溪河花䱻繁殖生物学研究. 武汉：华中农业大学硕士学位论文.
汪若澎，韩学忠，龚世园，等. 2011. 花䱻鱼繁殖生物学研究. 中国水产，(8)：51～56.
王信书，王元祥. 1998. 花䱻的繁殖生物学及其金鸡湖苗种放流效果的观察. 动物学杂志，23（01)：6～8.
王志林. 2003. 花䱻夏花鱼种培育技术. 水产养殖，24（2)：15～16.
徐钢春，顾若波，邵建明，等. 2011. 花䱻池塘三年两茬综合养殖技术. 科学养鱼，(1)：31～32.
徐彦山，管福军，陶忠学，等. 2012. 花䱻人工繁殖技术的研究. 水产学杂志，(1)：10～13.
闫有利. 2007. 花䱻的人工繁殖与苗种培育试验. 水产科学，26（12)：656～658.
颜辉，俞小先. 2006. 花䱻形态学特征的初步研究. 齐鲁渔业，23（11)：13.
姚海富. 2009. 网箱养殖条件下花䱻放养密度对其增重效果的研究. 浙江海洋学院学报，28(1)：104～106.
赵朝阳. 2007. 花䱻对饲料中磷的营养需求及对不同无机磷源的利用率. 上海：上海水产大学硕士学位论文.
赵文翰. 2003. 花䱻多级轮放养殖技术. 内陆水产，(9)：25.

第四章　齐口裂腹鱼

齐口裂腹鱼又名齐口细鳞鱼、齐口、细甲鱼、豹口、雅鱼、洋鱼、丙穴鱼、嘉鱼等，隶属鲤形目，鲤科，裂腹鱼亚科，裂腹鱼属，裂腹鱼亚属，主要分布于我国长江上游的金沙江、岷江、大渡河、青衣江及乌江下游等水域。

齐口裂腹鱼肉质鲜嫩，味道鲜美，营养价值高，深受人们青睐，是产区的名贵鱼类和优质品种。齐口裂腹鱼体内水分占 80.90%，蛋白质 16.35%，脂肪 1.60%，灰分 1.15%；17 种氨基酸总量为干物质的 78.48%，必需氨基酸含量占氨基酸总量的 42.76%，赖氨酸含量极为丰富，含高达 82.90mg/g 的干物质。在雅安一带，齐口裂腹鱼与重口裂腹鱼一起统称“雅鱼”而闻名四方。近年来，随着长江上游干支流水电梯级开发和大量水利工程的修建，长江上游水域生态系统碎片化、片段化趋势日趋严重，加之水体环境污染和过度捕捞等因素，齐口裂腹鱼野生资源明显下降。为保护和开发我国长江上游这一名贵经济鱼类，越来越多的研究和人员开始开展齐口裂腹鱼的保护研究和人工繁殖工作。目前，齐口裂腹鱼人工繁殖已有突破，在四川、重庆等地已有养殖，产品一直供不应求，市场开发潜力巨大。

4.1　生物学特征

4.1.1　形态特征

齐口裂腹鱼（图 4-1）体延长，稍侧扁。头略呈锥形，背面较平坦。吻圆钝，向前突出，吻皮下垂盖于上颌前缘两侧约 1/2 处。下颌具有发达角质，边缘锐利。下唇呈新月形，表面有许多小乳突。唇后沟连续甚浅。口下位，较大个体口呈横裂状，小个体呈弧形。须两对，约等长或口角须稍长，其长约大于或等于眼径，吻须末端达到眼球前缘下方，口角须末端达到眼球中点的下方。眼中等大，位于头部中线稍上方。鼻孔距离眼眶前缘较距离吻端为近。鳃膜与鳃颊相连。鳃耙长度中等，排列较密。下咽骨狭长，呈弧形，长度为宽度的 3.8～4.0 倍。咽齿呈匙状，顶端钩曲。

齐口裂腹鱼背鳍外缘内凹，较大个体（135mm 以上）第三根不分支鳍条柔软，明显分节，其后缘光滑或仅有少数细锯齿；较小个体（115mm 以上）则较强硬，其后缘每侧有 5～13 枚明显的锯齿。背鳍起点至吻端的距离稍大于背鳍起点至尾鳍基部的距离。胸鳍位置靠近头部后缘下方，末端后伸距腹鳍起点甚远。腹鳍后伸不达肛门。肛门位于臀鳍起点前，臀鳍外缘平截，后伸不达尾鳍基。尾鳍叉形，下叶略长于上叶。

齐口裂腹鱼全身被细鳞，鳃颊以后的胸部有明显的鳞片；腹鳍基具有稍长的腋鳞；侧线完全，较平直。生殖期雄性成鱼吻部具有颗粒状珠星。身体背部呈青蓝色或暗灰色，腹侧银白色。背鳍、胸鳍和腹鳍均呈青灰色，尾鳍的上、下叶缘红色。在支流清溪中生活的种类，背部及两侧杂有黑色小斑点。

图 4-1　齐口裂腹鱼

4.1.2　生活习性

齐口裂腹鱼属于底栖冷水性鱼类，喜欢生活在水流湍急、含氧量高的山区河流中，并喜逆水跳跃。其适宜生长的温度为 4～28℃，最适宜温度为 18～22℃。低于 8℃或高于 28℃食欲减退，生长缓慢，水温超过 26℃停止摄食，水温长时间超过 28℃容易造成齐口裂腹鱼机体衰弱而死亡。幼鱼生存的临界水温上限为 33.5℃，下限为 0.8℃。齐口裂腹鱼幼鱼在水温 21～23℃时的窒息点是 0.58mg/L，出现“浮头”缺氧症状的溶氧量是 1.28mg/L，生产中的安全溶氧量是 3.2mg/L 以上，最适宜的溶氧量是 5mg/L 以上；氨氮含量不超过 1mg/L；适宜生长 pH 为 5.5～8.2，最适宜 pH 为 7～7.5。

4.1.3　食性

齐口裂腹鱼为下位口，下颌前缘具发达锐利的角质，便于它在岩石和泥土上刮取食物。齐口裂腹鱼自然条件下的主要食物为底栖着生藻类，亦食底栖动物中的寡毛类、摇蚊幼虫、蜉蝣目幼虫，其食物组成可随环境中食物的易得性而发生变化。在人工条件下，齐口裂腹鱼可以摄食水蚯蚓、黄粉虫、蛆及配合饵料。现多用鲤幼鱼饲料喂齐口裂腹鱼幼鱼。幼鱼的开口饵料为轮虫，后从浮游动物过渡浮游生物到底栖藻类。

4.1.4　生长习性

齐口裂腹鱼在自然环境中生长比较缓慢，常见个体重 0.5～1kg。最大个体重可达 8kg。1 龄鱼体重 60g 左右，3 龄鱼体重 250g 左右，5 龄鱼体重 800g 左右。1～2 龄生长最快，3 龄以后逐渐减慢。在人工养殖条件下，4 月初繁殖的鱼苗养至 10 月底，当年鱼苗平均可长到 18cm 左右，体重 30g 左右；2 龄鱼体重可达 400～450g。在池塘养殖中，提倡 13～16cm（体重 50～75g/尾）的鱼种，经过一年半饲养，平均可达体重 1.8kg/尾。

4.1.5 繁殖习性

齐口裂腹鱼繁殖能力较强，生殖季节3～6月，水温11～16℃。在自然环境中，不同地区产卵时间不同：岷江下游三月产卵、中游4～5月、上游6～7月，神农架地区5～6月，雅安2～3月都可发现产卵亲鱼。齐口裂腹鱼的产卵时间与水温（或积温）存在密切的关系：在青衣江雅安地区，3～5月均可产卵；在大渡河和岷江下游，一般在3月产卵，中游4～5月产卵；而在上游则在6月甚至7月初才产卵。

齐口裂腹鱼在繁殖季节有短距离洄游习性，一般要上溯到栖息地以上江段产卵，将卵产于急流和浅滩的砂、砾石上。齐口裂腹鱼属一次性产卵鱼类，产沉性卵。齐口裂腹鱼繁殖能力强，雄性3龄成熟，雌性4龄成熟，鱼卵粒呈黄色，微黏性，卵径较大，成熟雌鱼卵巢系数2.1%～3.05%，约300粒/g；成熟雄鱼精巢系数1.0%～2.5%。齐口裂腹鱼的绝对生殖力为16031～35217粒，平均为2.56万粒，相对生殖力为（7.99±4.23）粒/g。

齐口裂腹鱼的生殖与所处生态条件相适应，且齐口裂腹鱼具有极强的自然抑制能力，若遇外界条件不好时，即使性腺成熟也不产出体外，较长时间内不退化，以保障后代繁衍。

4.1.6 雌雄区分

非繁殖季节，齐口裂腹鱼雌、雄区别不明显；生殖季节第二性征差异十分明显。性成熟的雌鱼体色较淡，个体较大，腹部膨大柔软，卵巢轮廓明显；雄鱼的个体较小，吻部颗粒状珠星十分明显，手摸粗糙感强烈，体色较深，腹部不膨大，较硬，轻压后腹部，有乳白色精液流出。

4.1.7 性腺发育

通过对青衣江齐口裂腹鱼卵巢发育的研究表明，卵母细胞的发育分为Ⅴ个时相，卵巢发育可分为6个时期。第Ⅱ时相卵母细胞中具有卵黄核、围核透明层，并可见核仁物质外排现象；液泡中的内含物和卵黄颗粒呈现多种形态；卵母细胞发育过程中，核仁数增加较多；卵膜由质膜和放射带组成。在第Ⅴ时相成熟卵子的受精孔中仍有精孔细胞堵塞。产卵时间为2月下旬至4月下旬，属分批同步产卵类型。5月至6月齐口裂腹鱼卵巢呈细线状，无色透明，处于Ⅰ期，其长（4.33±0.86）cm，宽（0.15±0.06）cm，GSI为（1.07±0.52）%，肉眼不能分辨卵粒，外观不易分辨雌雄。生殖细胞主要由卵原细胞和第Ⅰ时相卵母细胞组成，即6月至7月初次进入Ⅱ期个体的卵巢，呈淡黄色或淡粉红色，血管和结缔组织不发达，肉眼不能分辨出卵粒，卵巢长（7.49±1.46）cm，宽（0.46±0.22）cm。7月至9月卵巢呈淡黄色，血管发达，进入Ⅲ期，其卵巢长（10.53±1.18）cm，宽（1.02±0.14）cm，肉眼已能分辨出卵粒。9月至翌年1月卵巢明显增大，不透明，呈淡黄色，进入Ⅳ期，其卵巢长（19.04±0.89）cm，宽（2.99±0.43）cm，卵粒饱满，产卵期卵巢大，松软，长为（20.93±3.21）cm，宽（4.61±0.81）cm，GSI为（12.87±0.77）%。卵粒大都游离，淡黄色，半透明，黏性极小，属沉性卵。已产完卵的卵巢，卵巢松弛，体积变小，肉红色。切片观察卵巢中有大量的空滤泡。卵母细胞主要由Ⅱ、Ⅲ时相的卵母细胞和少量Ⅳ时相和萎缩的卵母细胞组成。

4.1.8　胚胎发育

发育良好的成熟卵粒呈金黄色或淡黄色（不同个体有差异），齐口裂腹鱼卵为沉性卵，卵径2.9～3.0mm，吸水后约4min开始出现黏性，但黏性不强；2h后卵径达到最大(4.2mm)，卵周隙较大，为0.5～0.6mm，此时平均每毫升可容纳约16粒卵。若孵化水洁净，则卵膜是透明的，可十分清晰地看到胚胎。

4.2　人工繁殖

4.2.1　亲鱼的驯养

1. 驯化场所

池塘或流水池均可，面积不宜过大，便于管理。在注水前，彻底清洗干净池子，太阳曝晒。在亲鱼入池前几天注水，使池壁着生一些藻类，若是水泥池应适当铺设鹅卵石，避免野生亲鱼在适应新环境过程中擦伤鱼体。

在驯化初期，池塘上应设有遮阳设施，避免阳光直射以及池边的人为活动影响亲鱼，最大限度保持安静，使其能尽快适应新环境。在驯养过程中防鸟捕食池中鱼。

2. 搭配驯养

为加快野生齐口裂腹鱼的驯化，可采取搭配食性相近的鱼类进行驯化。在驯化过程中，可投放大渡裸裂尻鱼。大渡裸裂尻鱼与齐口裂腹鱼相比，易驯化，适应新环境能力强，觅食能力强，投放至池中，3～5天后就主动到固定的饵料台觅食，随着成批的裸裂尻鱼的摄食，齐口裂腹鱼也随裸裂尻鱼摄食，驯化速度加快。

饵料台采用筛绢缝制而成，直径50cm，圆形，装入饲料后，设在距池底10～20cm处。饵料采用鲤鱼饲料。

齐口裂腹鱼为底栖刮食性鱼类，主要摄食底层固着性藻类及底栖生物。同时，对人工饲料及蛆蚓、黄粉虫、蝇蛆等昆虫也喜食。早期可投喂的饵料以动物性为主，后期以人工饲料（大口鲇料）为主。

3. 亲鱼培育

亲鱼应选择无疾病、活力强、体型匀称、处于最佳繁殖年龄的个体，雌雄亲鱼挑选出来后按照3∶2混养在培育池中，饲养密度为每平方米1～2尾。亲鱼饲料一般选用粗蛋白含量40%、脂肪含量6%～8%的人工配合饲料，每天每次的投喂量为鱼体重的1%～2%，春季、冬季每天饲喂一次，夏季每天饲喂三次，秋季每天饲喂两次，并且饲喂时注意观察鱼的摄食情况，不宜饲喂过多。

培育期间，投喂饵料粗蛋白应高于42.0%，繁殖前一个月开始投喂小杂鱼，以促进性腺发育。同时在饵料中添加适量的多维，可增加怀卵量，提高卵的质量。繁殖季节前约30 天，应停喂高脂肪的饲料，饲喂天然饵料，以保证亲鱼产卵顺畅。应加强日常管理，适时开动增氧机，定期注入清水，增加流水刺激，以确保在繁殖季节性腺发育成熟。齐口裂腹鱼喜逆流水，善跳跃，在注水口或进水口设置拦污栅网，防止亲鱼逆水跳出，同时拦堵水流中的杂草、树枝、落叶等。排水口设置防逃网。及时将池中的树叶、残饵、死鱼等清出。不定期地清洗饵料台，洗净后并曝晒再次使用。培育亲鱼时应该注意：①最好上年冬季或当年初春引种驯养亲鱼，并适当投喂活体高蛋白饵料；②加强水流刺激，促进性腺发育；③培育水温控制为10～14℃。

4.2.2　催情产卵

1. 亲鱼选择

从江河中捕捞的亲鱼根据其性腺发育情况，能催产的立即催产，不能催产的可蓄养来年再用。人工养殖的亲鱼，选择3龄以上，雄鱼体质量0.4～0.8kg，雌鱼0.8～1.3kg，体质健壮，无伤病。专池流水培育，溶氧＞6.8mg/L。

2. 人工催产

繁殖季节选择体质健壮、无伤病、4龄以上成熟的亲鱼进行人工催产。当水温稳定在9℃以上，水温为9～17℃，每年的4月中下旬进行人工繁殖。催产水温为7～20℃，7～16℃时催产率高达98%；水温高于17℃导致亲鱼性腺的退化，造成半产、孵化后期死亡或催产失败，受精率也降低。对成熟亲鱼在自然水温下，可采用一次注射方法进行催产。绒毛膜促性腺激素、促黄体素释放激素和地欧酮三种药物混合使用，催产剂量为（绒毛膜促性腺激素1000μg＋促黄体素释放激素，40μg＋地欧酮80mg）/kg。每4h拉网检查，防止卵粒过熟而退化。此外，催产剂也可选用促黄体生成素释放激素类似物（LHRH-A2）（30～40）μg/kg+鲤鱼脑垂体（2～3）mg/kg 两种药物混合催产；还可单用促黄体生成素释放激素类似物（LHRH-A2）（50～70）μg/kg 催产。雌亲鱼采用二次腹腔注射，两次注射间隔时间为20～24h；雄亲鱼采用一次腹腔注射，剂量为雌亲鱼的70%。

人工催产后将雌雄亲鱼分池暂养在亲鱼暂养池（通常建为圆形，池直径2～3m，水深控制为0.5～0.8m，有单独的进出水口，且进水口距池壁上沿20cm左右，并保证进水水流与池壁形成约40°的夹角，加大流水速度，冲水刺激。此时应停止对亲鱼的喂食，防止卵和精子与粪便混合影响卵和精子的质量，暂养池要一直保持水的流动，晴天时用网将鱼池遮住。观察到雌鱼有明显发情征兆时，适时进行人工干预受精。

3. 人工授精

人工采卵、采精的时间应选择在晴天的早上或午后，尽量避免阳光直射对卵和精子的损害。捕出雄鱼和达到催产效应期的雌鱼，擦干体表，分别取出卵子和精子。齐口裂腹鱼卵为沉性卵，呈白色或淡黄色。将精液和卵混于白瓷盘内，精、卵使用重量比为1∶1000，用鹅毛搅动，使精卵充分接触，2min后加入清水，使受精卵卵膜及时吸水膨胀，除去血污和凝结的精块，然后进行孵化。

4. 孵化

1）孵化框孵化

孵化框是边长40cm的正方体方框，框底有一层网眼0.5mm的纱网。每个孵化框可放2000～3000粒受精卵，受精卵均匀分布在孵化框中，并将孵化框放置于孵化池（面积为40～60m^2，水深为0.8～1.2m）中，每个孵化池可放300～500个孵化框。孵化框漂浮于孵化池水面上。

2）孵化槽孵化

在圆形钢化水槽（直径70cm，高20cm）中放置20目的圆形网片，网片用支架固定，浸没于水下约3cm。将受精卵放于网片上，用0.2～0.3m/s流水孵化；孵化过程中及时挑出未受精卵及水霉卵。还可将受精卵入孵化箱内孵化，孵化箱设置在表面进水、底部排水的孵化水槽（4m×0.8m×0.4m）中。孵化过程中保持微流水，定时轻摇孵化箱，防止受精卵堆积。

在水温为10～13℃情况下，脱膜需13天，因此孵化期间应注意水霉病和大型蚤类对胚胎的损伤。孵化时，最好采用微流水孵化，水质必须清洁，溶氧5mg/L以上，孵化水温10～14℃。孵化水温为14～16℃，孵化166h开始脱膜，约178h后大量脱膜。

4.3 苗种培育

4.3.1 培育池

用来饲养亲鱼、仔鱼、稚鱼和幼鱼的培育池，面积通常为50～90m^2，水深1～1.5m，有独立的进出水口。培育池进出水口位置为长方形对角。进水口为广口溢水式，进水以落差方式流入培育池。出水口有两个，一个为上出水口，其位高1m，宽0.2m，主要用于水体交换；另一为下出水口，其一端与培育池中心连接，另一端与排污口连接，其主要用于培育池污物的排放。进出水口安有拦鱼网，下出水口安有栅栏以防逃。培育池坡度比为1∶100，由培育池四周向池中心降低，池中心为最低点，这有利于养殖污物集中通过下水口排出。培育池四角砌成弧形结构，水泥底，四周水泥砖混结构。培育池排列方式为并列方式。

鱼种放养前，首先要对培育池进行消毒，以杀灭池中的病原生物。可采用干塘消毒法，即培育池保留水20～30cm，用生石灰泼洒消毒，用药量为50～80kg/亩，待5～7天药效消失后放养鱼种。

4.3.2　仔鱼培养

从出膜后到鳞片出现之前的阶段称为仔鱼期培养阶段，分为卵黄囊仔鱼和后期仔鱼两个阶段。卵黄囊仔鱼期大概 20 天左右，鱼体所需营养由卵黄囊提供，不需要投喂饲料。刚出膜的仔鱼全长 1cm 左右，此时期的仔鱼卵黄较大、游泳能力弱，只能栖于水底。出膜 6 天的仔鱼活动能力、感官能力加强，胸鳍进一步增大；出膜 20 天的仔鱼卵黄囊已逐渐吸收完毕，胸鳍发育进一步完善，鳃呼吸能力加强，在水中可自由平游，眼、口、消化道等发育较完整，可对仔鱼进行分池，每个孵化池的仔鱼饲养密度控制到每平方米 500 尾左右。卵黄囊仔鱼期的日常管理中主要是注意水质的清洁和水中溶氧量充足，池中要全天处于微流水状态，且不要进行投喂，以免饵料耗氧和带入病原微生物，引起仔鱼发病。后期仔鱼阶段大概持续 30 天左右，可在培育池中进行培养。

全身披鳞之后到性成熟之前的阶段，称为幼鱼期。需要 3～4 年。放养密度：规格 5g 的幼鱼，每平方米 150 尾；规格 30g 的幼鱼，放养密度为每平方米 75 尾；规格 100g 的幼鱼，放养密度为每平方米 35 尾；规格 150g 的幼鱼，放养密度为每平方米 15 尾。

4.3.3　日常管理

仔鱼平游率超过 90%时放苗，按照 1 万尾/m^2 放养，采用遮阳网遮光，白天流水、晚上静水充氧交替方式培育。鱼苗下塘后投喂 200 目筛绢过滤的熟蛋黄，每万尾鱼苗日投喂一个蛋黄；15 天后主要投喂卤虫幼虫；21 天后主要投喂水蚯蚓，长 1.5cm 左右的鱼苗能够摄食粉状配合饵料（粗蛋白≥45%），还可以投少量浮游生物（除去较大的蚤类，减少对幼鱼的危害）；当鱼苗长至 3cm 左右时，可投喂细颗饵料。

日投饵量一般按鱼饱和食量的 80%～90%投喂，每次投喂后 30min 清除池底残饵及排泄物，每日 6：00 和 18：00 观察鱼苗生长状况，及时捞出病苗、弱苗、死苗。对病苗、死苗进行认真检查，发现有疾病发生及时进行治疗，每隔 15 天对培育池进行消毒处理。每天的池水换水量保持在 20%左右，每周全池换水一次，加强巡池。

刚下塘的鱼种不能很好地摄食，需人工驯化，驯食用动物性饵料。鱼种下塘后第一天不喂食，使其处于饥饿状态，第二天喂正常量的 1/4，第三天喂正常量的 1/2，第四天正常投量。采取少量多次的驯化原则。通过强化驯食，使鱼种形成定时集群上浮抢食的条件反射。人工养殖中鱼苗能很好地摄食所投喂的蛋黄，待其平游时，以蛋黄或豆浆投喂。

投饵按“五定”原则进行。即“定时”、“定量”、“定质”、“定点”、“定人”。投食次数要根据水温而定。水温 14℃以下日投饵量一次；水温 14～18℃日投饵量两次；水温 18～24℃日投饵量三次；水温 24～26℃日投饵量两次；水温 26℃以上日投饵量一次或不投；冬季 2～3 天投喂一次。投喂时观察鱼摄食情况，随时调整投喂量，一般按鱼饱和食量的 80%～90%投喂，每次投喂，先将总投喂量的 60%全池投撒，剩下的 40%根据鱼的摄食情况进行投撒。每天投食时间要根据投喂的次数而定，如每天投喂四次，时间 8：00，11：00，14：00，17：00。每次投食时间一般 20～30min。投饵时按“慢—快—慢”、

“左—中—右”的规律来投食，即投食速度先要慢，待鱼集中大量抢食时，投食速度要快，量要多，待鱼多数离开时，投食速度要慢。投食的位置按先投在食场的左边，再中间，然后右边。当多数鱼离开时，即可停止投食。

一般情况下，饲养到第三年的幼鱼体重可达 200g 以上，全长 25cm 左右，此时达到商品鱼标准。5 龄的裂腹鱼体重可达 600g 以上，全长 35cm 左右，此时裂腹鱼生长速度放缓，若不留作亲鱼，可全部上市销售。

4.3.4　营养需求

适合幼鱼生长所需的蛋白质、脂肪、无机盐的质量分数分别为 40.02%、6.02%、4.00%，总能为 13.09kJ/g，最适能量蛋白比为 32.68kJ/g，日粮中钙、磷需要量为 1.480%～3.330%和 1.480%～4.995%；钙、磷总需要量为 2.960%～6.660%。

4.3.5　水质管理

齐口裂腹鱼对水质要求严格，齐口裂腹鱼幼鱼生产中的安全溶氧值为 3.5mg/L 以上。在养殖时，应合理安排放养密度，水质清新、溶氧丰富，养殖水体溶氧在 4mg/L 以上为佳，溶解氧在 5mg/L 以上时，生长速度较快。养殖过程中要定期监测水质，使水体溶氧量大于 4.0mg/L，pH 中性偏碱性，透明度 40cm 以上，排污及时，有效水深保持在 1m 左右，池水交换 1～2 次/h 及以上为好。

4.4　成鱼养殖

近年来，通过工厂化养殖、流水养殖、网箱养殖、池塘养殖的实践表明，齐口裂腹鱼均能适应这几种养殖方式，其中以圆形流水池养殖的效果最好。

4.4.1　流水养殖

流水养殖利用不断流动的水体，具有养殖周期短、占用面积小、密度高、产量高、效益高和管理方便等特点。流水养殖水体不断更新，使养殖的鱼类能够在最佳水温、水质、溶氧、饵料等条件下迅速生长。特别是有自然落差水体的地方流水养殖很有发展前途。

流水养鱼池可以修成圆形、长方形、正方形、椭圆形和八角形多种，面积一般为 20～100m^2。修建时可因地制宜，原则是尽量不形成流水死角和上下分层，以便使水体交换均匀，顺利带走排泄产物。设计时池深为 1～1.8m，水深 0.5～1.2m。进水口距水面要有一定落差，排水一般设上、下两个出水口，上出水口起稳定水位的作用，下出水口起定期排污或排干池水的作用。圆形池形一般设计成池底周边向中心倾斜，排水口位于底部中央，由管道引出池外，有阀门控制。圆形池的直径 5～15m，可以根据实际地理条件设计。

无论是何种形状的流水池，进排水口的大小都要考虑交换量和实际水体体积等。进排水口要有阀门控制，排污口更要求高效排污。排水口、排污口要加设拦鱼网罩，以防止排水时逃鱼。

4.4.2 网箱养殖

1. 养殖场址选择

宜选择水质清新、溶氧高、最高水温不超过 25℃，且一年中 80%以上时间水温为 13～20℃的水体进行养殖。

2. 网箱布置

网箱应采用聚乙烯无结经编网片加工成长 5m×宽 2m×高 1.5m 或者长 4m×宽 2m×高 1.5m 大小，然后把网箱固定在铁丝上（图 4-2）。在挂网箱时纵向距离为 2～3m，横向距离为 1～2m，网箱应挂在离水面 0.5m 左右的地方。网箱挂好后把水葫芦放到网箱里面，水葫芦占网箱 2/3 左右面积。

图 4-2　网箱养殖

3. 苗种投放

选择规格为 100g/尾左右的大规格鱼种用鱼苗袋充氧运输到目的地，经消毒后进箱，每箱投放 1200 尾。先把装有鱼种的鱼苗袋放入盛满水的塑料大盆中调温，待袋内外温差在 0.5℃左右时再将鱼种放入盆内，用 20mg/L 的高锰酸钾药浴 15～20min，具体时间要看鱼体耐受情况而定。放苗时将装有鱼种的盆放入箱内，让其自行游入网箱。

4. 饲养管理

裂腹鱼属细鳞鱼类，对网衣质地要求较高，宜选择质地柔软、不粗糙的网衣；分箱操作技术人员要求动作轻快、敏捷。定期清洗网衣，养殖中坚持每 15 天要清洗网衣一次，除去网衣上着生的青苔及随水冲来的水草、荆棘等附着物，不影响水体交换，减轻网箱沉重，减少寄生虫等有害物附生。每天坚持早晚巡箱，检查网衣是否有破损，查看鱼是否有浮头等。每天早晚是白鹭、水老鼠、水蛇等有害生物活动频繁的时段，要加强防范。及时分箱饲养，将规格一致的鱼在一起养殖，让长势慢的、体弱的鱼也能正常摄食，提高养殖效益，降低鱼病发生率。每 15 天一次用二氧化氯、敌百虫、硫酸铜与硫酸亚铁合剂中的一种或几种进行消毒、杀菌、杀虫等。高温季节要密切观察水温变化，当水温超过 22℃时要减少或停止投喂，采取沉箱、降低养殖密度等有效措施让裂腹鱼度过短暂的高温季节。

4.5 病害防治

4.5.1 疾病的预防

水产动物疾病的预防工作可以从以下三个方面进行。

1. 改善水环境

饲养水环境的优劣直接关系到所饲养的水产动物能否健康成长。首先，在设计和建筑水产动物养殖场时就应考虑须符合防病的要求。在建场前要对拟建养殖场周边的土质、水文、水质、气象、生物及社会条件等各方面进行调查。尤其是水源一定要充足，水质要清新、无污染。在设计饲养池进排水系统时，应使进排水口独立，以方便进出水，防治鱼病发生。其次，应采用理化方法改善池塘生态环境，清除池塘中过多的淤泥，因为过多的淤泥不仅是病原菌滋生的场所，而且其中有机物分解时会消耗大量的氧气，尤其是在夏季，极易导致泛池。采用定期泼洒生石灰（当 pH 偏低时）和碳酸氢钠（当 pH 偏高时），调节池水的 pH。定期加注及更换池水，保持水质肥、活、嫩、爽和适宜的溶氧量。有条件时，应设置增氧机。适时开动增氧机，改变池水溶氧分布不均匀的状况，保证池水中溶氧充足。其三，采用生物方法改善生态环境，如利用光合细菌和进行水产动物、植物多种类合理混养，充分利用人工饲料、天然饵料及溶解盐类，防治水质恶化等。

2. 增强水产养殖动物的抗病力

1）加强及改进饲养管理

选择适宜当地条件的饲养品种，根据技术条件进行合理混养和密养。做好定质、定量、定位、定时的“四定”投饵工作；加强日常管理及细心操作，要勤巡塘，观察饲养的水产动物的吃食情况及动态，发现异常情况，及时解决，并注意做好饲养日记。细心操作，避免饲养动物受伤，充分保护饲养动物自身的非特异性免疫能力。

2）人工免疫

对饲养的水产动物人工接种疫苗，使其产生对相应的传染病的特异性免疫力。人工对饲养水产动物免疫接种的方法有注射、口服、浸泡和喷雾等多种方法。有些鱼类的病毒性和细菌性疾病的人工免疫已取得了良好的效果，国外有许多鱼用疫苗已经商品化。在我国，预防草鱼出血病的草鱼组织浆灭活疫苗、细胞培养灭活疫苗草鱼细菌性烂鳃和肠病二联菌苗等已经研制成功。如果在鱼种放养之前，就有针对性地进行预防免疫接种，对于提高饲养水产动物的成活率，降低发病率和生产成本，提高养殖效益将是很有效的途径。

3）培育抗病力强的新品种

可用天然鱼苗或优良亲鱼的后代经专门培育成的亲鱼繁殖鱼苗，严禁将近亲交配的后代用作亲鱼，通过杂交、理化诱变等培育抗病力强的品种。

3. 控制和消灭病原体

1）建立检疫制度

不仅对于进出口的水产饲养动物应严格执行检疫规定，防止水产动物疫病从国外带入或从国内传出；而且对于国内各地区间的水产养殖动物品运输，也应执行检疫制度，以防止某些地区性水产动物疫病从一个地方扩散到另一个地方。

2）彻底清塘

彻底清塘通常包括清整池塘及药物清塘。清整池塘是指冬季将池鱼并塘或捕捞后，放干池水，封闸晒池，维修堤埂并清除淤泥等。药物清塘应选用清塘效果较好的生石灰或者漂白粉。

清塘的方法有两种，一种是干池清塘，即先将池水排干或留水 5～10cm，生石灰用量一般为 150～180kg/亩。清塘时，在塘四周挖几个水潭，让水流入，再将生石灰放入溶化，不待冷却立即混匀遍洒全池，泼洒生石灰乳后，最好用长柄耙在池底耙一遍，使石灰乳与塘泥充分混合，以提高清塘效果。另一种是带水清塘，生石灰的用量一般为 250～300kg/m^3，将生石灰溶化后全池均匀泼洒。带水清塘可以避免清塘后加水时又将病原体及敌害随水带入，效果较好，但是生石灰的用量较大，成本较高。

生石灰清塘不仅能杀死塘里的敌害生物和病原体，还具有改变池塘酸性环境，使池塘呈微碱性，增加水体的缓冲能力的作用。当池塘中钙离子浓度增加，pH 升高后，可促使被淤泥胶粒吸附的铵、磷酸、钾等离子向水中释放，从而增加水的肥度。

清塘后 7～10 天药性消失后即可放入水产养殖动物。为安全起见，最好用少量养殖动物试水后再投放。采用漂白粉作为清塘药物时，也可采用干池清塘，漂白粉的用量为 10～20kg/亩；带水清塘时，漂白粉的用量为 20～30kg/亩。清塘后 4～5 天，药性消失，即可放养水产动物。漂白粉的防病效果与生石灰相仿，且有用量少、药力消失快、有利于池塘周转等优点。但是没有使池塘增加肥效及调节 pH 的作用。

3）严格实行“四消”

所谓“四消”，即指在水产养殖实践中为了防止病原体带入养殖水环境或者扩散，而实行的机体消毒、饵料消毒、工具消毒和食场消毒。

机体消毒主要是在对饲养水产动物分塘换池，在养前进行。在实行机体消毒前，应认真做好病原体的检查工作，针对病原体的不同种类，选择适当药物进行消毒处理，才能取得预期的效果。

常用的药物和方法有：10～20ppm 的高锰酸钾药浴 10～30min，可杀灭体表及鳃上的细菌、原生动物（形成孢囊及孢子虫除外）和单殖吸虫等；10～20ppm 的漂白粉药浴 10～30min，可杀灭体表及鳃上的细菌；8ppm 的硫酸铜及硫酸亚铁合剂（5∶2）药浴 10～30min，可杀灭体表及鳃上的原生动物（形成胞囊及孢子虫除外）。

饲料消毒一般是指水草和内虫卵等，水草可用 6ppm 的漂白粉水溶液浸泡 20～30min，内虫卵用 300ppm 漂白粉水溶液浸泡消毒，清洗至无氯味时（也可用 30ppm 硫代硫酸钠去氯后再清洗）再孵化。而对于新鲜、不带病原体的饵料，则不必消毒。

对于养殖用的各种工具，一般网具可用20ppm硫酸铜、50ppm高锰酸钾、100ppm的福尔马林或者5%食盐水浸泡20min，木制或塑料制品工具可用500ppm漂白粉水溶液消毒，清水洗净后再用。

食场内常有残余饲料，腐败后为病原菌的繁殖提供有利条件。所以除了注意投饲适量，每天捞除残剩饲料，清洗食场外，在疾病流行季节，应定期在食场周围泼洒漂白粉或硫酸铜、敌百虫进行杀菌、杀虫，其用药量要根据食场的大小、水深、水质及水温而定，一般为250～500g。

4）疾病流行季节前的药物预防

多数的疾病发生都有一定的季节性，水产动物的疾病多在4～10月流行。因此，掌握发病规律，及时有计划地在疾病流行季节前进行药物预防，是补充平时预防不足的一种有效措施。

对于水产动物体外疾病的药物预防，可采用在食场周围挂药袋和药篓的方法使食场周围水域形成一定范围的消毒区，当水产动物来食场摄食时，通过药物形成的消毒区，清除体表和鳃上的病原体，从而达到预防疾病的目的。

对于水产动物体内疾病的药物预防，主要是采用口服法。即将药物拌在饲料中制作成颗粒药饲后投喂。采用药物的种类应随预防的疾病而不同，尤其应注意避免多次采用同一种抗生素类药物，以免产生耐药性。

4.5.2　常见的疾病

1. 齐口裂腹鱼无乳链球菌病

【病原】无乳链球菌。

【症状及危害】病鱼表现为单侧或双侧眼球突出，角膜浑浊，眼球周边充血、出血，口腔、下颌、腹部和鳃盖出血，部分病鱼颅顶部出现褪色、坏死灶，尾柄上出现疖疮。解剖见部分鱼腹腔内积有淡红色腹水，肠腔内无食物，肝淤血，肿大发黄，质地变脆；脾肿大，呈紫黑色；肾肿大，出血；脑肿胀，脑膜充血；鳃肿胀，部分病鱼的鳃丝轻度腐烂。

2. 齐口裂腹鱼败血症

【病原】嗜水气单胞菌、温和气单胞菌。嗜水气单胞菌是条件致病菌，在水体里常在，在数量不是特别多、水环境比较好和鱼体质比较好的时候不发病，因此保持良好的水环境和健康的鱼体质是预防该病的基础。发病的原因是由于鱼池多年未清塘、淤泥厚、水质恶化，致使病原菌、寄生虫大量滋生。特别是高温季节，长期不关注水质调控，造成鱼池的氨氮、亚硝酸盐含量很高，可诱发该病。突然地大量换水或暴雨造成大量外源水进入可诱发疾病。鱼体体质下降也是致病原因之一。

【症状及危害】病鱼开始表现为运动无力，食欲下降，继而眼球、下颌、鳃盖、肛门周围、胸鳍基部、腹鳍基部和腹部出现点状和片状出血，腹部肿胀，部分鱼出现蛀鳍，最后沉入水底死亡。解剖见鳃苍白，腹腔有大量淡红色腹水，肝大，有大小不等的出血点，胆囊肿大，肠壁充血、出血，肠腔内有一定量的黏液，脾、肾充血，肿大。

【流行】流行季节一般是4～10月，流行高峰期是6～8月，是我国养鱼史上危害淡水鱼的种类最多、危害鱼的年龄范围最大、流行地域最广、流行季节最长、造成损失最大的一种急性传染病。

【防治方法】坚持以防为主、防重于治的原则。

（1）彻底清理鱼塘，放种前用生石灰消毒。

（2）做好鱼种消毒工作。在成鱼塘放养鱼种时，每立方米用1g漂白粉（含有效氯30%）或0.45g的10%的聚维酮碘或0.15g的8%的一元稳定型二氧化氯全池泼洒消毒一次。

（3）放养密度和搭配比例应当合理。特别是放养密度应根据水质条件和养殖者的技术水平来定。

（4）定期进行药物预防。根据水质情况定期全池泼洒生石灰，每亩水深1m用15～20kg，或使用8%的一元稳定型二氧化氯全池泼洒，每亩水深1m用100g，还可定期使用"三黄散"等内服药物，提高鱼体的免疫力。

（5）发病鱼塘要隔离，鱼桶和鱼网要专用，网具和工具用后要进行消毒处理。死鱼应集中坑埋。

（6）发病鱼塘不要动网，以免应激造成大批鱼死亡。

（7）要结合以往本地区、本场寄生虫病发生情况，做好体外寄生虫病预防工作，发现病情要及时治疗。

（8）加强饲养管理。包括做好"四定"投饲，改善水体环境，细心操作，避免鱼体受伤，勤巡塘等管理措施。

初步判定是细菌性败血症的，应尽快采取外用消毒结合内服抗生素药物的方法综合处理。建议有条件的渔场同时采集病鱼样本送微生物实验室进行病原分离和敏感药物筛选，根据敏感结果选择内服抗菌药物。综合考虑继往用药情况，尽量避免同类药物短期内重复使用和超剂量使用。外用杀菌：8%的一元稳定型二氧化氯100g/（亩·m），每天一次，重症可连用2～3次；或用10%的聚维酮碘200～300mL/（亩·m），隔日一次，连用2～3次；或20%的戊二醛133mL/（亩·m），每2～3天一次，连用2～3次。同时，可以内服：10%的氟苯尼考100～150mg/（kg·d）鱼体重和鱼肝宝散120～240mg/（kg·d）鱼体重，每天喂两次，连用5～7天。若再添加三黄散250mg/（kg·d）鱼体重或芪参免疫散250mg/（kg·d）鱼体重，则效果更佳。

3. 小瓜虫病

【病原】多子小瓜虫。其生活史可分为成虫期、幼虫期及包囊。成虫期：成虫卵圆形或球形，肉眼可见；虫体柔软，全身密布短而均匀的纤毛。胞口位于体前端腹面，围口纤毛由5～8行纤毛组成，做反时针方向运动，一直到胞咽；胞质外层有许多细小的伸缩泡，内质有大量淀粉粒。幼虫期：体呈卵形或椭圆形，前端尖，后端圆钝。前端有一个乳突状的钻孔器。全身披有等长的纤毛。在后端有一根长而粗的尾毛。大核椭圆形或卵形。体前端有一个大的伸缩泡。"6"字形原始胞口尚未与内部相通，且在"6"字形的缺口处有一个卵形的反光体，可能与将来形成胞口有关。包囊期：圆形或椭圆形，离开鱼体的虫体或跃出囊泡的虫体，可做3～6h的游泳，然后沉入水底静止后，分泌一层胶质厚膜将虫体包住，即是包囊。主要寄生在鱼类的皮肤、鳍、鳃、头、口腔及眼等部位，形成包囊呈白色小点状，肉眼可见。严重时鱼体浑身可见小白点，它引起体表各组织充血，鱼类感染小瓜虫后不能摄食，加之细菌、病毒感染，可造成大批鱼种死亡，其死亡率达到60%～70%，对养殖生产造成严重威胁，国内各养殖重点区域都有此病发生的记录。这是一种流行广、危害大的鱼病。在高密度养殖情况下，此病更为严重。此虫对所有的饲养鱼类，从鱼苗到成鱼都可寄生，但对当年的鱼种危害最为严重。适宜小瓜虫生长繁殖的水温为15～25℃，当水温低于10℃或高于28℃时，此虫发育会迟缓或停止，甚至死亡。

【症状及危害】虫体大量寄生时，鱼体表、鳍条或鳃部布满无数的白色小点，故称白点病。当病情严重时，躯干、头、鳍、鳃、口腔等处都布满小白点，有时眼角膜上也有小白点，并同时伴有大量黏液，表皮糜烂脱落，甚至蛀鳍瞎眼；病鱼体色发黑，消瘦，游动异常，鱼体与固体物摩擦，体表受损，最后病鱼因呼吸困难而死。鱼体表形成小白点疾病，除小瓜虫病外，还有黏孢子虫病、打粉病等多种病，所以不能仅凭肉眼看到鱼体表有很多小白点就诊断为小瓜虫病，最好是用显微镜进行检查。

【预防方法】①用生石灰彻底清塘，杀死虫体胞囊。②掌握合理的放养密度，可减少此病发生概率。

【治疗方法】①小瓜敌杀 0.4ppm 全池均匀泼洒，连续泼洒两天。②用冰乙酸 200～250g/m^3 水浸泡病鱼 15min，可杀灭鱼体上的小瓜虫。③用硫酸镁 1.5%和食盐 3.5%的混合液浸洗病鱼 5min，可将鱼体上小瓜虫杀死。④用 20～50mL/m^3 福尔马林全池泼洒。⑤用 2.5～3g/m^3 鲜生姜（捣烂）+0.4～0.61g/m^3 辣椒粉合剂煮后全池泼洒，连用 2～3 天。

4. 水霉病

【病原】水霉。捕捞、运输过程中鱼体表受伤、鳞片黏液脱落或鱼体跳跃碰撞受伤被水霉菌感染所致。

【症状及危害】鱼体或鱼卵长出白色的菌丝，危害极大，严重时可引起死亡。

【防治方法】严格池塘消毒，尽量减少鱼体受伤，鱼体进池前用药物浸泡消毒，保持水质清新。①2.5～3.0g/m^3 菖蒲研汁后，加 2g/m^3 食盐和 7.5g/m^3 人尿，全池泼洒，连用 3～5 天。②用 2～3g/m^3 五倍子煮后全池泼洒。③用 15～20g/m^3 流苏子＋8～10g/m^3 八棱麻＋20g/m^3 松枝叶捣烂后以挂袋方式浴。④用 8/10000 的食盐小苏打（1∶1）合剂全池泼洒，每日一次，连续 7 天，同时内服抗菌药物，能获得较好的疗效，在一周之内能控制病情。

5. 三代虫病

【病原】三代虫属的种类，属三代虫目，三代虫科。虫体略呈纺锤形，长度一般为 0.3～0.8mm，背腹扁平，身体前端有一对头器，后端的腹面有一个圆盘状的后固着器。后固着器由一对锚钩及其背腹联结棒和 8 对边缘小钩组成，用以固着在宿主鱼的寄生部位。锚钩、联结棒、边缘小钩都是几丁质构造，其结构和形态是分类依据。三代虫为雌雄同体，胎生。在后固着器之前按前后顺序排列着一个卵巢和一个精巢，卵巢之前是子宫，内有一个椭圆形的胚胎。胚胎内往往还有第二代和第三代胚胎，所以称为三代虫。

【症状及危害】三代虫寄生在鱼体的鳃部和体表皮肤，寄生数量多时，鱼体瘦弱，呼吸困难，食欲减退，体表和鳃黏液增多，严重者鳃瓣边缘呈灰白色，鳃丝上呈斑点状淤血，稚鱼期尤为明显。

【流行】三代虫病是一种全球性养殖鱼类病害。我国南北沿海均有发现，尤以咸淡水池塘养殖和室内越冬池内饲养的苗种鱼最易得此病。淡水饲养鱼类也常见此病。流行盛季为春季和夏初。

【防治方法】刮取患鱼体表黏液制成水封片，置于低倍镜下观察，或取鳃瓣置于培养器内（加入少许清洁海水）在解剖镜下观察，发现虫体即可诊断。

①高锰酸钾，浓度 20mg/L 浸洗病鱼 15～30min。②福尔马林，200～250mg/L 的浓度浸洗病鱼 25min 或 25～30mg/L 的浓度全池泼洒。③晶体敌百虫，0.2～0.3mg/L 的浓度，全池泼洒。

6. 鱼怪病

【病原】日本鱼怪，属软甲亚纲，等足目，缩头水虱科。一般成对地寄生在鱼的胸鳍基部附近孔内（偶有两对或三只以上成虫寄生在一个洞内）。

【症状及危害】鱼怪成虫寄生在鱼的胸鳍基部附近近围心腔后的体腔内，有病鱼腹面靠近胸鳍基部有 1～2 个黄豆大小的孔洞，从洞处剖开，通常可见一大一小的雌虫和雄虫，个别可见 3 只或 2 对鱼怪。病鱼性腺不发育。鱼怪幼虫寄生在幼鱼体表和鳃上时，鱼表现为极度不安，大量分泌黏液，皮肤受损而出血。鳃小片黏合，鳃丝软骨外漏，两天内即死亡。

【流行】鱼怪病在我国云南、山东、浙江、河北、江苏、上海、黑龙江、天津、四川、安徽、湖北、湖南等地的水域内均有流行，其中尤以黑龙江、云南、山东为严重且多见于湖泊、河流、水库，池塘中极少发生；主要危害鲫鱼和雅罗鱼，鲤鱼上也有寄生。

【防治方法】鱼怪病一般发生在比较大的水体，如水库、湖泊、河流，池塘内极少发生。鱼怪的成虫具有很强的生命力，加之它又寄生于寄主体腔内的寄生囊内，所以它的耐药性比寄主强，在大面积水域中杀灭鱼怪成虫非常困难。但在鱼怪的生活史中，释放于水中的第二期幼虫是一个薄弱环节，杀灭了第二期幼虫，就破坏了它的生活史周期，切断了传播途径，这是防治鱼怪病的有效方法。

（1）网箱养鱼，在鱼怪放幼虫的高峰期，选择风平浪静的日子，在网箱内挂 90%晶体敌百虫药袋，每次用量按网箱的全部鱼怪幼虫。

（2）鱼怪幼虫有强烈的趋光性，大部分分布在离岸 30cm 以内的一条狭水带中，所以可在鱼怪放幼虫的高峰期，选择无风浪的日子，在沿岸 30cm 宽的浅水中洒晶体敌百虫，使沿岸水成 0.5mg/L 浓度，每隔 3～4 天洒药一次，这样经过几年可基本消灭鱼怪。

（3）患鱼怪病的雅罗鱼，完全丧失生殖能力，所以在雅罗鱼繁殖季节，到水库上游产卵的都是健康鱼，而留在下游的雅罗鱼有 90%以上患有鱼怪病。在雅罗鱼繁殖季一方面应当保护上游产卵的亲鱼，以达到自然增殖的目的，另一方面则可增加对下游雅罗鱼的捕捞，降低患鱼怪病的雅罗鱼比例，减少鱼怪病的传播者。

（4）在鱼怪患幼虫的高峰期，于网箱周围大量捕捉鲫鱼和雅罗鱼，以降低网箱周围水体中鱼怪幼虫的密度。

7. 斜管虫管

【病原】鲤斜管虫，属纤毛门，动基片纲，下口亚纲，管口目，斜管虫科，斜管虫属。鱼体腹面观卵圆形，后端稍凹入。侧面观背面隆起，腹面平坦，前端较薄，后端较厚。

【症状及危害】寄生在淡水鱼体表及鳃上，少量寄生时对鱼体危害不大，大量寄生时引起皮肤及鳃产生大量黏液。体表形成苍白色或淡蓝色的一层黏液层，组织损伤，呼吸困难；如果水温及其他条件合适，病原大量繁殖，2～3 天内即有大批病鱼死亡。在鱼种、鱼苗阶段特别严重。产卵池中的亲鱼也会因大量寄生而影响生殖机能，甚至死亡。鱼苗患病时，有时有拖泥症状。

【流行】国内外都有发生，对温水性及冷水性淡水鱼都可造成伤害，主要危害鱼苗、鱼种，我国各养鱼地区都有发生，室内水族箱中鱼类亦常发生此病，为一种常见的多发病。流行于春秋季节。当水质恶劣、鱼体衰弱时，在夏季及冬季冰下也会发生斜管虫病，引起鱼大量死亡，甚至越冬池中的亲鱼也发生死亡，为北方地区越冬后期严重的疾病之一。该病无特殊症状，病原体较小，必须用显微镜进行检查诊断。

【防治方法】①同鳃隐鞭虫病的防治方法。②越冬前应将鱼体上的病原体杀灭，再进行育肥，同时尽量缩短越冬期的停食时间。鱼开始摄食时，要投喂营养丰富的饲料。③水温在 10℃以下时，全池泼洒硫酸铜及高锰酸钾合剂（5∶2），使池水成 0.3～0.4mg/L 浓度。

8. 锚头鳋病

【病原】锚头鳋属于桡足亚纲，剑水蚤目，锚头鳋科。寄生在鱼体的鳃、皮肤、鳍、眼、口腔、头部等处，只有雌性成虫才营永久性寄生生活，无节幼体营自由生活，桡足幼体营暂时性寄生生活。

虫体分头、胸、腹三部分。雄性锚头鳋始终保持剑水蚤形的体型；而雌性锚头鳋在开始营永久性寄生生活时，体形就发生了巨大变化，虫体拉长，体节融合成筒状，且扭转，头胸部长出头角。头胸部由头节和第一胸节融合而成，顶端中央有一个半圆形的头叶，在头叶中央有一个由三个小眼组成的中眼。在中眼腹面着生两对触肢和口器。头胸部分脚的形式和数目因种类不同而异。胸部和头胸部之间没有明显的界线，一般自第一游泳足之后到排卵孔之前为胸部，通常胸部自前向后逐渐膨大，至第五游泳足之前最为膨大，有时向腹面突出成 1～2 个馒头状的突起，叫生殖节前突起，5 对游泳足为双肢型，前四对游泳足基部两节，内、外肢各为三节，上具刚毛若干，在每对游泳足的第一基节之间有一条连接板相连；第五游泳足很小，外肢为一乳状突起，顶生一根刚毛，内肢一节，末端着生刚毛四根。雌性锚头鳋在生殖季节常常带有一对卵囊，卵多行，内含卵几十个至数百个。腹部很短小，在末端上有一对细小的尾叉和长、短刚毛数根。

【症状及危害】病鱼通常有烦躁不安，食欲减退，行动迟缓，身体瘦弱等常规病态。由于锚头鳋头部插入鱼体肌肉、鳞下，身体大部露在鱼体外部，肉眼可见，犹如鱼体上插入小针，故又称之为“针虫病”。当锚头鳋逐渐老化时，虫体上布满藻类和固着类原生动物，大量锚头鳋寄生时，鱼体犹如披着蓑衣，故又有“蓑衣虫病”之称。寄生处，周围组织充血发炎，但常可见寄生处的鳞被蛀成缺口。寄生于口腔内时，可引起口腔不能关闭，因而不能摄食。小鱼种仅十多个虫寄生就可能失去平衡，发育严重受阻，甚至引起弯曲畸形等现象。

【流行】全国都有此病流行，其中尤以两广和福建最为严重，感染率高，感染强度大，流行季节长，为当地主要鱼病之一。锚头鳋在水温 12～33℃都可以繁殖，故该病主要流行于热天。对淡水鱼类各龄鱼都可危害，其中尤以鱼种受害最大，当有四五只虫寄生时，即能引起病鱼死亡；对 2 龄以上的鱼一般虽不引起大量死亡，但影响鱼体生长、繁殖及商品价值。

【防治方法】①清塘消毒。②全池遍洒 90%晶体敌百虫，使池水成 0.3～0.7mg/L 浓度，杀死池中锚头鳋的幼虫，根据锚头鳋的寿命及繁殖特点，须连续下药 2～3 次，间隔的天数随水温而定，一般为 7 天，水温高间隔的天数少，反之，则多。

主要参考文献

陈昌福，孟长明. 2006. 水产养殖动物寄生虫病诊断技术（8）. 渔业致富指南，(18)：63～64.
陈礼强，朱成科，唐江芳，等. 2007. 齐口裂腹鱼稚鱼小瓜虫的防治. 科学养鱼，(4)：58.
丁瑞华. 1994. 四川鱼类志. 成都：四川科学技术出版社.
董艳珍，邓思红. 2011. 齐口裂腹鱼的人工养殖与苗种培育. 水产科学，(10)：638～640.
杜宗君. 汪开毓. 李志琼，等. 2003. 齐口裂腹鱼疾病防治初报. 中国水产，(1)：82～83.
范林君. 2006. 特色经济鱼类——齐口裂腹鱼. 农村百事通，(14)：44～45.
范林君，李志琼，杜宗君. 2005. 淡水养殖新品种——齐口裂腹鱼. 特种经济动植物，(10)：13.
方静，潘康成，邓天怀. 2002. 齐口裂腹鱼肌肉营养成分分析. 水产科学，(1)：17～19.
方静，何敏，杜宗君，等. 2007. 齐口裂腹鱼卵巢发育的组织学研究. 四川农业大学学报，(1)：88～93.
耿毅，汪开毓，吴麟，等. 2004. 齐口裂腹鱼败血症的病原分离与鉴定. 水利渔业，(4)：71～73.
何雷. 冯建. 2008. 齐口裂腹鱼幼鱼对蛋白质、脂肪和碳水化合物需要量研究. 水生态学杂志，(2)：76～80.
李友山，周小宁，段玉磊. 2002. 齐口裂腹鱼的生物学特性与资源保护. 内陆水产，(10)：15.
宋飞彪，王伟洪，吴礼广，等. 2012. 多子小瓜虫生态特性研究现状. 河北渔业，(5)：45～48.
唐文家. 2008. 野生齐口裂腹鱼驯化注意事项. 科学养鱼，(5)：33.
吴青，蔡明礼，陆建平，等. 2001. 齐口裂腹鱼对水温和溶氧的耐受力研究. 四川畜牧兽医学院学报，(3)：20～22.
谢佳燕. 2010. 我国齐口裂腹鱼的研究现状. 安徽农业科学，(25)：13721～13722，13726.
徐大勇. 2005. 齐口裂腹鱼流水养殖实验. 科学养鱼，(6)：33.
杨义，李山友，周小宁，等. 2003. 裂腹鱼的生物学及养殖. 水利渔业，(4)：22～23.
余泽辉，张佳，耿毅，等. 2014. 齐口裂腹鱼无乳链球菌的分离鉴定及其感染的病理损伤. 中国水产科学，6：1244～1252.
周波. 龙治海. 何斌. 2013. 齐口裂腹鱼繁殖生物学研究. 西南农业学报，(2)：811～813.
周礼敬. 2012. 昆明裂腹鱼网箱养殖试验. 科学养鱼，(2)：36～37.

第五章　斑点叉尾鮰

斑点叉尾鮰又称沟鲇、钳鱼，隶属鲇形目、鮰科。斑点叉尾鮰原产于北美洲，广泛分布于美国、加拿大南部、墨西哥北部和大西洋沿岸部分地区，是一种大型淡水鱼类，具有食性杂、生长快、适应性广、抗病力强、肉质上乘等优点，是美国的主要淡水养殖品种，占美国淡水养殖总产量的2/3。1984年湖北省水产科学研究所率先从美国引进原种进行驯化，1989年繁育成功，目前已在我国大部分地区养殖。

5.1　生物学特征

5.1.1　形态特征

斑点叉尾鮰（图5-1）体型较长，体前部宽于后部，头较小，吻稍尖，口亚端位，体表光滑无鳞，黏液丰富，侧线完全，皮肤上有明显的侧线孔。头部上下颌具有深灰色触须4对，其中鼻须1对，颌须1对，颐须2对，长短各异，以颌须为最长，末端超过胸鳍基部，鼻须最短。鳃孔较大，鳃膜不连于颊部，颐部有较明显而不规则的斑点，体重大于0.5kg的个体斑点消失。具有脂鳍一个，尾鳍分叉较深，各鳍均为深灰色。体两侧背部淡灰色，腹部乳白色，幼鱼体两侧有明显而不规则的斑点，成鱼斑点逐步不明显或消失。

图5-1　斑点叉尾鮰

5.1.2　生活习性

斑点叉尾鮰为底栖鱼类，主要栖息于湖泊及河流有沙砾、石块的底层，喜欢在阴暗的光线条件下集群摄食，有昼伏夜出的摄食习惯。幼鱼阶段活动较弱，喜集群在池水边缘摄食、活动，随鱼体长大逐渐转向水体中下层活动。斑点叉尾鮰对生态环境适应强，适温范围 0～38℃，最适生长温度 18～34℃。正常生长溶氧要求在 3mg/L 以上，低于 0.8mg/L 时出现浮头，0.34mg/L 时窒息死亡。pH 在 5～8.9 均可生存，最适 pH 为 6.3～7.5，盐度适宜范围为 0.2‰～8.5‰。

5.1.3　食性

斑点叉尾鮰为杂食性鱼类，喜欢在弱光条件下集群摄食。野生条件下，以浮游动物、轮虫、水生昆虫、底栖生物、有机碎屑及大型藻类为食。鱼苗阶段主要摄食浮游动物、轮虫、枝角类、桡足类和摇蚊幼虫，体长 10cm 以后对天然饵料有一定的选择性，主要摄食个体较大的生物，如底栖生物、水生昆虫、陆生昆虫、大型浮游动物、水蚯蚓、甲壳动物和有机碎屑等。人工养殖条件下，各生长阶段均喜食人工饲料。水温 4～5℃开始摄食，39℃时停食。主要以底层摄食为主，幼鱼有时也游到水面摄食。

5.1.4　生长特性

斑点叉尾鮰生长速度快。池塘养殖条件下，当年繁殖鱼苗年底体长可达 15～20cm，体重可达 100～150g；第二年年底体长可达 25～35cm，北方地区体重可达 500～600g，南方地区体重可达 1kg 左右；第三年体长可达 35～45cm，北方地区体重达 1kg 以上。且性成熟后其生长速度没有明显的下降迹象。生长温度为 5～36.5℃，最适生长温度为 18～34℃，最适生长在溶氧 3mg/L 以上的水体中。

5.1.5　生殖习性

斑点叉尾鮰3～4 龄性成熟，性成熟鱼体重 1kg 以上。相对怀卵量为 3913～10000 粒/kg 体重。性成熟亲鱼卵巢III期末越冬，卵橘黄色，沉性，卵膜较厚，受精后黏性强，相互粘结成不规则块状，吸水膨胀后平均卵径为 3.457mm。繁殖季节 4～8 月，产卵孵化水温为 18.5～30℃，最适温度为 23～28℃，属一次性产卵类型。长江流域斑点叉尾鮰的繁殖季节为 6～7 月，体重较大个体产卵季节稍早于体重较小个体，在江河、湖泊、水库和池塘中均能产卵，产卵时，通常以尾鳍包裹对方头部，雄鱼剧烈颤动鱼体并排出精液，与此同时，雌鱼开始产卵。水温 23～25℃时，6～7 天鱼苗孵化出膜。自然条件下，不需放置鱼巢，可在岩石、洞穴处产卵。人工养殖水体中，需人工设置产卵鱼巢。斑点叉尾鮰的雄鱼具护幼行为，产卵后雄鱼守护受精卵发育直至孵出鱼苗。雄鱼护卵时位于卵块上方，不断摆动腹鳍，以达到对受精卵增氧的作用。

5.2　人 工 繁 殖

5.2.1 亲鱼培育

斑点叉尾鮰的繁殖效果与亲鱼培育密切相关。亲鱼培育的好坏，直接影响亲鱼的性腺发育、产卵率、卵的受精率、孵化率和苗种成活率，关系到繁殖量的多少。一般情况下，每年产卵的亲鱼仅为亲鱼总数的30%～40%，若亲鱼培育差，通常仅有10%～20%的亲鱼产卵，若亲鱼培育好，产卵亲鱼可达到亲鱼总数70%～80%。所以要想提高斑点叉尾鮰的苗种生产量，首先应加强亲鱼的培育。

1. 亲鱼培育池

亲鱼池应选择靠近水源、进排水方便的池塘，池底要求平整，硬底质或沙底质最好。池塘面积3～4亩，水深1.5～1.8m。以长方形鱼池较好，放鱼前要彻底清整，挖去淤泥，清除杂草和野杂鱼，并严格消毒，保持良好的水质环境，这有利于亲鱼的正常生长和性腺的发育。

2. 亲鱼的选择和放养

斑点叉尾鮰性成熟年龄一般为4龄，在池塘培育较好的情况下，3龄鱼也能顺利产卵。通常初产亲鱼的繁殖力较低。亲鱼个体的大小对产卵量和鱼苗的质量也有一定的影响。一般选择个体重2.5kg以上，体质健壮，生长状况较好的4～5龄鱼作亲鱼最理想。亲鱼雌雄按1∶1的比例放养，放养密度根据池塘条件的好坏和饲养管理的水平来确定，一般亩放80～100尾（200～350kg）。池塘较充足的情况下可适当稀养，有利于亲鱼的性腺发育。亲鱼池中套养10cm规格的鲢、鳙鱼种，一般亩放100～150尾，以控制池塘水质。如果进行人工授精则需雌雄分池饲养。

3. 日常管理

亲鱼应常年精养。饲料以人工配合饲料为主，要求粗蛋白含量为33%～36%，脂肪含量为3%～7%，投饵量视季节、水温而定，一般水温在5～12℃时，投饲料率为鱼体总重的1%；12～20℃时，为2%；20～35℃时，为3%～4%。饲料投喂采用集中投喂方法，投饲范围占鱼池面积的10%，直接将饲料投入池中即可。在培育亲鱼的过程中，要求水质清新，透明度保持在35cm左右，pH在6.5～8.5，溶氧量在4mg/L以上。繁殖期间，水温高、水质变化快，在天气闷热的凌晨，极易发生缺氧，使亲鱼停止产卵，严重时易泛池造成亲鱼大量死亡。

因此，产卵期间的水质管理应特别注意。具体措施有四点：一是由专人负责管理水质，早晚巡塘，及时发现缺氧浮头的征兆，一旦发生浮头现象，应及时处理；二是从四月初开始，每隔3～5天给亲鱼池加注新水，更换老水，始终保持池塘内水质清新；三是每天适时开增氧机，天气闷热时早开，并延长开机时间；四是保持亲鱼的合理密度。

4. 亲鱼培育的方法

通常将亲鱼培育分为四个阶段。

1）秋季培育

秋季正是亲鱼生殖腺的快速生长期，秋末又是亲鱼大量积累脂肪准备越冬的时期，亲鱼在此阶段食欲很旺，应采取强化培育措施，投喂蛋白质含量33%左右的人工配合饲料，让亲鱼积累一定的脂肪，顺利度过冬季。

2）冬季培育

斑点叉尾鮰在水温较低时尚能少量摄食，只要水温在 10℃以上，便应坚持适当投喂饲料。

3）产前培育

这一阶段最为重要。开春后，首先应对鱼池经常注入新水，有条件的可将池水换去 1/3～1/2，并将水位降至 1.3m 左右以提高鱼池的水温。随着水温上升，亲鱼摄食日渐旺盛，在亲鱼产前 20～30 天，除坚持投喂营养丰富的配合饲料外，每隔 3～5 天投喂一次动物性饲料，同时加强冲水，以有效提高亲鱼的产卵率和卵的质量，获得最佳的繁殖效果。

4）产后培育

产后亲鱼体质虚弱，同时正值天气炎热期间，亲鱼的体质正待恢复，易发生泛池死鱼事故。这期间要加强日常管理，把池水加深至 1.5m 左右，并适当注入新水，刺激亲鱼的食欲。在亲鱼产后一个月左右，每 10～15 天投喂一次动物性饲料，促使亲鱼早日恢复体质。

5.2.2 人工催产

1. 雌、雄鉴别

斑点叉尾鮰的生殖孔，雄鱼为泄殖孔，位于肛门之后一个似肉状乳头的生殖突上；雌鱼具有位置较前的生殖孔和较后的排泄孔，两孔位于肛门之后的裂缝内。另外，雄鱼头部较躯体宽；雌鱼头部较躯体窄，见图 5-2。生殖季节雌鱼腹部圆而饱满，有弹性，成熟度好的可见卵巢轮廓；雄鱼腹部窄长。临近产卵时雌鱼生殖孔红肿外露；雄鱼生殖孔不外露，略呈红色。

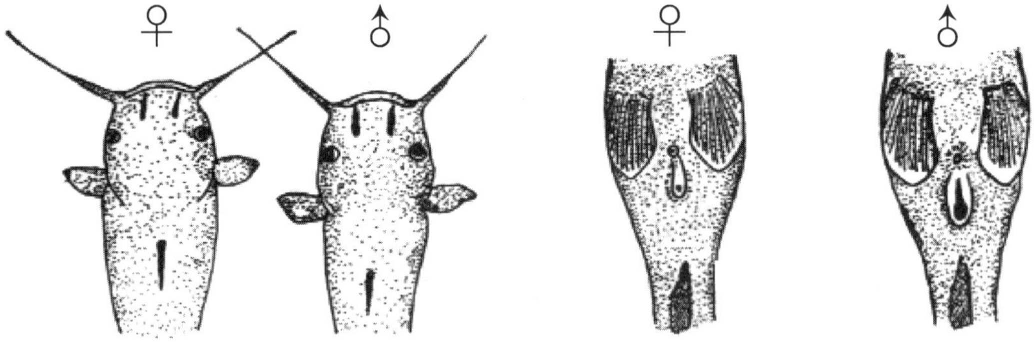

图 5-2　斑点叉尾鮰雌雄鉴别特征

2. 人工催产

斑点叉尾鮰人工养殖条件下可在静水中产卵，但产卵率较低，一般为 20%～30%，受精率和孵化率亦较低。生产上为提高产卵率，使产卵时间整齐，需对亲鱼进行人工催产。

催产药物包括鲤鱼脑垂体（PG）、绒毛膜促性腺激素（HCG）、促黄体释放激素类似物（LRH-A）、马来酸地欧酮（DOM），催产剂量根据亲鱼的外部特征和卵质成熟情况灵活掌握。一般采用以上三种或四种激素组合，一次注射催产，采用胸鳍基部注射方法。不同激素配伍及催产方式催产效果比较见表 5-1。

表 5-1　斑点叉尾鮰人工催产情况表

催产方式	激素及用量/kg 体重	水温/℃	效应时间/h	产卵率/%	受精率/%	孵化率/%
一次注射	♀：DOM 3～4mg+HCG 900IU+$LRH-A_3$ 5～10μg，♂：减半	23～24	44～46	67	96	92
一次注射	♀：PG 4～5mg+HCG 900～1000IU+$LRH-A_3$ 5～8μg，♂：减半	23～24	44～46	67	96	92
二次注射	第一针：♀：DOM 5mg+$LRH-A_3$ 3～5μg 第二针：♀：DOM 3mg+$LRH-A_3$ 5μg+HCG 900IU，♂：减半	23～24	40～43	33	94	93
一次注射	♀：DOM 2～5mg+$LRH-A_2$ 5～10μg，♂：减半	24～26	14～17	—	—	63

3. 受精卵的收集

1）产卵巢的设置

催产后亲鱼放回亲鱼培育池，使其自然产卵受精，需根据其繁殖习性设置产卵巢。产卵巢用旧桶、瓦罐或白铁皮桶做成，以能容纳一对产卵亲鱼活动为宜，一般长 60cm，直径 45cm，产卵巢一端开口，以利亲鱼自由进出，另一端密封打 8～12 个小洞。产卵巢放置在池塘四周，靠岸 3～5m，开口端向池中央，系上绳子，绳子另一端系塑料浮子，浮于水面。产卵巢数量初期较少，产卵盛期占亲鱼配组数的 40%～60%，间距 5～6m。水温 20℃以上开始设置产卵巢。

2）产卵巢的检查及卵块的收集

设置产卵巢后，初期每两天检查一次产卵巢，当水温升高到 23℃，每天检查一次看是否产卵，并将产卵巢内杂物、泥尘清除干净后放回原处。检查时必须将产卵巢口向上轻轻提起，若有亲鱼应先将亲鱼轻轻赶走，再检查是否有卵块。若亲鱼未产卵，应移动人工鱼巢清洗。若发现亲鱼已产卵，应迅速将鱼巢移到塘边进行取卵。取卵时一定要避光，用取卵铲顺着桶壁轻铲，使卵块附着部分充分脱离桶壁。卵块取出后，迅速放入盛有塘水的提桶中，用草帽或其他东西遮住卵块防止阳光直射，并及时运到孵化处孵化。

5.2.3　人工孵化

斑点叉尾鮰的孵化水温为 20～30℃，最适温度为 23～26℃，受精卵的发育比较缓慢，水温 23～26℃时出膜时间为 100～120h。

1. 孵化槽

斑点叉尾鮰的孵化用水要求水质清新、溶氧高、无污染、pH 为 7.5～8.5。斑点叉尾鮰受精卵宜采用流水孵化。孵化槽要因地制宜，采用流水水泥池，长 150～200cm，深 35～40cm，宽 60cm，池的一头进水，一头出水，池底贴瓷砖，出水端底部设一排水管。每个池配有一台 250W 充气机增氧搅水或设置水车式搅水器，转轴上下有螺旋式叶片分布，转速为每分钟 28～30 次，使槽内的水振动，借以增加溶氧并使卵块流动，还能使水体内的有机物随水波溢出管外。孵化槽的进、排水口增设过滤网罩。进水口网目规格为 60 目左右，主要防止水生敌害侵入，出水口用 40 目网片，防止鱼苗流失。孵化期间要经常刷洗网罩，以免杂物阻塞网目而引起水流不畅，早晚用虹吸法排污一次，以免水质变坏，影响孵化率。为避免受精卵被阳光直射损害受精卵，孵化池顶部需用防雨黑色胶膜封盖，四周用遮阳网围好，或者将孵化槽置于室内或工作棚内。

2. 孵化筐

孵化筐用于盛装卵块，悬挂于孵化槽内，每个孵化筐放受精卵 2000 粒左右。孵化筐采用市场上出售的长方形孵化筐，规格为 35cm×20cm×15cm。每个孵化槽设 4～6 个孵化筐。

3. 孵化

孵化筐经消毒、清洁后悬挂在孵化槽前部，卵块多时一槽可排三行，每行两个，每个筐可放卵块 2000 粒左右。受精卵块运至孵化槽时，一定要用孵化用水对运卵提桶调温，使温差不超过 3℃。斑点叉尾鮰的卵是黏性卵，卵块太大时，要用手轻轻将卵块分离，分离成每块 100～200 粒为好。孵化期间，要将卵块中未受精的白色卵粒及时挑出，以免发生水霉病感染其他卵粒。并要求每天用浓度为 10～15mg/L 的高锰酸钾溶液或 8mg/L 的土霉素溶液（交替使用）浸洗鱼卵，防止发生水霉病，直到鱼卵变成橘红色时停止使用。采用流水充氧孵化，保证水中溶氧达 5～6mg/L。在孵化过程中，经常翻动、清洗卵块，尤其是发现鱼苗出膜后要经常翻动卵块，以加快鱼苗出膜速度，利于提早收苗和清除池中卵壳。

4. 收苗暂养

为求得同一孵化槽内出苗基本一致，放入同一孵化槽内的鱼卵必须是同一批的。当水温在 23～26℃时出膜时间为 100～120h，一般在第 4 天开始出苗，第 6 天全部出齐。自出苗第一天起，每天上午、下午各一次，运用虹吸原理，用塑料长管将槽底部的鱼苗吸入准备好的容器内，随即倒入准备好的鱼苗培育池中进行培育。

5.3 苗种培育

5.3.1 鱼苗培育

刚孵出的斑点叉尾鮰鱼苗全长约 0.6cm，淡红色，卵黄囊较大，不能自由游泳而喜欢集群在水体的底部，此时的幼体不需摄取外界的食物，依靠自身的卵黄维持生活。一般孵化后 3～4 天，卵黄囊才吸收完毕，此时体色转为灰色，开始自由游动。为提高鱼苗成活率，鱼苗进入培育池前一般需要暂养。鱼苗出膜后集群在孵化器底部，可用虹吸法将鱼苗轻轻吸走，放入暂养池。鱼苗暂养可在水泥池、环道或网箱中进行。暂养池以圆形较好，面积 1～2m^2 为佳，水深 0.7～0.8m，每平方米可暂养 2 万～3 万尾，开始 3～4 天只要不断流水保持充足的氧气即可，4～5 天后，鱼苗逐渐发育完善能自由游动时，开始投喂一些浮游动物和人工配合的微型饵料，投喂方式以少量多次为宜。到 9～10 日龄，鱼苗全长达 2cm，转入鱼种池进行鱼种培育。鱼苗培育阶段溶氧需保持在 5mg/L 以上。鱼苗培育期间，每日早晚需用虹吸法吸出鱼苗暂养池底部污物。

5.3.2 鱼种培育

1. 池塘清整

鱼种培育池面积以 1～2 亩为宜，池塘深度 1.8～2m，淤泥厚度 10～20cm。放苗前 10～15 天，用生石灰或漂白粉干法清塘，生石灰用量为 150kg/亩左右（因斑点叉尾鮰对氯较敏感，最好不用漂白粉消毒池塘，如确需使用，应推迟放苗的时间）。

2. 鱼苗放养

斑点叉尾鮰在网箱或水泥池暂养到 2cm 左右，即可进鱼种培育池培育。在池塘中可单养，斑点叉尾鮰也可与鲢、鳙鱼苗混养。单养时以斑点叉尾鮰为主，不搭配鲢或在鱼苗下塘 15 天左右，再搭配少量鲢。单养密度为每亩 3 万尾左右。混养时与鲢投放数量相等，每亩各放 1.5 万尾。

3. 投饵与施肥

鱼苗入池前要施足底肥，以培育浮游生物。具体方法是在池塘消毒后一周左右，施发酵鸡粪等有机肥 50～75kg/亩，也可搭施氮磷钾复合肥，初期水深为 60cm，之后逐渐加深，至放苗前水位达 80～100cm。施肥后 7 天，浮游生物大量繁殖，此时鱼苗下塘。

鱼苗入池后，开始投喂。鱼种培育前一周，每天将 1.5～2.5kg/亩的黄豆打浆泼洒投喂。鱼苗下塘一周后即可用斑点叉尾鮰粉状饲料。投喂方法是将粉状饲料用水搅拌成团球状投入池中。待苗种长至 10cm 后再投喂成形的颗粒饲料。整个鱼种培育期间要求饲料粗蛋白含量在 36%左右，动、植物蛋白比约为 2∶1，且维生素和矿质元素含量充足。投喂率依水温、苗种规格而变化，放苗初投饵率为 10%，逐步降低到 1%～2%。

此外，斑点叉尾鮰苗种培育期间的抢食驯化非常重要。驯化不好，会导致苗种规格不齐，故要求饲喂人员要耐心认真，在泼浆的后两天逐步缩小泼浆面积，并向食台方向靠拢或间歇性地在食台周围多泼几次。初次投喂配合饵料的速度要慢，最好将鱼糜掺入饵料中以增强诱食性，一般经 3～5 天的驯化就可达到理想效果。经驯化后的斑点叉尾鮰苗种，抢食时呈开锅状，其生长速度很快，在越冬前体长可达到 15cm。

4. 水质调节

鱼苗进池时，水深要求在 90cm 左右，以后随苗种的生长而加深，直至 1.3m 左右。整个饲养期间要求溶氧大于 3mg/L，pH 6.5～8.3，并注意加注新水来调节水质肥度。此外，在斑点叉尾鮰鱼种培育池内可搭配少量鲢、鳙鱼种以控制水质。因斑点叉尾鮰苗种规格在越冬前多在 15cm 左右，规格偏小，对严冬的防御力较差，因而鱼种越冬期间水深要在 1.6m 以上。

鱼种培育需做到“五定”，即定时、定量、定质、定点、定人。

5. 鱼种的分段式培育

为更加充分地利用水体资源，可根据斑点叉尾鮰幼鱼食性与摄食习性的变化，采用分段式培育方法进行鱼种培育。具体操作方法是：斑点叉尾鮰在 4.5cm 以下时偏重食浮游动物，可采用我国传统的肥水下塘的方法进行苗种培育。培育池面积 2 亩左右为宜，每亩放养量为 2.5 万～3 万尾，在此阶段除需每天将 1.5～2.5kg/亩的黄豆打浆泼洒投喂、肥塘以培养浮游生物外，尚需投喂粉状人工配合饵料，其蛋白质含量要求在 35%左右。当鱼苗生长达 4.5cm 时分池饲养，亩放养量为 7000～8000 尾，投喂含蛋白质 35%的颗粒饲料。待鱼种长至 10cm 规格时再分池，每亩放养 5000～8000 尾，一般饲养 100 多天，个体重量可达 50g 以上，再进入商品鱼饲养阶段。

6. 夏花的工厂化培育技术

为大规模地培育规格整齐、成活率高的斑点叉尾鮰夏花苗种，江苏淮安市水产科学研究所开展了斑点叉尾鮰工厂化苗种培育。

1）生态型工厂化鱼类养殖系统的主要工艺流程

养殖水排放→沉淀→反滤曝气→人工湿地降解→生化滴流→集水增氧→标准水质进养鱼车间。进养鱼车间的水质达到氨氮低于 0.6mg/L，亚硝酸氮低于 0.25mg/L，硝态氮低于 3.5mg/L。

2）培育池

培育池为直径 1.5m、深度 0.5m 的玻璃钢盆。盆中配置气石，每盆配套专用气石 2～3 个；盆口上架 PVC 进水管道，管道上打有出水小孔；盆中央为出水口，出水口上方插一四周有孔的 PVC 管子，以便溢流排水，进水、充气均配有备用电源防止停电。放苗前一周左右，应将培育池刷洗干净并用 10～15mg/L 高锰酸钾彻底消毒。

3）鱼苗放养

选择体格健壮、规格整齐、活动能力强的上浮苗放入培育池中，每池放养量为 1.5 万～2 万尾。

4）饲料投喂

当上浮苗放进池子后，就要进行驯食，刚开始因鱼苗内源性营养还没有消耗掉，还未开口吃食，因此，一天喂 4 次，每次只投喂少量的鱼苗开口料和配合料（颗粒直径小于 1mm）。投喂方法是：沿盆四周均匀撒入。待鱼苗正常摄食时，每 2h 投喂一次，投喂量以

10～15min 吃完为宜。随着鱼苗不断长大，投喂次数逐渐减少，一般饲养一周后，改为 3h 投喂一次。与此同时，鱼苗开口配合料逐渐减少，鱼苗配合颗粒粉碎料逐渐增加，最终单用鱼苗配合颗粒粉碎料，待鱼苗长至 2cm 时，可直接用鱼苗配合颗粒料，投饲也改为每隔 4h 投喂一次。在投饲技术上应注意：由于斑点叉尾鮰属偏动物性的杂食性鱼类，在整个夏花培育期间，饲料的蛋白质含量要始终高于 35%。

5）日常管理

（1）溶氧控制。斑点叉尾鮰不耐低氧，溶氧一定要保持在 5mg/L 以上。因此除投饲停水、停气外，其余时间一律需要人工增氧。

（2）排污。由于高密度养殖池底会有大量的粪便及残饵聚集在池底，必须及时排出，但由于稚鱼鱼体非常嫩弱，只能用胶皮管用虹吸法将污物吸出，此时，难免连鱼苗一并吸出，应仔细地将被吸出的鱼苗和污物分离。一般每天排污在 4 次以上。

（3）水质控制。由于是流水养殖，养殖水体的水质比较稳定。但在实际操作中，在每天使池水更换 5～8 次的基础上，不断调节水流大小、水流方向。如投饵时停水、开口前期微流水，随着鱼苗生长，不断调整流速等。

（4）鱼病防治。主要采取的措施：一是每隔一星期，用二氯海因全池泼洒一次，使养殖水体中二氯海因浓度达 $0.2g/m^3$，或用 30～50mg/L 的食盐水溶液浸泡；二是每隔一星期用硫酸铜全池泼洒一次，使池水中硫酸铜浓度达 $0.7g/m^3$。

5.4　成鱼饲养

5.4.1　池塘养殖

斑点叉尾鮰比较普遍的养殖方式是池塘养殖。

1. 池塘条件

池塘应选择在交通便利、水质条件好、无工业污染、水源方便的地方，周围没有高大树木房屋等。面积 3～10 亩，池底平整，水深 1.5～2.0m，东西向、长方形为好。池塘底质以土壤为好。

2. 放养准备

（1）清淤消毒：先将池水放干，将池底过多的淤泥清除。在放养鱼种前 15～20 天，每亩放生石灰 150kg 或者用 30mg/L 浓度的漂白粉进行消毒，消毒后晒塘两个星期，晒塘期间修好进排水闸，以利养殖期内及时换水。

（2）肥塘：用 60 目筛绢网做成锥形网袋过滤进水，池水深 60cm，每亩施有机肥 100kg 或化肥（尿素等）使其浓度达 2mg/L，逐渐加水到 1.5m。如果投放 40g/尾以上的大规格鱼种，可不肥塘，晒塘后直接进水至 1.5m，池水 pH 调至 6.5～8.0 即可投放鱼种。

3. 鱼种放养

斑点叉尾鮰争食能力弱，不宜与草鱼、鲤、鲫等其他吃食性鱼类混养。而适当套养鲢、鳙则不仅可以增加产量而且还可以调节水质。主养斑点叉尾鮰每亩放养规格为 10～15cm 或 30 尾/kg 左右斑点叉尾鮰700～1000 尾，搭配 10cm 规格鲢 150 尾，鳙 50 尾。混养亩放斑点叉尾鮰400～500 尾，鲢、鳙 420～500 尾。如果有增氧设施亦可适当多放。放养以上规格鱼种，饲养 300 天左右即可达到商品鱼规格（0.75～1.2kg）。

4. 投饵

斑点叉尾鮰属杂食性鱼类，在整个成鱼饲养阶段，既可投喂全价配合饲料，也可投喂单一的麦麸、米糠、鱼粉及各种饼粕。其中，以投喂全价颗粒配合饲料效果最佳。配合饲料的蛋白质含量要求达到 33%左右，每天投饵量应根据鱼体大小和水温变化情况确定，水温 5～12℃时投饵量为鱼体重的 1.2%，13～20℃时为鱼体重的 2%，20～36℃时为鱼体重的 3%～4%，一般每天投喂 3～4 次。投饵范围一般占池塘面积的 10%左右。投饵严格按照定点、定时、定质、定量、定人的“五定”原则，以大部分鱼抢食吃饱散开为度。

5. 水质调节

鱼种进池后水深控制为 1～1.5m，随着水温升高及投饵量的增加而增加，一般 15 天加水一次，每次 10cm，直至 2m 左右为止。高温季节加强冲水、换水以改善水质，增强摄食能力。经常清除池中野杂草，以减少鱼病。同时每月用 20～30ppm 浓度的生石灰全池泼洒一次。

5.4.2 网箱养殖

水域开阔、水深 5m 以上水库可开展斑点叉尾鮰的网箱养殖。

1. 水面选择

网箱养殖时应选择植被良好、交通方便、水面开阔、避风向阳、光照充足、环境安静、水草较少、水深 5m 以上的水域。

2. 网箱结构与设置

网箱采用聚乙烯双层封闭式网箱。网箱规格为外箱 4m×4m×2.5m，内箱 3.6m×3.6m×2.5m，网目大小依据鱼种规格而定，见表 5-2。网箱设置在风浪较小的水域，以减少饲料的损失及鱼体能量的消耗，每只网箱间距 2～4m，行距 5～6m，用尼龙绳抛锚固定于水面成“一”字形排列。

表 5-2 斑点叉尾鮰网箱网目大小与鱼种规格的关系

网目大小/cm	1.5	2.0	3.0	4.0
鱼种规格/（g·尾）	＞15	＞30	＞80	＞150

3. 鱼种放养

斑点叉尾鮰的网箱养殖，目前采用二级放养。第一级从体长 10cm 养至体重 150g，第二级从体重 150g 养至 750g。也可直接从 50g 左右的鱼种养成商品鱼。

斑点叉尾鮰鱼种规格达 5cm 以后直至成商品鱼可以在网箱中饲养。5cm 入箱时，放养密度为 1400～1600 尾/m^2；8～10cm 时分箱，放养密度为 350～400 尾/m^2；150g 时也可重新分箱使养殖密度变为 150～250 尾/m^2。

4. 管理技术

斑点叉尾鮰网箱养殖的管理技术主要包括投喂、巡视检查、修补或清洗网箱、防治鱼病、起捕收获、并箱越冬等。

1）投喂

根据生长过程中鱼体的重量、水温、溶氧及其季节变化，确定并随时调整每日的投饵率和投饵量、投饵次数和投饵时间。网箱养殖斑点叉尾鮰一般不宜饱食，饱食往往是发生鱼病的内因。一般来说，斑点叉尾鮰的日投饵量应控制在其饱食量的 70%～80%为宜。饵料质量要求营养全面，蛋白质含量为 32%～36%，饵料质量符合 NY5072—2002 要求，颗粒饲料的粒径随鱼种规格大小而变化，鱼体小于 50g/尾投喂饵料直径为 2.5～3.5mm，鱼体大于 50g/尾投喂饵料直径为 4.0～5.0mm。鱼种放养入箱 1～2 天后适应新的环境后开始投饵。在投饵初期需要用适度的响声将鱼诱集到水面食台附近再投食。喂食训练最好在鱼群适当饥饿的情况下进行。一般情况下，斑点叉尾鮰第二天就能养成集群摄食的习惯。初期投饵如果比较顺利，当水温达到 16℃以上时，可采用渐进的投饵方法安排投饵量，即第 1～2 天投喂鱼体重量 1%的饵料量，第 3～4 天投喂 1.5%，第 5 天可采用正常的饵料量进行投喂。在鱼群聚集良好的情况下，即使一开始就投喂每次投喂量的 40%～50%，所投饵料也能很快地被摄食完，不致流失，但是剩下的饵料应慢慢地投喂。立秋以后水温下降时或放养密度过稀时，往往会出现投饵时鱼群不浮到水面上争食的现象，此时应适当减少投饵量，投喂间隔时间应适当地拉长。如果前一天还正常摄食的鱼群，突然对声响不产生反应，投饵后鱼群不聚集到水面吞食饵料，应赶快检查网箱有无破损或者其他外界的刺激，是否有水流不畅、溶氧过低等异常情况。每日投饵次数是影响投饵效果的重要因素之一，一般以 4～6 次为宜。日投饵量和投饵次数的安排，以下午多于上午为好。因为一天之中，下午的水温和溶氧量均高于上午，下午鱼群摄食旺盛，适当地增加投饵量和投喂次数，有利于鱼类正常生长。

2）日常管理

（1）网箱检查。网箱在安置前应经过仔细的检查，鱼种放养后要勤作检查。时间最好是在每天傍晚和第二天早晨，方法是饲养人员将网箱的四角轻轻提起，仔细察看网衣是否有破损的地方。水位变动剧烈时，洪水期、枯水期，都要勤检，并随时调整网箱的位置。

（2）鱼体检查。通过定期检查鱼体，可掌握鱼类的生长情况，不仅为投饵提供了实际依据，对产量的估计也有可靠的依据。一般要求一个月检查一次，分析存在的问题，及时采取相应的措施。

（3）网箱污物的清除。网箱下水3～5天以后就会吸附大量的污泥，以后又会附上水绵、双星藻、转板藻等丝状藻类或其他生物，堵塞网目，从而影响水体的交换，不利于斑点叉尾鮰的养殖，必须设法清除。目前国内在网箱养鱼中清洗网衣有以下几种方法：

①人工清洗。网衣上附着物比较少的时候，可先用手将网衣提起，然后抖落污物或者直接将网衣浸入水中漂洗。当附着物过多时，可用韧性较强的竹片抽打使其抖落。操作要细心，防止伤鱼破网。洗网的间隔时间以不使网目堵塞为原则。

②机械清洗。使用喷水枪、潜水泵，以强大的水流把网箱上的污物冲落。

③沉箱法。各种丝状藻一般在水深1m以下处就难以生长和繁殖，因此，将封闭式网箱下沉到水面以下1m处，就可以减少网衣附着物的附生。

④生物清污法。利用罗非鱼、鲴等鱼类喜刮食附生藻类，吞食丝状藻类及有机碎屑的习性，在网箱内适当增放这些鱼类，让它们刮食网箱上附着的生物，使网衣保持清洁，水流畅通。利用这种生物清污法既能充分利用网箱内的饵料生物，又能增加养殖种类，提高鱼产量。

（4）做好网箱饵养日志。日志是检查工作、积累经验、制订计划、提高技术的重要参考资料。网箱日志包括日期、天气、水温、放养、捕鱼记录，鱼体长度记录，投饵种类及数量，鱼类活动情况，鱼病情况及防治措施等项目。

（5）起网收捕及并箱越冬。起捕的时间应根据水温、网箱中鱼群生长的状况和市场的需要来决定。一般水温下降到 15℃时就可起捕，供应市场。春季放养的大规格鱼种，一般当年都可达到上市规格，而不需要进行并箱越冬。如秋末养殖的大规格鱼种，这时就要并箱和越冬。并箱须在天气晴朗、水温 10℃左右时进行，并箱的鱼要停食两天以上。越冬的密度以每立方米水体放鱼种1.5kg左右为宜。斑点叉尾鮰在我国大部分地区网箱越冬不成问题，但是北方地区必须将网箱封盖以后沉入水底进行越冬。

（6）鱼病防治。网箱中养鱼密度大，一旦发病就极易传播蔓延。目前网箱养殖斑点叉尾鮰生产中常见的疾病有水霉病、小瓜虫病、烂鳃病、肠套叠病、车轮虫病等。网箱养殖斑点叉尾鮰采用的药物预防措施是：鱼种下箱时用食盐水或高锰酸钾浸洗后入箱；用硫酸铜或漂白粉挂袋消毒；在发病季节到来以前用磺胺类药物或用大蒜、穿心莲等药物拌饵预防肠炎病；结合拉网检查，用药物浸洗鱼种。网箱内治疗鱼病采用投喂药饵和浸洗法有显著的效果。

5.5 病害防治

5.5.1 真菌性鱼病

1. 水霉病

【病原】水霉病是由于真菌感染所致，其种类较多，有水霉、霜霉、水节霉等，以水霉最为常见。水霉菌是条件致病菌，广泛存在于淡水、半咸水或潮湿土壤中，腐生于腐败的有机质上，于 13～18℃时最适宜生长、繁殖。其有两种生殖方式，即无性繁殖和有性繁殖，无性繁殖在水体中进行，而有性繁殖则在鱼体感染后于鱼体体表进行。

斑点叉尾鮰体表无鳞，在拉网、运输、装卸过程中操作不当或工具毛糙，极易造成其皮肤擦伤，在体表组织形成病灶。斑点叉尾鮰具有硬棘，在抢食或繁殖季节为争偶易相互刺伤形成病灶；同时由于斑点叉尾鮰体表无鳞，极易被鱼波豆虫、毛管虫、小瓜虫、车轮虫、指环虫等寄生虫寄生于鳃部或体表，破坏鳃部或体表的组织形成病灶。在这种情况下，水霉菌游离在水中的游离孢子就会从病灶侵入感染鱼体。

【症状及危害】早期感染的斑点叉尾鮰急躁不安，常与池壁或其他固体摩擦，体表分泌大量黏液，但又无明显症状，仅在病变部位呈圆形或不规则的斑块，严重时皮肤破损、肌肉裸露。当肉眼能看到时菌丝已从伤口侵入，并向外长出，其身体的尾部、头部吻端、躯干及鳍条病灶处均会长出或小或大簇生的黄色或白色棉花状菌丝体，上面附着污泥和藻类，形成棉絮状的覆盖物，俗称“生毛”，进而表皮肿胀、溃烂、坏死或脱落，食欲减退，鱼体瘦弱，游动无力，最后衰弱而死亡。

【流行】一年四季都有可能发生，但以早春和初冬水温 13～18℃、水清瘦、鱼处于饥饿状态时发病较多。水霉菌感染鱼体没有严格的选择性，从幼鱼到成鱼均能被感染，且极易发生传染并迅速蔓延，造成大量鱼死亡，危害特别严重。

【防治方法】

（1）鱼种放养前要彻底清塘。淤泥过深的池塘应清除淤泥，使淤泥深度为 10～20cm。如果淤泥过深而受条件限制无法清除，可以施入生石灰 150kg/亩，再用旋耕机将生石灰旋入淤泥中，以彻底消灭水体中的水霉菌菌丝和游离孢子。

（2）鱼苗、鱼种和亲鱼的引进要严格进行检疫和消毒，放养密度不宜过大。放养前鱼种可用 30～50g/L 的食盐水浸泡 5～10min 消毒；成鱼可用四烷基季铵盐络合碘消毒。并用生石灰或漂白粉全池泼洒 2～3 天，每天一次。

（3）调节和改善水质。池塘要水源充足，水质清新，进排水分开，排灌方便，水体的溶氧在 4.5mg/L 以上，pH 为 6.8～8.5，透明度为 35～40cm。每 15 天换水一次，换水量约为池水总量的 1/3，保持池塘水色为茶褐色。抑制水霉菌滋生，达到预防效果。针对越冬池塘，要尽量提高水位，以防止鱼体皮肤冻伤。

（4）加强饲料投喂，增强抗病力。饲料蛋白质含量要求必须达到 33%～36%，一般水温在 10～36℃的情况下均可投喂。特别是在越冬前要投喂优质的配合饲料，同时每千克鱼用维生素 E 0.3～0.6g（每天两次，三天一疗程），必须将饲料投匀、投足、投好，保证斑点叉尾鮰有较强体质，增强其抗病性。

（5）定期泼洒药物预防。选用“三效”（高效、速效、长效）、“三小”（毒性小、副作用小、用量小）的鱼药，外泼内服相结合。每月用生石灰全池泼洒一次，每次用量为 15～25mg/L；每半月全池泼洒二氧化氯消毒剂，使池水药物浓度为 0.3～0.5mg/L，抑制水体中的霉菌生长；内服药物有土霉素、噁喹酸、磺胺嘧啶，也可在饲料中拌入适量的抗生素，提高斑点叉尾鮰的抗病能力等。

（6）药物治疗。对于受水霉菌感染的鱼类，个体较大的可直接在伤口上涂抹高浓度的甲紫或高锰酸钾；也可用 1%磺胺药物软膏涂抹病灶处，1～2min 后放入清水中漂洗去多余药物，再投入暂养池中，3～4 天后再重复用药一次；同时配合口服土霉素，剂量为

80mg/kg 鱼体重，5 天一个疗程，效果更好。捞出受感染的鱼后，要及时地对池塘其他鱼做全池泼洒消毒，避免其他鱼感染。

（7）减少机械损伤。拉网、运输、装卸斑点叉尾鮰时，动作要轻、快，工具光滑不毛糙。鱼种避免过度拥挤，造成紧迫及体表受伤。运输时减少运输的密度，且要加强增氧和选择平坦的道路，减少鱼体皮肤受损伤的程度，减少感染水霉菌的机会。避免 18℃以下处理养殖鱼类，以免鱼体冻伤或擦伤。

（8）加强日常管理。特别是鱼种的健康状况，关键是要检查鳃、鳍、体表等部位是否有寄生虫（主要有车轮虫、指环虫、小瓜虫）或是否已被水霉菌所感染。发现病鱼及时处理，发现死鱼及时捞出并送岸边深埋。

5.5.2　寄生虫病

1. 指环虫病

【病原】指环虫虫体扁平，体长 0.2～0.6mm。前端有两对头器，4 个黑色眼点呈方形排列，口在眼点附近，下接食道、肌肉质的咽和二分支肠，肠末端相连。后固着器上有 1 对中央大钩、7 对边缘小钩和 1～2 根联结片，见图 5-3。

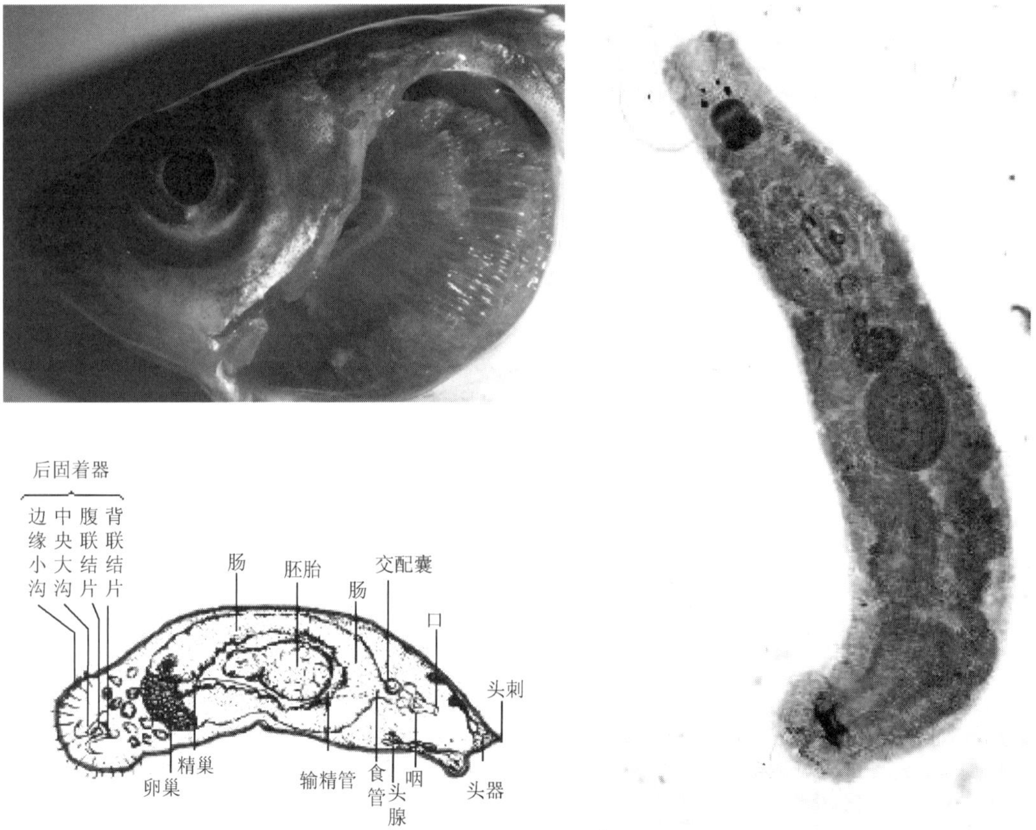

图 5-3　指环虫及感染指环虫的病鱼鳃部症状

【症状及危害】指环虫主要寄生在鱼鳃上，也可寄生在鱼的皮肤、鳍或口腔、鼻腔等处。少量寄生时症状不明显。大量寄生时，病鱼鳃丝黏液增多，鳃丝受到后固着器的刺激和破坏，肿胀或贫血呈苍白色，分泌大量黏液，有的发生变性、坏死、萎缩或增生，有的整个鳃部没有一点血色。一般每尾鱼鳃部上寄生着几十个，多的达上百个不等。病鱼呼吸困难，游泳缓慢，鳃盖难以闭合，最后窒息而死。诊断方法为：剪取病鱼少量鳃丝，做成水浸片，在低倍显微镜下一个视野内发现 5～10 只虫体时，就可确诊。

【流行】主要靠虫卵和幼虫传播，流行适宜水温为 20～25℃。主要危害鱼苗和鱼种，感染率和传播速度较快，可引起鱼批量死亡。

【防治方法】

（1）预防措施。降低养殖密度，以减缓此病蔓延速度，降低发病强度。养殖网箱勤换洗，定期泼洒生石灰改善水环境，减少网衣上的附着物，保持网箱清洁。每天要勤捞飘浮在网箱内外的垃圾、杂物，死鱼不能随意丢弃入水，要集中后统一处理。坚持少量多餐的原则，选择鲜度好、适口佳的饵料投喂，并在饵料中定期添加复合维生素，增强鱼的体质和抗病能力。

（2）治疗方法。敌百虫挂袋或用 10～20mg/L 浓度药浴 5min 左右。也可视鱼体质情况适当加大药物浓度和延长药浴时间；用 3%～5%的盐水浸洗 3～5min，具体时间也可视鱼体质情况而定；用 20～30mg/L 的高锰酸钾药浴 10min 左右，具体时间也可视鱼体质情况而定。采用敌百虫与高锰酸钾浸浴时，要注意掌握好浸浴时间，且浸浴时要打开增氧机防止缺氧造成不必要的损失。

2. 小瓜虫病

【病原】多子小瓜虫。多子小瓜虫主要寄生于鱼的皮肤、鳍条、鳃上。成虫球形，个体较大，全身密布短而均匀的纤毛，活体观察时可见纤毛不断摆动，虫体可随意变形，病原体内有一透亮的呈马蹄形大核，腹面一端有一圆形的胞口，体内有大量的食物粒和伸缩泡。幼虫长卵形或鞋底形，全身布有短纤毛，大核近圆形，虫体后端有一尾毛。

【症状及危害】病鱼体表和鳃上布满白色点状的虫体和胞囊，肉眼可见，故又称白点病。鱼体表头部、躯干、鳍条处黏液明显增多，与虫体混在一起，似覆盖有一层薄膜，表皮糜烂，并伴有尾鳍充血现象。当鳃上大量寄生时，黏液增多，鳃丝端部贫血。病鱼在水中反应迟钝，游动缓慢，不时与固体物质摩擦，不久即死亡。

【流行】小瓜虫的适宜繁殖水温为 15～25℃，因此，此病多在初冬、春末和梅雨季节发生，尤其在缺乏光照、低温、缺乏活饵的情况下容易流行，南方初冬季均是流行季节。当水温降至 10℃以下或升至 28℃以上时，小瓜虫就会开始死亡。小瓜虫的生活史中没有中间宿主，靠胞囊及幼虫传播。密集放养的越冬池也易发此病。

【防治方法】根据小瓜虫不耐高温的弱点，多采用提高水温，再配备药物治疗。①鱼种放养前 10～20 天彻底清塘，亩施生石灰 100～150kg 消毒。②鱼体发病时，降低水位到 0.7～1m，每亩水面每米水深，用干辣椒 250～500g、生姜干片 100g，煎成 25kg 溶液，全池泼洒，每天一次，连续三天。陈祥树（2005）采用 S 高聚碘与多种天然中草药萃取物制成的瓜虫灵能在较短时间内杀死小瓜虫的成虫、幼虫和孢囊及卵子，对斑点叉尾鮰小瓜虫病有很好的治疗效果。使用方法是：采用 6g/m^3 水体的 1%的瓜虫灵全池泼洒，连续两天，能有效控制病情，虫体的杀灭或脱落率达 93%以上。

3. 锚头鳋病

【病原】锚锚头鳋。锚头鳋个体比较大，体色为无色或是淡黄色，躯干为棒状，头部以及胸部伸长形成短小的腹部，头顶有 4 个锐利的突起物，肉眼可以看到，一般锚头鳋的长度是 0.8cm 左右，有记录 2cm 长的锚头鳋，在鱼的体表呈现长亮的细线。

【症状及危害】锚头鳋寄生在病鱼体表，把头部钻入鱼体内吸取营养，使鱼体消瘦。鱼体被锚头鳋钻入的部位，皮肤肌肉组织发炎、红肿、坏死，呈红色肉瘤。鱼体大量感染锚头鳋时，好像披着蓑衣，故称“蓑衣病”。鱼体感染锚头鳋后，烦躁不安，食欲减退，影响生长。

【流行】水温 12～33℃均可流行。

【防治方法】

（1）预防。生石灰清塘消毒；鱼种放养前 10～20mg/L 高锰酸钾药浴 1.5～2h；用 0.25kg 高锰酸钾和 0.5kg 晶体敌百虫溶解拌料，在食场挂袋预防。

（2）治疗。鱼体发病时，全池遍洒晶体敌百虫，使其浓度达 0.3～0.5mg/L，每隔 2 次一次，连续 3 天；或每亩水深 1m，用 125g 强力灭虫精全池泼洒 1～2 次，效果更好。

4. 口丝虫病

【病原】口丝虫。

【症状及危害】从鱼苗到亲鱼均能感染此病，对幼鱼危害最大。此病由口丝虫寄生鱼类的皮肤及鳃组织引起。寄生虫刺激鱼体产生过多的黏液，形成灰白色或淡蓝色的黏液层。病情严重的病鱼，丧失食欲，感染部位发红出血，鳍条折叠，呼吸困难，鱼体消瘦，体色发黑。游动迟钝，出现昏睡。病情发展极快，3～5 天之内病鱼可大量死亡。

【流行】该病的发病季节在秋末至春季，病原适宜繁殖水温在 12～20℃。

【防治方法】

（1）预防。鱼种放养前用 8mg/L 硫酸铜浸浴 20～30min 或至鱼开始浮头，也可用 15～25mg/L 福尔马林溶液浸洗至浮头，以防止发病。

（2）治疗。用硫酸铜与硫酸亚铁合剂以 5∶2 配比混合泼洒全池，使池水达到 0.7mg/L 的浓度。或将病鱼在 2%的食盐溶液中浸浴 5～15min。或用 20mg/L 高锰酸钾溶液浸洗，根据不同水温决定浸浴时间；水温 10～20℃，浸泡 20～30min；水温 20～25℃时，浸泡 15～20min；25℃以上，浸泡 10～15min。

5. 车轮虫病

【病原】车轮虫。

【症状及危害】病鱼体变黑，体消瘦。寄生大量车轮虫的病鱼，常沿着池边缓慢游动，严重时上下翻滚。镜检发现有较多数量的车轮虫寄生，鱼体表由于寄生虫的刺激，引起黏液大量分泌。鳃上皮组织增生，鳃丝肿胀或遭受破坏等，大量寄生会严重影响鳃的呼吸作用，使鱼窒息死亡。

【流行】流行于5～8月，水温20～28℃，主要危害鱼苗和鱼种。

【防治方法】

（1）中草药预防。挂袋法预防：1亩塘（水深1m，下同）用20～30kg鲜苦楝树（叶、皮或果）扎成小束，分散浸泡于鱼池各处，7～10天更换一次。全池泼洒：1亩塘用15～20kg鲜苦楝树（叶、皮或果）或鲜桉叶煮汁全池泼洒，每天一次，连用3～4天。

（2）鱼种放养前，用0.5～1g/m^{3}硫酸铜或10～20g/m^{3}高锰酸钾浸浴15～30min。

（3）治疗。每1m^{3}水体，用0.5g硫酸铜和0.2g硫酸亚铁，配制成合剂，全池泼洒一次。或每1m^{3}水体，用0.4g苦参碱溶液，全池泼洒1～2次。

6. 黏孢子虫病

【病原】黏孢子虫。

【症状及危害】鱼体消瘦，体色变黑，离群独游或狂游。该寄生虫一般寄生鱼体的鳃或体表上，肉眼可见患病的鱼体体表有许多不规则、轮廓不太清楚的点状或瘤状胞囊。黏孢子虫还可以侵袭鱼体的肝脏、肾、肠黏膜等器官，从而引起鱼体出现腹水和鳍条出血的外部症状，但在体内不形成胞囊。镜检白色点状胞囊，可见大量黏孢子虫。

【流行】每年在5～7月和10～12月，对池塘养殖鱼种危害较为严重，7～10月份在网箱养殖中也常见，常造成大批死亡。

【防治方法】

（1）鱼类黏孢子虫的发育需要水生寡毛类（水蚯蚓）作为中间宿主，池塘清塘等措施可以消除水和底泥中的水蚯蚓和放射孢子虫。对于网箱则必须定期清洗网箱，保持箱内外水体的通透性。

（2）黏孢子虫孢壳结构严密，药物很难渗透进去，只有彻底地清塘，才可以抑制它们的猖狂流行。

（3）在养殖的过程中出现的病死鱼不要随意乱扔，要挖坑深埋，以杜绝病原传播。

5.5.3 细菌性鱼病

1. 套肠病

【病原】嗜麦芽寡氧单胞杆菌。其为革兰阴性菌，极性多鞭毛、无荚膜、无芽孢。

【症状及危害】病鱼游动缓慢，靠边或离群独游，食欲减退或丧失，鳍条基部、下颌及腹部充血，出血。腹部膨大，体表出现大小不等的圆形及椭圆形的褐斑（图5-4）。肛门处有脱肛现象，脱出的肠道肿胀，充血发红（图5-5）。腹腔内充满大量清亮或淡黄色或含血的腹水，胃肠道内没有食物，肠腔内含有大量含血的黏液，肠道发生痉挛或蠕动，常于后肠出现1～2个肠套叠，部分鱼还出现肠回缩入胃内的现象（图5-6）。长时间的套叠使套叠部位出现坏死，坏死组织硬实从而堵塞肠腔，胆肿大，肝脏颜色变淡、发白或发黄。

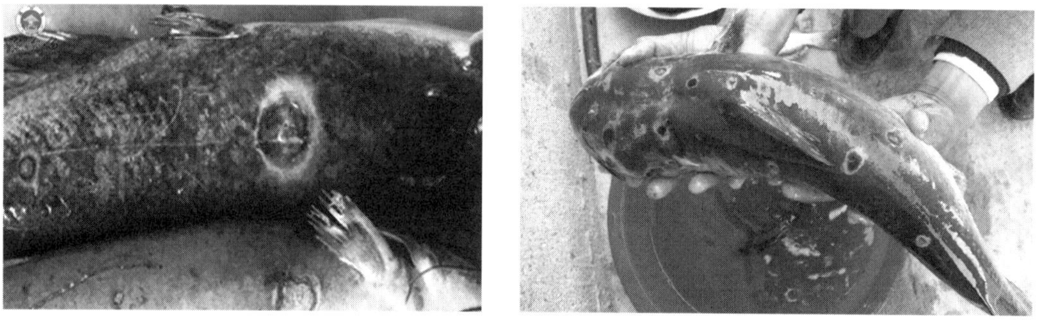

图 5-4　斑点叉尾鮰套肠病初期，体表出现不规则斑块

图 5-5　斑点叉尾鮰套肠病鱼出现脱肛现象

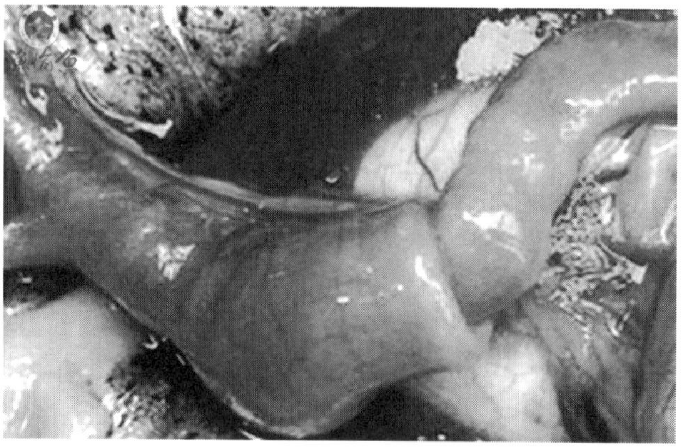

图 5-6　斑点叉尾鮰套肠病鱼解剖，发现肠套叠，肠道内无食物，有积水

【流行】自然情况下套肠病可感染斑点叉尾鮰鱼苗、鱼种和成鱼，尤以鱼苗较多。一般发病时期为 3 月下旬到 4 月上旬，但以 3～9 月高发，发病水温 16℃以上，并随水温的升高病情缩短。发病高峰期水温 18～22℃。该病发病急，死亡快，病程短，一

般病程在2～5天，发病率在90%以上，死亡率在80%以上，严重的达100%。有肝胆综合征和肠炎的斑点叉尾鮰更易因肠道消化不足、肠道痉挛而致使肠道阻塞，发生肠套叠。

【防治方法】

（1）预防。定期检查鱼体的摄食情况，解剖检查体色发黑、离群独游的鱼体，发现肠道积水及肝脏变色的症状，要及时投喂药饵治疗。一般采用喹诺酮类药物恩诺沙星配合中药五黄粉、板蓝根投喂。病情严重者可考虑氟苯尼考配合维生素C。有条件的可在平日正常投喂期间阶段性添加维生素C、维生素E及黄芪多糖。

（2）治疗。肠道出现明显脱肛现象时，不要盲目使用抗生素类药品，适当投喂成方产品渔服宁（天津中敖生物科技有限公司）、免疫多糖、肝胆双效（天津中敖生物科技有限公司）。

2. 肠道败血症

【病原】爱德华氏菌。

【症状及危害】急性感染初期，病鱼离群独游，反应迟钝，食欲减退，严重时病鱼头上尾下，悬垂在水中，呈“吊水”状，受到刺激时，即作螺旋状快速翻转或不规则游动，继而发生死亡。病鱼全身有细小的红斑或充血，肝脏及其他内脏器官也会有类似斑点，鳃丝苍白而有出血点。体腔充满带血的体液，后肠肛门常有出血症状，肠内充满带血的或淡红色的黏液。慢性感染显著症状是病鱼位于两眼之间的头颅顶中部被腐蚀成一个洞或胸鳍侧有损伤，外部如针状的创伤，并深入到肌肉。在10～15天内损伤面积逐渐扩大，病菌频繁入侵病鱼血液或感染肾脏，使肝、肾功能衰弱。

【流行】斑点叉尾鮰肠道败血症的发病高峰期是5～6月和9～10月，水温18～28℃。各个生长阶段、不同性别的斑点叉尾鮰均能感染，但以体重100g以下的鱼种更易感染。经斑点叉尾鮰苗种带入养殖池，待温度适宜时传播、发病。其感染途径有两种：一是经消化道感染，病原菌被食入后经消化道浸入血液，并随血液循环转移到内脏器官，引起各组织器官充血、出血、变性坏死和形成溃疡；二是由体外感染神经系统而引起炎症。

【防治方法】

（1）彻底清塘消毒。鱼种下池前用1%～3%的食盐水溶液浸泡，至鱼出现浮头时为止。

（2）用2～3mg/L的高锰酸钾溶液全池泼洒。

（3）中草药预防。艾蒿挂袋预防：1亩塘（水深1m）用艾蒿15～20kg扎成多捆，放置食场及上风进水口处，浸没在水中，每周翻动一次，使其腐烂，20天左右即可将未腐烂的茎捞出。大黄、黄芩、黄檗泼洒：大黄、黄芩、黄檗按5∶2∶3的比例混合，研磨成细末后加水适量，全池泼洒至浓度3～4g/m^3为宜。③大黄、黄芩、黄檗拌喂。每千克鱼在饲料中加入2g大黄、0.8g黄芩、1.2g黄檗，另加100mg维生素C，每天一次，连续饲喂7天。④大蒜素拌喂。每千克鱼在饲料中加入0.5g大蒜素拌喂，每天一次，连续7天。

(4)每千克饲料中加入土霉素 20～50mg 或磺胺类药物 100～200mg 或诺氟沙星 20mg 投喂，连用 5～7 天。

（5）患病亲鱼可按每千克体重注射土霉素 55mg，但食用鱼不宜采用。

3. 腹水、烂鳃、烂尾病

【病原】柱状纤维黏细菌或嗜水性气单胞菌等细菌。

【症状及危害】

腹水病：病鱼表现为体表充血、出血，眼球突出，腹部膨大，肛门红肿。剖检见肝脏、脾脏、肾脏等肿大或坏死，胆囊肿大，胆汁黑色，腹腔内积有大量淡红色腹水。

烂鳃病：鳃丝腐烂，有污泥附着，有时由于鳃丝尖端组织溃烂，造成鳃边缘的残缺不全，或鳃部一处或多处腐烂。鳃盖骨的内表皮充血，严重时常被腐蚀成略呈圆形的透明区域。病鱼鳃丝因为被破坏而造成呼吸困难，往往出现浮头。

烂尾病：主要表现为鱼的尾鳍从变白逐步发展到全部断裂，尾部的黏液脱落，肌肉红肿，尾柄处皮肤腐烂，严重时露出骨骼，可发生死亡。

【流行】流行季节为 4～10 月份，各种规格的斑点叉尾鮰均可发生此类病，易暴发流行，宜及早控制。

【防治方法】

（1）1 亩塘（水深 1m，下同）用 5～7kg 蓖麻叶扎成小束，分散浸泡于鱼池各处，7～10 天更换一次；或用蓖麻叶（杆）2～3kg，切碎打浆后全池泼洒，每隔 4～5 天用一次。

（2）1 亩塘用鲜马尾松叶 40kg，切碎后研细加水 25kg 全池泼洒。

（3）池塘用五倍子 2～4g/m^3 煮水全池泼洒，网箱则用 100～150g 每箱煮水泼洒预防。

（4）大黄、黄芩、黄檗按 5∶2∶3 的比例混合，研磨成细末后加水适量，全池泼洒至浓度 3～4g/m^3 为宜。

（5）每千克鱼在饲料中加入 1g 大黄、0.4g 黄芩、0.6g 黄檗粉末拌喂，每天一次，连续 7 天。

（6）每千克鱼在饲料中加入 0.2g 大蒜素拌喂，每天一次，连续 7 天。

（7）使用二溴海因、漂白粉或溴氯海因药液稀释后全池泼洒，浓度参照使用说明。

4. 柱形病

【病原】柱状屈挠杆菌。其为严格的好氧、革兰阴性菌，无鞭毛，呈弯曲的长杆状或丝状，大小 0.5μm×（2～30）μm 的细菌。

【症状及危害】病鱼鳍、吻、鳃和体表出现棕色或棕黄色的病灶，病灶周围充血、出血、发炎，显著特征是在背部形成一由白色带状物围绕的似“马鞍”状的病灶，见图 5-7 和图 5-8；随病程的发展，病灶皮肤受损，形成中心开放性的溃疡，露出其下的肌肉组织。鳃黏液分泌增多，鳃丝末梢出现褐色的坏死组织，后逐步扩展至基部整个鳃丝腐烂，见图 5-9。此病发病急，传播快，流行范围广，发病 1～2 天内即出现大批死亡。

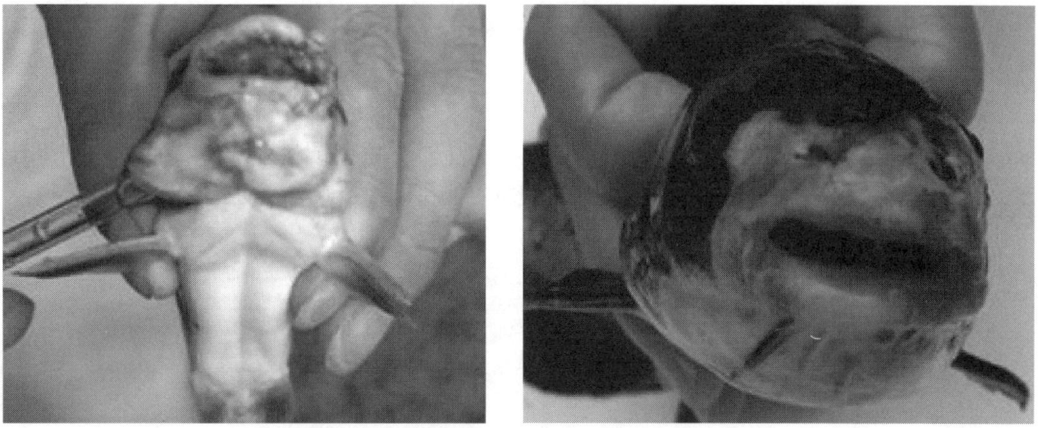

图 5-7　斑点叉尾鮰柱形病鱼的鳍、吻、鳃和体表出现棕色或棕黄色的病灶，病灶周围充血、出血、溃烂

图 5-8　斑点叉尾鮰柱形病鱼体表出现褪色和“马鞍”状溃疡灶

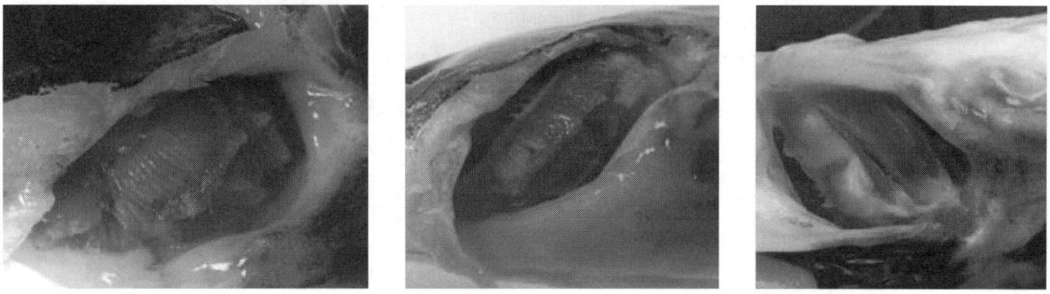

图 5-9　斑点叉尾鮰柱形病鱼鳃丝肿胀、增生，坏死溃烂，出现灰白色坏死灶

【流行】是目前危害斑点叉尾鮰的第二大细菌性传染病。流行季节为 4～10 月，流行水温为 15～32℃，多出现在水温 20℃以上的春末至初秋，死亡率可达到 75%以上。各种规格的斑点叉尾鮰均可发生柱形病。病原的感染常与各种应激因素有关，如高温、密度过大、机械损伤、水质恶化等。

【防治方法】

（1）保持养殖水体的清洁，控制放养密度，减少应激是重要的预防措施。

（2）疫苗免疫后鱼体获得了明显的保护力。

（3）消毒药进行水体消毒，杀灭水体中的病原体。有研究表明氯胺-T 6.5～8.5mg/L 和新洁尔灭 1～2mg/L 浸泡 1h 对该病有很好的治疗效果。

（4）磺胺类和四环素类药物内服治疗。每天用多西环素 30～50mg/kg 体重，或氟苯尼考 10～20mg/kg 体重拌喂，连用 5～7 天。

（5）中草药预防。五倍子、大黄、黄芩、黄檗按 5∶5∶2∶3 的比例混合，研磨成细末后加水适量，全池泼洒至浓度 3～4g/m^3 为宜；每 kg 鱼在饲料中加入 2g 大黄、0.8g 黄芩、1.2g 黄檗，再添加 50mg 维生素 C 和 4IU 的维生素 E 拌喂，每天一次，连续 5～7 天。

5.5.4　病毒性鱼病

1. 斑点叉尾鮰病毒病

【病原】鮰疱疹病毒。

【症状及危害】鳍基部和皮肤充血，腹部膨胀，腹水增多，眼睛突出，鳃丝渗白，肾脏红肿，脾脏增大，内脏血管充血。该病症状与其他传染病的症状有相似之处，因此最好通过病毒的分离鉴定确诊。

【流行】这种病通常在夏季水温 25～30℃时危害鱼苗或鱼种。感染鱼的规格多为体长小于 10cm 或体重在 10g 以下的鱼苗或鱼种，当 1～3 周龄的鱼苗自然感染上该病时，3～7 天内死亡率可达 100%。个体较大的鱼感染病毒后，死亡率会低些，死鱼延续的时间也较长。3～4 月龄的鱼种也会染病，死亡率达 40%～60%。

【防治方法】目前，对斑点叉尾鮰病毒病尚无十分有效的治疗方法，只能加强管理，预防病发或将损失降至最低限度。其方法是：

（1）密切注意水质情况，保持良好的池塘环境，池水溶氧应保持在 4mg/L 以上。

（2）鱼苗放养密度最好低于 10000 尾/亩。

（3）水温在 29℃以上时，应尽量不要拉网作业或运输鱼苗。

（4）患病鱼池使用过的工具要用 5%的福尔马林或 40mg/L 有效氯消毒处理后方可使用。

（5）出现病情时，若水温高于 20℃且鱼类尚未停止死亡时，切勿拉网作业。

（6）有条件的地方在发病期间可抽冷水入池，使水温降至 20℃以下减少死亡。

（7）中草药预防。大黄、黄芩、黄檗按 5∶2∶3 的比例混合，研磨成细末后加水适量，全池泼洒至浓度 3～4g/m^3 为宜。每 kg 鱼在饲料中加入 3g 大黄、1.2g 黄芩、1.8g 黄檗，另加 0.75g 的食盐拌喂，每天一次，连续 5～7 天。每 kg 鱼在饲料中加入 2g 板蓝根、1g 金银花、1g 连翘、0.7g 贯众制成复合药剂，另加 100mg 维生素 C，连续投喂 5～7 天。

主要参考文献

边修华. 2011. 斑点叉尾鮰常见疾病及防治药物. 河南水产，（4）：23～25.

蔡焰值，陶建军，何世强，等. 1989. 斑点叉尾鮰生物学及其养殖技术. 淡水渔业，（4）：31，5.

蔡焰值，杨德忠，雷晓中，等. 2011. 斑点叉尾鮰亲鱼池塘培育关键技术的研究. 水生态学杂志，（32）：145～148.

陈庆忠，周瑜. 2012. 贵州省斑点叉尾鮰套肠病的特点与防治. 科学养鱼，(8)：59，8.
陈若军. 2005. 斑点叉尾鮰的人工繁育和饲养技术. 现代农业科技，(12)：62～63.
崔琴. 2005. 斑点叉尾鮰健康养殖技术. 水产养殖，(5)：14～16.
杜军. 1996. 斑点叉尾鮰亲鱼培育技术. 四川农业科技，(5)：44～45.
高世明. 1995. 斑点叉尾鮰常见鱼病防治技术. 河南水产，(4)：15.
耿毅. 2006. 斑点叉尾鮰源嗜麦芽寡养单胞菌分离、鉴定与致病机理研究. 四川农业大学博士学位论文.
贺明婷. 2015. 斑点叉尾鮰网箱养殖技术研究. 现代农业科技，(2)：273.
侯江宏. 2002. 斑点叉尾鮰人工繁殖及苗种培育实验. 渔业致富指南，(16)：43.
黄爱平. 2008. 斑点叉尾鮰人工繁殖及无公害苗种教育技术（上）. 科学养鱼，(4)：14～16.
黄爱平. 2008. 斑点叉尾鮰人工繁殖及无公害苗种教育技术（中），种学养鱼（5)：14～16.
黄爱平. 2008. 斑点叉尾鮰人工繁殖及无公害苗种教育技术（下）. 科学养鱼，(6)：14～16.
黄二春，余炳基，朱勇夫，等. 2005. 斑点叉尾鮰人工催产技术与效果. 内陆水产，(4)：8～9.
简少卿，虞鹏程，曾庆祥，等. 2011. 斑点叉尾鮰常见疾病的中草药预防. 中国水产，(6)：50～52.
江振强. 2013. 斑点叉尾鮰水库网箱无公害高产养殖试验. 渔业致富指南，(9)：51～54.
李凤晨. 2007. 斑点叉尾鮰健康养殖技术. 河北渔业，(1)：22，36.
李锡武. 2012. 斑点叉尾鮰苗种的池塘培育技术. 渔业致富指南，(20)：34～35.
李亦华. 1994. 斑点叉尾鮰引进与养殖. 福建水产，(4)：44～49.
梁万文，陈明，余晓丽，等. 2007. 斑点叉尾鮰肠败血症病原菌的分离与鉴定. 西南农业学报，(20)：10～17.
刘德建. 2006. 斑点叉尾鮰水霉病的防治技术. 科学养鱼，(9)：56～57.
刘广根，黎明晖，廖年根，等. 2015. 斑点叉尾鮰养殖常见病害及其防治技术. 渔业致富指南，(13)：44～46.
罗法刚. 2012. 斑点叉尾鮰成鱼健康养殖技术. 现代农业科技，(14)：255～256.
倪俊. 2009. 斑点叉尾鮰急性败血症病原学、病理形态学及其全菌灭活苗免疫效果研究. 雅安：四川农业大学硕士学位论文.
农广天地. 2014-3-26. 斑点叉尾鮰网箱养殖技术. 央视网.
农广天地. 2014-11-25. 斑点叉尾鮰池塘养殖技术. 央视网.
潘丽萍. 2004. 斑点叉尾鮰指环虫病的诊断与防治. 福建水产，(4)：57～58.
强晓刚，周凤建，王维善，等. 2007. 斑点叉尾鮰夏花的工厂化培育技术. 内陆水产，(9)：21～22.
苏应兵. 2006. 斑点叉尾鮰暴发性败血症的病原及免疫预防研究. 武汉：华中农业大学硕士学位论文.
汪谦荣，涂必柱. 2011. 斑点叉尾鮰商品鱼网箱养殖技术. 渔业致富指南，(10)：39～40.
王荣华，李权生，曾令兵，等. 2014. 斑点叉尾鮰肠道败血症的病因分析与防治技术. 科学养鱼，(5)：54～55.
谢宗升，童桂香，廖荣秋，等. 2013. 斑点叉尾鮰柱形病病原的分离鉴定及药敏试验. 广东农业科学，(13)：123～128.
印志良. 1996. 斑点叉尾鮰的人工繁殖技术. 水产科技情报，(3)：118～120.
张林，孟彦，罗晓松，等. 2007. 斑点叉尾鮰主要疾病及其防治概述. 淡水渔业，(1)：76～79.
张耀红. 1996. 斑点叉尾鮰苗种培育技术要点. 河北渔业，(6)：33～34.
郑贵，王万兵. 2011. 斑点叉尾鮰鱼苗繁殖不同催产剂应用对比试验. 渔业致富指南，(14)：64～66.
周鹏飞. 2007. 斑点叉尾鱼回孵化技术探讨. 内陆水产，(1)：33～34.

第六章　长　吻　鮠

长吻鮠隶属鲇形目，鲿科，鮠属。地方名江团，肥沱，鮰鱼。分布于我国的辽河、淮河、长江、闽江至珠江等水系及朝鲜西部，是我国名贵的淡水经济鱼类。长吻鮠肉质腴美，营养丰富，历来被视为鱼中珍品，特别是它那硕大厚实的鳔干制成的“鱼肚”，更是享誉海内外。长吻鮠对生态环境的适应性较强，目前在我国湖北、四川、重庆、广东和安徽等地广为养殖，是我国重要的特种水产养殖对象。

6.1　生物学特征

6.1.1　形态特征

长吻鮠（图 6-1）身体呈纺锤形，头较小，吻长，锥形，向前显著地突出；口下位，呈新月形，唇肥厚；眼小；须 4 对，细小；体表光滑无鳞，体色背部呈灰黑色，腹部呈灰白色，体侧无黑色斑点；背鳍及胸鳍的硬刺后缘有锯齿，脂鳍肥厚，尾鳍深分叉，鳍为灰黑色。

图 6-1　长吻鮠

6.1.2　生活习性

长吻鮠属温水性鱼类，生活于水体的底层，性喜群集，较温驯。其生存温度是 0～38℃。生长适宜温度为 15～30℃，最佳生长水温为 25～28℃，能在池塘中自然越冬，在水温 14℃以下或 30℃以上时基本停食。对水中溶氧要求较高，溶氧应大于 5mg/L，当溶氧小于 5mg/L 时则出现浮头现象，小于 1.5mg/L 时则出现泛塘死鱼。对肥水塘的适应能力不强，故普通静水池塘不宜养长吻鮠。对 pH 要求范围为 6.5～9.0，最适 pH 为 7.0～8.4。

6.1.3 食性

长吻鮠为温和肉食性鱼类，喜夜晚捕食。水温 14～30℃摄食，4～11 月摄食旺盛。鱼苗阶段摄食轮虫、枝角类、桡足类；体长 3cm 后摄食水蚯蚓、摇蚊幼虫；体长 10cm 后主要以甲壳动物，如虾、小蟹、螺、蚌，以及水生昆虫为食，体长 50cm 以上个体也食小鱼。人工养殖条件下喜食人工全价颗粒饲料，因争食能力不强，一般不与鲤、鲫、草鱼等混养。

6.1.4 生长特性

长吻鮠生长速度较快，为同类鱼中体型最大的一种，最大个体可达 15kg，常见者多为 2～4kg。体长 4 龄以前增长较快，体重增长 2 龄前最快，4 龄后体重生长逐渐趋缓。南方地区，池养长吻鮠当年鱼到年底可长到 400～500g，第二年年底可长到 1500g。在四川、重庆地区，当年鱼苗年底均重可达 50g 左右，第二年可养到商品鱼规格（均重 500g），第三年均重可达 1000g。

6.1.5 生殖习性

性成熟年龄较晚，一般雄鱼 3 龄性成熟，雌鱼 4 龄性成熟，性成熟年龄个体体重一般在 3～6kg。成鱼性腺每年 3～4 月开始成熟，便上溯至砾石底的河水急流处产卵。产卵水温 20～28℃，产卵期为 4～6 月，5 月为产卵盛期。产卵场所多在浅滩流水处和河道流态较复杂的曲折地段。尾重 3～6kg 的雌鱼，绝对怀卵量为 2 万～10 万粒，初次性成熟的雌鱼绝对怀卵量较小，只有几千粒。长吻鮠的受精卵沉性，黏性较强，多附着在水体底部的石块及草根上，有时卵与卵之间相互粘连成块状。孵化期间，雄鱼有护卵习性。长吻鮠Ⅳ期卵巢中有较多的Ⅲ时相卵母细胞，属于非同步型产卵鱼类，若环境条件适宜，一年可产两次。长吻鮠精巢呈分枝状，精巢的末端不产生精子，人工挤压取精困难，仅成熟度好的雄鱼能挤出少量精液。

6.2 人 工 繁 殖

6.2.1 亲鱼培育

1. 亲鱼培育池

亲鱼培育池要靠近产卵池，要求池底平坦，进排水方便，面积 1～2 亩，水深 1.5m 左右，东西向的长方形为好，长宽比为 2∶1 或 3∶2，环境安静。亲鱼在下池前 7～10 天，将亲鱼培育池池水降至 5～10cm 深，每亩用生石灰 100～150kg 或漂白粉 3～4kg，溶水遍池泼洒进行彻底清塘消毒。7 天后硬底池要放水洗池，然后注入新水，泥底池可不排老水，但要把沉淀的石灰与淤泥搅混后注入新水，10 天后试水放鱼。亲鱼池排水口处要设置铁丝网，防止投喂的活饵逃逸。

2. 亲鱼的选择与放养

长吻鮠性成熟年龄为 3 龄，但 3 龄的亲鱼怀卵量不多，繁殖力不够理想。因此，应挑选体型标准、发育良好、无病无伤、4～5 龄、体重 2.5kg 以上（体重 4～6kg 者更为理想）个体作为后备亲鱼。若采用人工授精，雌、雄亲鱼比例按照（3～5）∶1 搭配，若采用自然产卵受精，雌雄亲鱼则按照 1∶1 搭配。每亩放养亲鱼 20～40 尾。亲鱼池中可适当地配鲢、鳙鱼种，用来调节水质，每亩池鱼容量标准，以放养的长吻鮠亲鱼和配养鱼种的总重量在 120kg 以内。

3. 日常管理

亲鱼培育期间要保证充足的饵料供应和重视水质调节。亲鱼培育期间在投喂配合饲料的同时，投喂泥鳅和野杂鱼、虾等鲜活饵料，有条件的地方亦可投陆生蚯蚓。投喂量根据季节、水温变化而定，一般日投喂量为亲鱼体重的 2%～4%，通常水温 15～20℃时，投喂量占亲鱼体重的 1.5%～2%；当水温升到 20～25℃时，投喂量占体重的 2%～3%；水温 25～30℃时，投喂量占体重 3%～4%。一般上午 9：00～10：00、下午 5：00～6：00 各投喂一次，投喂定位集中在饵料台上，天气突变或阴雨连绵时不投饵。催产前加强精饲料的投喂。长吻鮠对溶氧的要求较高，在管理工作中，要特别重视培育池的水质调节，保持水质清新，溶氧量不低于 5mg/L。开春后换掉部分池水，并适当降低水位。食欲旺期，每月排污、换水一次。根据天气情况，合理利用增氧机改善水质，增加溶氧量。定期冲水，利用流水刺激，加快亲鱼的性腺发育，平常池内保持微流水，在繁殖前一个月左右，每隔 3～5 天冲水一次。坚持每天早、晚巡池，观察水质变化、活饵多少和有无逃逸现象等情况。5～7 月份，由于天气闷热，亲鱼的耗氧量增加，要特别注意天气变化，防止泛塘事故的发生。长吻鮠亲鱼的抗病力较强，每月可用 90%晶体敌百虫 0.3～0.4mg/L 或用漂白粉 1mg/L 溶水遍池泼洒，每天一次，连续三天，以起到防病作用。4～6 月注意拉网检查亲鱼性腺发育变化情况。

生产实践中，通过利用火电厂废热水，冬季架设温棚，以及加强投喂泥鳅等鲜活饵料等措施，实现长吻鮠的早繁。

4. 亲鱼的产后护理

亲鱼产卵后的护理，是生产中需要特别重视的工作。在催产过程中，特别是在挤卵时常会引起亲鱼受伤，加上催产后体力衰竭，如不加以好好护理，将会造成亲鱼的死亡。产卵后，应先把产后过度疲劳的亲鱼放入水质清新的池中，让其充分休息恢复体质，增强抗病力。为了防止伤口感染，可对伤口涂抹消毒软膏。人工授精后的亲鱼要注射抗生素以预防产后感染，并及时放回塘中专门培育。

6.2.2 人工催产

1. 雌、雄鉴别

繁殖季节长吻鮠雌雄鉴别比较容易，雌鱼生殖突较短，孔宽而圆，色泽红润，卵巢轮廓明显，腹部松软而富有弹性。雄鱼生殖突尖而长，不易挤出精液，呈桃红色。通常产卵时，杀鱼取精。

2. 催产前的准备

1）产卵池的准备

产卵池一般为圆形水泥池，面积 40m^2，水深 0.7～1.0m。上设遮光网布，要求遮光率达 60%～70%。催产前进行消毒处理，每立方米池水用硫酸铜 0.5g、硫酸亚铁 0.2g、土霉素 1～2g 浸泡 24h，处理后待用。

2）孵化池的准备

孵化池为水泥池，单个面积 1.2m^2，水深 65cm。消毒处理方法同产卵池。注意遮光避免阳光直射，并配备好充气式增氧机。

3）水源处理

水源需经贮水池曝气、过滤处理。特别要注意保持水温恒定，pH 控制在 7.5～8.5。

4）人工鱼巢制作

自然产卵，产卵池底部要铺上一层 50～60 目的渔用网布，并用石块压在池底；人工采卵，则要用渔用网布（50～60 目）制作成方块形（30cm×40cm）的粘卵板。

3. 亲鱼配组

从亲鱼培育池中选择性腺发育较好的亲鱼，通过挖卵取精，检测亲鱼性腺成熟状况。人工催产，若为自然产卵，雌雄鱼按 1∶1 的性比配组；若为人工采卵授精，雌雄性比可按（3～5）∶1 的性比配组。具体性比主要根据雄鱼的大小掌握。

4. 人工催产

长吻鮠人工催产多采用二次注射。催产药物包括 LRH-A、HCG、DOM 和鲤或鲢、鳙鱼脑垂体（PG）。单独或混合使用均可，混合更好。注射方法一般有两种，即：一针注射与两针注射，注射方法及剂量的选择应据亲鱼的成熟度、水温等灵活掌握。一般情况下一针注射雌鱼注射剂量为每千克体重 LRH-A 30～50μg、鲤鱼脑垂体 0.5～1.5 个，或每千克体重 LRH-A 30～50μg、鲤鱼脑垂体 0.5～1.0 个、地欧酮 4μg，雄鱼减半，或 LRH-A 30～50μg、鲤鱼脑垂体 0.5～1.0 个、HCG 300～500IU。若采用两针注射，雌鱼第一针剂量为总剂量的 1/5～1/4，余量第二针注射，雄鱼注射一针，在雌鱼注射第二针时注射全量。两针之间的时间间距为 10～12h，注射部位为胸鳍基部或背部。一般适宜催产水温为 20～28℃，最适水温为 23～25℃，水温 21～22℃、23～24℃、25～26℃、27～28℃，效应时间分别为 25～26h、21～23h、19～22h、18～20h。

5. 产卵前检查

由于长吻鮠催产后发情表现不明显，且成熟卵恰到好处的最佳受精时间范围较窄，稍不留意即会导致卵子过熟而受精效果很差，故产卵前亲鱼的检查十分重要。检查方法是：在预计的效应时间到来之前 2～3h 仔细观察鱼的游动及体色变化，见到亲鱼游动迟缓、腹部不再继续膨大、体色变深时，捞取亲鱼挤卵检查，若轻压腹部不能挤出鱼卵，或挤出的鱼卵相互粘连，则鱼卵尚未成熟；若轻压腹部有卵粒流出，流出的卵粒略发白、无光泽、弹性不好且易碎，则为过熟卵；未成熟卵和过熟卵均不能受精。若流出的卵呈淡黄色、吸水后饱满有光泽、弹性良好，则为好卵，受精的可能性高，此时应及时捞取亲鱼采卵受精。

6. 受精及受精卵的收集

生产上长吻鮠可采用自然产卵受精和人工授精两种受精方式。

1）自然产卵受精

亲鱼注射催产剂后，产卵池微流水刺激，流速 0.1m/s。发情反应前 2h，加大流水刺激力度，流速增至 0.5m/s。亲鱼入产卵池前需在产卵池底部铺上一层 50～60 目的渔用网布作为鱼巢。

2）人工授精

长吻鮠精巢结构特殊，人工授精时采集精子时需杀掉雄鱼，采集精子的方法是：首先，擦干鱼的体表，用剪刀从肛门往腹部剪开，取出乳白色精巢，放入研钵内将精巢碾碎。若待产的亲鱼较多，可适当提前宰杀部分雄鱼，取出精巢放入冰瓶中保存备用。人工授精时用毛巾包住亲鱼头部、胸鳍及生殖孔以下部位，擦干体表水分，用手轻压腹部，将卵挤入盛卵的瓷盆或瓷碗中；加入精液，并用鸡（鹅）毛搅拌使精卵混合均匀，之后加入生理盐水激活使卵受精。受精后立即用汤匙捞起受精卵均匀洒散在鱼巢网布上，吊挂在已准备好的孵化池中进行孵化，或将受精卵均匀洒散在孵化槽中，进行流水孵化。长吻鮠卵强黏性，整个受精过程操作要快，配合要协调，单盆鱼卵完成受精作用的时间不超过 2～3min。

6.2.3　人工孵化

将粘着卵的鱼巢网布吊挂在已准备好的孵化池中孵化。要求网布半沉浮于水中，以便鱼苗出膜时能沉到水底。孵化过程中，要求保持微流水状态，水质清新，溶氧在 7mg/L 以上，孵化水温保持在 22～28℃，防止±2℃的水温突变，以保护胚胎的正常发育。经 44～45h 可孵化出幼苗。仔鱼脱膜后，移去鱼巢，保持微流水状态并充气增氧，确保仔鱼不堆积。待卵黄囊消耗将尽时（2～3 天），开始投喂蛋黄等开口饵料。待卵黄囊完全消失（出膜 7 天左右），鳔已充气，鱼苗能主动摄食时，可出池过数，下塘培育。

若将受精卵置于孵化槽中，则可将孵化槽置于室内孵化道中流水孵化，孵化过程中注意剔除死卵。待鱼苗出膜时将其小心转入网箱中暂养数日，初期（出膜 3～5 天），投喂蛋黄，在蛋黄中逐步混入轮虫等小型浮游动物饲喂。孵化过程中暂养网箱内要保持溶氧充足，并有微流水。待鱼苗卵黄囊完全消失（出膜 7 天左右），鳔已充气，鱼苗能主动摄食时，出池过数，下塘培育。

6.3 苗 种 培 育

6.3.1 鱼苗培育

1. 鱼苗培育池

比较理想的高标准鱼苗池为长 20m、宽 3m、深 1～2m、比降 2%的条形池，池的浅水端设进水闸阀，深水端设排水（兼排污）闸阀，进、排水口均安装牢固的丝网拦栅，注排水方便，又能根据需要调节水位。因长吻鮠鱼苗畏光，池塘的四周应搭建遮阳棚或种植遮阳植物。

2. 清塘

培育池在使用前应彻底清塘，水泥池直接刷洗干净并曝晒几天。

鱼苗培育用水要求水源干净无污染，水库、溪河、湖泊等地表水最好，自来水、地下深井水需彻底曝气后才能引入鱼苗池。

3. 鱼苗放养

每平方米水面放养 7 日龄 1cm 规格水花苗 500～800 尾。放苗前应先试水，若无异常情况选择傍晚时分放苗，放苗时注意调节鱼苗袋内水温与池水的温差，使之相差不超过 1℃。鱼苗下池前用 3%的食盐水浸洗消毒，并投喂蛋黄或小型水蚤，做到饱食下塘。放苗时操作要小心，以免机械损伤。第二天上午要加盖遮阴，避免鱼苗患气泡病。鱼苗下池时水位不宜太深，一般 40cm 即可。

4. 投喂

仔鱼暂养时，长吻鮠水花 6 日龄开始摄食小型水蚤，在进入水泥池培育时，每池应一次性投喂 2kg 以上鲜活水蚤，以后随鱼苗摄食量的增加适当补充。每天傍晚时分，还应沿池壁进行添加投喂。此阶段要确保鲜活水蚤及时供给以满足鱼苗大量摄食的需求。在水泥池培育 7 天之后，鱼苗可以吃不经过滤的水蚤故采取“少量多次”的投喂方法，每 6h 一次，每次 0.3kg/池，可以提高鱼苗的摄食效率，促进鱼苗生长，可提早将鱼苗培育成较大规格。经过 7～8 天左右的培育，鱼苗长至 3cm，此时应及时分池培育。

5. 日常管理

长吻鮠鱼苗有较强的畏光性，在培育过程中池塘应遮阴 1/3 以上，每天要加注少量新水。视鱼苗生长情况调节水位，当鱼苗长到 1.5cm 时，池水可加深到 60～80cm，鱼苗长达 2.5cm 时，池水可加深到 1m。当水位加至 1m 以上时，开始换水，每天换水量为池水的 1/4 左右。培苗水质要求：溶氧在 5mg/L 以上，pH 为 7.0～8.5，硬度约为 8mg 当量，氨氮不超过 0.03mg/L，池水透明度保持在 40cm 左右。为保持水质清爽，应坚持每天排污。鱼苗培育阶段要防止野杂鱼和敌害生物进入池中，每天观察鱼苗的活动状况。定期做好鱼病防治，鱼苗阶段易患车轮虫病，要特别留心鱼病的发生，实施必要的防治措施。

如果水温适宜，饵料适口充足，水质调控恰当，一般水花苗经 15 天左右培育即能达到 3.0～3.3cm 的寸片夏花规格。

6. 池塘肥水培育法培育长吻鮠夏花鱼种

1）鱼苗培育池

面积 1～2 亩，池底淤泥厚度 10～15cm，水深 1.4～1.6m。放养前两周排干池水，清整池塘，并曝晒数日。加水前每亩施用腐熟有机肥 100kg 做基肥，以培育饵料生物。在苗种放养前一周左右注入新水，进水口用 60 目筛网过滤，以防敌害生物或野杂鱼进入。待浮游生物大量繁殖时放苗。

2）鱼苗培育

每亩放养 7 日龄 0.7～1.0cm 规格水花 5 万～8 万尾。鱼苗刚入池时，池水水深在 40cm 左右，放苗后第三天加水至 60cm，以后每隔 3～5 天加水一次，每次加水 10～15cm，直至培育池水深达到 1.3～1.4m，进水口用 60 目筛绢网过滤。由于长吻鮠苗种有显著的避光性，因此，在培育池四边搭建遮阳棚，方便苗种栖息和日后的投饵驯化。鱼苗培育过程中通过观察水色、泼洒豆浆、定期追施腐熟有机肥的办法控制水体肥度，促使浮游动物（尤其是小型枝角类、轮虫等）生长以供长吻鮠苗种摄食。长吻鮠鱼种长至 4.0cm 以上时开始用人工饲料驯食。日常管理主要是做好水质调控，保持池水溶氧充足，坚持每天巡塘，注意观察和记录水质、天气变化、鱼活动及生长情况等。

6.3.2　鱼种培育

长吻鮠鱼种培育可采用水泥池、池塘和网箱培育。

1. 水泥池培育

水泥鱼种培育池面积一般为 150～200m^2，深 1.2～1.5m，池的转角抹成圆弧，进排水方便，且进排水口需装好防逃网，进、排水都用闸阀控制，能根据养殖的要求灵活掌握水深，养殖的水源清洁、无污染，pH6.8～7.5，溶氧量 5mg/L 以上。每亩放养 3.0～3.3cm 的寸片 1.5 万～2 万尾。

鱼种培育主要采用人工配合饲料进行喂养，为此，必须对寸片夏花进行转食驯化。转食驯化方法是：3cm 的批量鱼苗转入鱼种培育池后，充分利用长吻鮠小苗阶段“稀疏暴长”的生长特点，先供给几天水蚯蚓，促其猛长，使其提前 3～5 天达到 4cm 的长度规格；当鱼苗达到 4cm 左右时开始驯化，用水蚯蚓与仔鳗料或鳖料拌成糊状，采取跟踪投喂法，将饵料投放到有鱼群的上方，混合物在下沉时扩散到鱼群中，让鱼苗慢慢适应。每天进行 2～3 次，每次投喂量不宜太多，以防污染水质。以后由跟踪投喂逐步过渡到定点投喂，最好是将诱饵做成饼状放在食台上，这样可吸引鱼苗尽早上食台摄食配合饲料。驯食时采用水蚯蚓与仔鳗料或鳖料混合成团块状固定在每个食台上，经 5～7 天的诱食，鱼苗会陆续上食台吃配合饲料。刚开始驯化时，应多设置一些食台，一般每 20m 左右设置一个，以后可根据情况逐渐减少食台的数量和水蚯蚓的量，增加配合饲料的量。经过 7～10 天的强化训练，可完成鱼苗的食性转化。长吻鮠完成驯食后，投喂量应按鱼体重的 6%～10%，分早、中、晚三次投喂，早、中、晚的投喂量分别占日投喂量的 20%、30%和 50%，投饲后以 1～2h 吃完为宜。

水泥池采用流水进行养殖，日换水量占池水的 35%～40%，以保证长吻鮠鱼种对溶氧的要求。为防止鱼体的排泄物腐败耗氧，池水水位一般保持在 1m 以上。

长吻鮠鱼种在水泥池经过 50～60 天的强化培育，平均体长可达 10～13cm，平均体重 40g 左右，规格较整齐，体质良好。此时可转入池塘或网箱中进行成鱼阶段的养殖。

2. 池塘培育

长吻鮠鱼种培育池面积一般为 1～2 亩，水深 1.8m，塘底平整，进排水方便。搭建投饵所需料台一个，并在料台前下方置面积约为 $8m^2$ 的圆形围网一个，以防止饵料过剩而被风吹至池塘边缘。因长吻鮠不喜光照，故在围网上方搭建遮阳网一块，面积大约为 $200m^2$。鱼种放养前两周采用生石灰干法清塘，将池水水位调至 10cm 左右深，每亩用生石灰 100kg 左右，分成数堆堆放在池塘底部，待生石灰吸水溶化时，趁热将石灰水均匀泼洒于全池中，第二天再反复搅动底泥，使石灰浆分布均匀，以增强清塘效果。清塘一周后鱼苗入池前一周加水至水深 1m 以上。

池塘培育长吻鮠鱼种的转食驯化方法：①长吻鮠夏花进入池塘以后，即进行投饵驯化。投饵初期，每次用手取少量饲料撒于围网附近进行诱食，每次投饵持续时间约为 1h，每天投饵两次，时间分别为早晨 7：00 及下午 4：00 左右，诱食 3～5 天后饵料全部投喂在围网中。②在池塘中的遮阳棚下方挂多个食台，用粗蛋白≥43%的幼鳗用配合饲料拌新鲜水蚯蚓加水拌成团状成形后投喂，初始水蚯蚓尽量多，幼鳗用配合饲料只起到黏结作用，以后逐渐减少水蚯蚓的添加量，逐渐转变为完全投喂幼鳗用配合饲料，日投饲 2～3 次，傍晚时分适当多投；同时驯食前三天开始停止追施肥料，以减少培育池中天然饵料生物的种群数量。驯化成功后，可看见长吻鮠集中在围网中争食，并时而将头顶出水面。

转食驯化之后，鱼种培育工作主要任务是投饵和水质管理。转食驯化后投饵量视每日摄食情况及池塘中长吻鮠总重量而定，一般日投饵量为体重的 4%～6%，每天投饵两次，下午投饵量略多于早上投饵量。饲料应新鲜，饵料的粒径与鱼的口径相吻合，伴随着鱼的生长，适当调整饵料的粒径。长吻鮠对水质要求较高，如果管理不善，很容易因池塘溶氧偏低而造成鱼苗的意外死亡，鱼种培育过程中应每天观察水质变化情况，并加注新水，有条件的地方可创造微流水环境，促进鱼种生长，降低发病率；每三天清整食台一次，每半个月用漂白粉（0.3～0.5kg）进行一次消毒。保持培育池环境卫生，防止有害昆虫、病菌繁生。经常观察鱼的活动情况，如发现水中层有大量鱼群，且头朝上，嘴巴不停地张合着，即是暗浮头，应立即采取增氧等措施。

3. 网箱培育

网箱设置在水面开阔、向阳、有微流水、水深 4m 以上、透明度较大、pH7～8.4、溶氧 5mg/L 以上的水域。网箱面积一般为 5～25m^2，箱高 2m，前期网目 1cm，中后期网目 2cm，距箱底 20cm 处用直径 40cm 的塑料篮（盆）在四角设 4 个饵料台。网箱入水前用漂白粉浸泡消毒，并于放鱼前 7 天下水。规格 5cm 的鱼种，放养密度一般为 400 尾/m^2 左右；鱼体长到 10cm 以上时，进行稀养与转箱，密度为 200 尾/m^2 左右。可投喂蛋白质含量为 42%的幼鳖饲料，加 1%精炼植物油，也可投喂长吻鮠鱼种颗粒料或鳗鱼料。饲料投入饵料台中，以 20min 刚好吃完，略有剩余为度。每天投喂 4 次，时间在 8：30、11：30、14：30、16：30。水温 14～16℃时，日投喂量为鱼体重的 1.8%～2.4%；17～19℃为 2.7%～3.3%；20～22℃为 3.6%～4.2%；23～25℃为 4.4%～5%；26～28℃为 5.3%～6%；29～30℃为 6%～6.5%。在管理上坚持每天清除残饵和洗刷食台，每周清洗一次网箱，保持箱内外水流畅通，经常检查网箱，防止破损逃鱼。每半个月用一次生石灰水泼洒箱体内外及附近水域消毒，定期在饲料中添加适量抗生素。高温季节，在网箱上设遮阴设施，以利鱼种摄食和生长。

6.4 成鱼饲养

6.4.1 池塘养殖

1. 成鱼池的条件与准备

成鱼池以 5～8 亩为宜，池水深 1.5～2.0m，东西向的方形鱼池为好。以砖石砌块、硬泥底质的池塘为最好，池底淤泥少，一般在 10cm 左右，塘中设部分遮阴或隐蔽物供长吻鮠栖息。每 3～5 亩水面应配备 1.5kW 增氧机一台。水源充足，水质新鲜，溶氧 5mg/L 以上，pH 7.0～8.4。进排水方便。鱼种投入前 10～15 天用生石灰彻底消毒，以杀灭病菌，清野除害，干法清池每亩用生石灰 75kg，带水清池每亩每米水深用生石灰 150～200kg。

2. 鱼种放养

放养密度与鱼池条件、鱼种规格、养殖水平及消费习惯等因素有关。主养长吻鮠的池塘，长吻鮠占总放养量的 60%～70%。一般鱼种规格为尾重 40g 左右，亩放养量 2000 尾，其商品鱼体重可达 200～300g；尾重 50～60g 的鱼种，以 850～900 尾/亩为宜，其商品鱼体重可达 425～458g；尾重 70～80g 的鱼种，以 750～800 尾/亩为宜，其商品鱼体重可达 500～530g；尾重 90～100g 的鱼种，养殖密度以 650～700 尾/亩为宜，其商品鱼体重可达 580～630g。在主养长吻鮠的池塘里混养一些滤食性鱼类和部分凶猛鱼类，可清除残饵，吃掉多余浮游生物，改善水质。一般每亩可放尾重 150～200g 的鲢、鳙鱼 80～100 尾（鲢鳙比例为 3∶7）及 10cm 左右的大口鲇或乌鳢、鳜鱼、鲈鱼等 15～20 尾（视池塘小型野杂鱼的多少而增减）。鱼种放养时间一般为 2 月中旬至 3 月上旬或 5～7 月。放养的鱼种要求无病无伤、规格一致、膘肥体健、色泽鲜亮、游动活泼。在鱼种放池前用4%～5%的食盐水或20mg/L的高锰酸钾溶液消毒8～10min。水体温差低于2℃，为避免温差太大，5～7月下塘时间宜选择在深夜至清晨8：00前。

3. 饲料投喂

长吻鮠为肉食性底层鱼类，可以鱼、虾、蚯蚓及动物内脏等纯动物性饲料饲养，也可投喂人工配合饲料。成鱼养殖以投喂人工配合饲料为主，饲料粗蛋白质含量为40%～45%，粗脂肪6%～9%，粗纤维4%～6%，糖4%～7%，氨基酸指数34～41。配合饲料原料以鱼粉、肉骨粉、血粉、酵母、棉饼、麦麸、玉米等为主。饲料颗粒直径应与鱼的口径相适应，一般为3～5mm。养殖前期饲料粒径为3mm，并随着鱼体的增长逐步增大饲料粒径。饲料投喂要做到“四看”和“四定”，“四看”即看季节、看天气、看水质、看鱼的实际摄食活动情况掌握每日的投饵量，“四定”即定质、定量、定位、定时投喂。日投饲量一般为鱼体总重量的5%～8%。每日投喂两次，一般上午9：00～10：00，下午5：00～7：00投喂，下午投喂量应占日投喂量的60%～70%，每次投喂量以投喂后2h左右刚好吃完为原则。为减少摄食竞争，一般每亩应设置饵料台5～10个。为提高鱼的生长速度，增强抗病能力，在饵料中应适量增加维生素K、维生素B和维生素E。

4. 日常管理

1）合理投饵

长吻鮠的生存温度为0～38℃，生长适温为15～30℃，最适生长水温为25～28℃。低于18℃和高于30℃时生长缓慢，10℃以下和31℃以上基本停止摄食。因此，在最适生长温度范围内应加强投饲管理，保证饲料量足、质优；当温度在10℃以下和31℃以上时则少投饲或不投饲，以免造成饲料浪费，增加饲养成本。由于长吻鮠系典型的底层鱼，故配合饲料宜加工成沉性颗粒料，注意各种原料应粉碎得尽可能细些，并选用性能较好的黏合剂，否则饲料易散失。

2）调节水质

长吻鮠的耗氧率明显高于草鱼、鲢、鳙、鲤等家鱼，也高于大口鲇。在最适生长水温时，当溶氧量保持在5mg/L以上，长吻鮠摄食旺盛，生长率和饲料报酬较高；溶氧量低于3mg/L时，摄食量减少，长势变慢，饲料系数升高；当溶氧量降至2mg/L，便会出现浮头。因此，保持水质清新和防止缺氧是长吻鮠养殖管理的重要环节。为防止缺氧，应始终保持池水溶解氧不低于5mg/L。要保证池水较高的溶氧量，应适时采取冲水、开启增氧机、投放光合细菌或EM菌等措施加以调节。合理使用增氧机，除浮头时开机至鱼类下沉后1h外，为了增强长吻鮠的食欲并促进其生长，在其最适生长季节，每天中午坚持开机2～3h，以保持池塘溶氧充足，促进池塘物质循环。6～9月是长吻鮠生长旺季，应每隔一天冲水一次，每月排污换水一次，换水量为池水的1/4。若水源方便、条件好的池塘，日平均换水量为池水的5%～10%。定期施用光合细菌，长吻鮠怕光，清澈见底的池水对饲养长吻鮠是不利的，所以池水要有一定的色度，通常以水呈浅油绿色，透明度25～40cm，以中等肥度偏淡为好。当池水透明度过大时要适量施放发酵的有机肥，池水透明度过小时要及时注换新水，增投滤食性鱼类，或及时使用生物制剂改善水质。常用生石灰调节水质，长吻鮠适宜的池水 pH 为 7.0～8.2，pH 不能急剧变化，所以不宜大剂量泼洒生石灰。一般在养殖期间每半个月左右泼洒一次，每次用量为 5～10kg/亩，这样既能调节好水质，又能有效地预防病害的发生。

3）做好巡池工作

坚持每天早中晚巡塘，清除残饵、污物和清洗料台，定期消毒投饵工具及食台，观察水色变化，判断水质优劣。检查池鱼有无浮头现象，摄食、游动情况是否正常，判断有无鱼病的发生，力求做到有病早治、无病早防。在酷暑季节、天气突变还要增加夜间巡塘次数或安排夜班管理。每 15 天测定池水理化因子，并随机抽查鱼体，检查鱼的摄食、肥瘦情况并通过称重、计数，推算鱼的生长速度，塘鱼的总量与饲料的效价，确定下一阶段的投饲量。

6.4.2　网箱养殖

1. 养殖环境和网箱的制作

选择无工业污染、水质良好、交通便利、有微流水的较大型水库进行网箱养殖。网箱用聚乙烯网片做成，规格为 2m×2m×1.3m 或 4m×4m×2m，网目大小为 1.0～1.5cm 或 2.0～2.5cm。网箱框架用杉木杆做成，用方形泡沫作浮子。设饵料台一个。因长吻鮠性情温和，不善跳跃，故无须加盖，直接用敞口式网箱，网箱之间间隔 1m。苗种放养前要将网衣置于 10mg/L 高锰酸钾溶液中浸泡，直到药水由红色转为黄色为止，再将网箱置于养殖水库中浸泡半个月。

2. 鱼种放养

选择大小一致、规格整齐、无病无伤的鱼种，一般尾重 25g 的鱼种每平方米放养 100～130 尾，尾重 400g 的每平方米放养 20～40 尾。同时每平方米搭配鲢鳙鱼种 2 尾。鱼种下箱前用 3%～4%食盐水浸泡 10～15min。

3. 饲料投喂

饲料采用长吻鮠专用料或成鳗料。投饲坚持“四定”原则，即定位、定时、定质、定量。在网箱中央用 40 目筛网做成一个 1.2m×1.2m 的饵料台，长吻鮠一般没有浮游至水面抢食的习惯，故饵料台一般设置在距箱底 40cm 处。每天上午 9：00 投全天总量的 30%，下午 5:00 投全天总量的 70%。饲料粗蛋白的含量必须达 40%以上。每天按鱼体重的 2%～3%投喂，并根据天气、残饵等情况增减饵料。

4. 日常管理

至少每半月清洗一次网箱，并仔细检查网箱是否损坏。坚持每天早、中、晚巡箱，观察鱼的摄食情况。鱼集中激烈抢食说明正常，如离群独游或天气正常而摄食突然减少，可能已发病，要及时检查鱼体。水温 13℃以下、30℃以上时少投，每次投饲后能吃完下次增投，若吃不完则减投。长吻鮠对溶氧要求较高，须达到 5mg/L 以上才生活自如，所以特别要注意经常检查水中溶解氧的含量。长吻鮠缺氧的症状是体色由黑色慢慢地变为白色，严重缺氧时头部朝上，垂直竖立在水中。缺氧一般发生在水温 25℃以上、天气突变、气压较低的情况下。此外，要做好网箱生产日志，记录天气、水温、投饵、死亡情况、原因、治疗情况等。

6.5 病 害 防 治

6.5.1 真菌性鱼病

1. 水霉病

【病原】水霉菌。

【症状及危害】水霉菌初寄生时，肉眼看不出异状，但病鱼焦躁不安，常与池壁或其他固体摩擦，体表分泌大量黏液。当肉眼能看到异状时，病变部位出现圆形或不规则的斑块，皮肤破损，菌丝侵入伤口，向内、外生长，蔓延扩散，病灶处长出或小或大簇生的黄色或白色棉花状菌丝体。进而表皮肿胀、溃烂、坏死或脱落，食欲减退，鱼体瘦弱，游动无力，最后衰弱而死。水霉菌也可感染鱼卵，使鱼卵上布满菌丝，变成白色绒球状，霉卵也就成了死鱼卵。

【流行】早春和初冬季，水温 13～18℃最易发生。从鱼卵、幼鱼到成鱼均能被感染，且极易发生传染并迅速蔓延，造成大量鱼死亡，危害特别严重。

【防治方法】

（1）鱼体水霉病的预防。①除去池底过多淤泥，并用 200mg/L 生石灰或 20mg/L 漂白粉消毒。②加强饲养管理，提高鱼体抵抗力，在捕捞、运输和放养过程中，尽量避免鱼体受伤，并掌握合理的放养密度。③亲鱼在人工繁殖时受伤后，可在伤处涂抹适量的磺胺药物软膏或 10%高锰酸钾溶液等，受伤严重时则需肌肉或腹腔注射链霉素 5 万～10 万单位/kg 体重。

（2）鱼卵水霉病的预防。①加强亲鱼培育，提高鱼卵受精率，选择晴朗天气进行繁殖。②鱼巢洗净后进行煮沸消毒（棕榈皮做的鱼巢），或用盐、漂白粉等物消毒（聚草、金鱼藻等做的鱼巢）。③产卵池及孵化用具进行清洗消毒。④采用淋水孵化，可减少水霉病的发生。⑤鱼巢上黏附的鱼卵不能过多，以免压在下面的鱼卵因得不到足够氧气而窒息死亡，感染水霉后再进一步危及健康的鱼卵。

（3）个体较大成鱼患病时，可用 10%高锰酸钾溶液等涂抹受伤鱼体。受伤严重时则需肌肉或腹腔注射链霉素 5 万～10 万 IU/kg 鱼。

（4）对鱼卵或幼鱼患病时，可用 100～250mg/L 福尔马林，浸浴 1h，或 1%～1.5%食盐浸浴 20～30min。

6.5.2　寄生虫病

1. 原生虫病

【病原】主要是斜管虫和车轮虫。

【症状及危害】病鱼离群，反应迟钝，头下尾上或侧卧，严重感染时病鱼沿塘边狂游，呈“跑马”现象；病鱼的鳍条、鳃上黏液增多，形成苍白色或淡蓝色的黏液层，或体表出现一层白翳。其病因是由于斜管虫和车轮虫大量寄生在鱼体的鳃和皮肤，刺激鱼体分泌大量黏液，使病鱼的鳍条、鳃上黏液增多，呼吸困难而死亡。原生虫病主要危害长吻鮠苗种，成鱼和亲鱼有时也会被感染。

【流行】车轮虫病和斜管虫病在面积小、水较浅、水质不良、放养密度大、饲料不足以及连续降雨、水温 18～28℃的情况下最易发生。

【防治方法】

（1）池塘用生石灰彻底清塘消毒。

（2）用 1～2mg/L 的硫酸铜溶液浸洗鱼体，要注意根据水温把握浸洗时间。

（3）苗种用 0.2～0.32mg/L 硫酸铜、硫酸亚铁合剂遍洒，病情严重者，隔天再用一次。

2. 小瓜虫病

【病原】多子小瓜虫。

【症状及危害】病鱼的皮肤、鳍条和鳃上，肉眼可见白色小点状孢囊，严重时体表似覆盖了一层白色薄膜。病鱼反应迟钝或漂浮在水面。因病灶处细菌的感染，使鱼体表发炎，或有局部坏死、鳞片脱落、鳍条烂裂，鳃上皮增生，鳃小片破坏。虫体若侵入眼角膜，能发炎变瞎。最终因运动失调、呼吸困难而死亡。长吻鮠对小瓜虫有易感性，发病后出现爆发性死亡。

【流行】多子小瓜虫适宜繁殖水温为 15～25℃，pH 6.5～8.0，夏季少见发病。当过度密养、饵料不足、鱼体瘦弱时尤易被小瓜虫感染。

【防治方法】

（1）池塘用生石灰彻底清塘，鱼种下塘前药物浸浴，合理放养。小瓜虫流行期间，饲料中添加 2‰的内服型杀虫精Ⅱ，每半月一次，连喂三天。

（2）发病时，池塘用 25～30mg/L 福尔马林全池泼洒，隔天用一次，连续使用三次以上。内服杀虫精Ⅱ，添加量为 4‰～5‰，连喂 5～7 天。

（3）使用辣椒粉和干生姜煮沸半小时后全池泼洒，使用量为每亩水深 1m 用辣椒粉 0.5kg，干生姜 0.2kg。

3. 锚头鳋病

【病原】锚头鳋。

【症状及危害】锚头鳋主要寄生在鱼的体表、口腔和鳃等部位，以头胸部钻入鱼的皮肤肌肉组织中，后大半部留在外面，十分醒目；当鱼体被大量寄生时，鱼体上像披着蓑衣，故群众称其为“蓑衣病”；病鱼焦躁不安，急速猛游，旋转打转；同时病鱼食欲减退，逐渐消瘦，游动缓慢；寄生部位的组织由于充血发炎常被细菌感染从而加剧病情，导致鱼体加快死亡。

【流行】每年的5～10月份为发病高峰期。苗种、成鱼、亲鱼均可感染。

【防治方法】

（1）用90%的晶体敌百虫0.5mg/L全池泼洒，隔天再施一次即可。

（2）每亩水深1m，用100kg左右的酒糟堆放四角。

（3）用大茶叶60kg/亩，扎成数捆散放入池中，7～8天后大部分虫子可杀死。

（4）用高锰酸钾溶液浸洗。

4. 盘钩虫病

【病原】盘钩虫。虫体较大，扁平状，腹面有一对吸盘，因此可牢牢地吸附在鱼的体表上。还有四对足，可在鱼体上滑行，也可短时间游动，故能从一条鱼转移到另一条鱼身上。虫体的口和大颚刺伤鱼的皮肤，造成许多伤口。

【症状及危害】病鱼极度不安，在水中狂游，食欲不振，鱼体消瘦。病鱼体色发黑，鳃丝暗淡，大量寄生时，隐约可见鳃丝上有灰白色群体，虫体用钩钩住鳃丝，不断吸取其组织液，导致病鱼不摄食，呼吸受阻，若诊断不及时，可造成大批死亡。对苗种的危害较大，对成鱼一时不会引起死亡。

【流行】四季均有发生，发病水温10～28℃，6～8月最流行。

【防治方法】

（1）预防。①生石灰清塘，杀灭病原生物；②鱼池及时排污，保持水质清新；③经常用敌百虫挂袋；④用敌百虫消毒鱼体。

（2）治疗。①发病时用2～7mg/L敌百虫药浴鱼体15min左右，水温高用低剂量，水温低用高剂量，每天一次，连用两天；②用敌百虫杀虫后，由于虫体的大量死亡引起鳃部脓肿充血，用稳定性二氧化氯消毒剂（含量7%～8%）1～1.5mg/L药浴鱼体5～10min，每天一次，连用两天，以防止继发性细菌性烂鳃病；③及时捞出无可救药的重病鱼和死鱼，防止虫体脱落后侵袭其他鱼体而加重病情。

6.5.3 细菌性鱼病

1. 烂鳃病

【病原】柱状黄杆菌。

【症状及危害】

病鱼体色发黑，离群独游，行动迟缓，食欲减退甚至不吃食。体表无异，鳃丝腐烂、发白、缺损，并附有污物。鳃盖的中间部分表皮被腐蚀成不规则的透明小窗。主要危害成鱼、亲鱼及鱼种。

【流行】流行于 4～11 月。

【防治方法】

（1）预防。①用生石灰或漂白粉彻底清塘；②鱼种放养时用 2%～4%食盐水浸洗 5～10min；③发病季节用漂白粉或氯制剂挂袋；④注排水时先排后注，使整个池水“冲转”。

（2）治疗。①溴氯海因 0.3～0.4mg/L 或等量三氯异氰尿酸全池泼洒，每天一次，连用三天，病情严重时重复 1～2 个疗程；②庆大霉素（500 万～1000 万 IU）5～10g/kg 鱼，拌饵投喂 3～6 天；③大黄用 20 倍 3%氨水浸泡后连水带渣全池泼洒，浓度为 2.3～3.5mg/L；④每 100kg 鱼用烂鳃灵 5～7g，拌喂 5～7 天；⑤鱼健康 2 号以 0.5%拌入饲料中，连喂三天。

2. 爆发性出血病

【病原】主要为嗜水气单胞菌。其广泛存在于自然界的各种水体，是条件致病菌。

【症状及危害】病鱼表现为游动缓慢，离群独游，食欲减退或停食，有的病鱼头上尾下倒悬于水中，最后沉入水底而死亡。体表表现为黏液脱落，腹部膨大，肛门红肿，胸鳍、腹鳍、臀鳍和尾鳍的基部红肿、出血，鳍边缘变白、腐烂，眼球充血、出血，口腔、下颌充血或出血，鳃盖出血，鳃丝颜色变淡或末端腐烂或黏附大量黏液及杂物，体表无寄生虫。剖检可见腹腔内积有淡黄色透明腹水或红色浑浊腹水，肠内无食而有很多黏液，肠壁充血、出血、变薄，肠系膜、腹膜充血，肌肉充血、出血，肝、肾脏颜色变淡而呈花斑状，肝脏、肾脏、脾脏肿大，质地变脆，脾脏淤血而呈紫黑色。

【流行】发病时间为 4 月中旬至 11 月中旬，水温 20～35℃；以 7～9 月，水温 28～35℃时发病最为严重。该病可分慢性期（水温 20～25℃，死亡时间可持续近一个月，每天少时死鱼三五尾，多时死鱼十几尾）和急性期（水温 25～35℃，第一天死鱼三五尾，第二、第三天死鱼几百甚至上千尾，短时间内出现大规模死亡）。

【防治方法】

（1）预防。加强饲养管理，提高养殖水平是预防爆发性出血病的最有效措施。要求：清除池塘过多淤泥，并经曝晒后彻底清塘。放养鱼种要彻底消毒。定期换水或加注新水，加注新水后要立即消毒，适时开动增氧机，水质过肥时应及时使用降氨药物或生物净水剂调节水质，排除池塘有毒气体，保持池水透明度 30～40cm。进排水系统要分开，发病池用过的工具、网具不能用于其他鱼池，防止发生交叉感染。投喂不含激素的配合饲料，营养成分要全面，保证长吻鮠生长所需营养的平衡。发病季节每 15 天用一次二溴海因或二氧化氯，一个月内定期用“二硫氰基甲烷”全池泼洒一遍，7～9 月份每月投喂药饵 2～3 次，药饵采用“恩诺沙星”定期进行药物预防。发病期间及时捞取水中杂物残饵和死鱼。死鱼不乱扔，集中统一处理，避免交叉感染. 堆放死鱼区域要消毒。

（2）治疗。采用外泼杀菌药和内服药饲相结合的方法进行治疗。具体方法是：池塘使用“洁泰”（主要成分为二溴海因）或“虫扫净”（主要成分为二硫氰基甲烷）或“可必泰”（主要成分为新洁尔灭）全池泼洒，每天一次，持续 5～7 天，剂量参照药品说明，同时在饲料中添加“血服宁”（主要成分为恩诺沙星）或诺氟沙星与盐酸小檗碱或其他抗菌药、强力三黄粉、维生素 C、维生素 E 等拌喂，连喂 5～7 天。治疗期间注意开增氧机，维持较高的溶氧。

3. 肠炎病

【病原】点状产气单胞菌。

【症状及危害】病鱼离群独游，腹部膨大，肛门红肿，食欲减退，轻压腹部有黄色黏液流出，剖开鱼腹可见很多积水，肠壁充血发炎，肠内无食物，有淡黄色黏液和脓血。

【流行】主要危害成鱼和亲鱼，流行于4～10月。

【防治方法】

（1）预防。①彻底清塘；②鱼种下塘时用2%～4%食盐水浸洗5～10min；③不投霉变食物，活鲜动物性饲料用2%～3%的食盐水浸泡或饲料中添加1%的食盐；④定期排污，保持水质清新；⑤经常清洗和消毒饵料台，及时捞出箱底的残饵脏物。

（2）治疗。①使用二溴海因0.3～0.4mg/L，或强氯精0.5mg/L全池泼洒，连续两次；②饲料中添加肠菌宁和大蒜素，添加量分别为5‰～7‰和1‰～2‰，连喂5～7天；③用1～1.5mL/L稳定性二氧化氯（含量7%～8%）药浴鱼体5～15min，每天一次，连用三天。

4. 白（腐）皮病

【病原】白皮极毛杆菌。

【症状及危害】主要症状是尾柄处出现白点，不久随着病情的发展，迅速向前蔓延扩大，使背鳍与臀鳍的体表与尾鳍基部全部呈白色斑块，斑块下皮肤坏死、充血，大面积皮肤腐烂，肌肉露出，出现坏死现象，严重者尾鳍烂掉或残缺不全，常见病鱼头部朝下，尾部朝上与水面垂直，时而挣扎游动，时而悬浮水中，不久即死。

【流行】春、夏、秋季为该病的发病季节，气温20～30℃时为流行高峰期。

【防治方法】

（1）预防。①分箱、出售等操作中，要求工具光滑，动作轻柔，带水操作，防止因鱼体挣扎而相互刺伤对方，操作后，用10mg/L高锰酸钾药浴鱼体5～10min，防止细菌感染。②在饲料中适量加入含有维生素、矿物质、氨基酸、葡萄糖的药物，如电解维氨，可有效增强机体抵抗细菌感染的能力。③水质不良时，及时使用漂白粉或生石灰泼洒，以改善养殖环境。④750～800g漂白粉/亩（水深1m）全池泼洒或用五倍子1.5～2kg/亩（水深1m）磨成粉全池泼洒，二者轮换使用，效果更好；或1mg/L的漂白粉或20mg/L生石灰全池泼洒。

（2）治疗。①用1mg/L二溴海因药浴鱼体5～15min，或25mg/L的土霉素药浴鱼体30min，每天一次，连用三天，病情严重时重复1～2个疗程。②用聚维酮碘涂抹患处。

6.5.4 其他鱼病

1. 营养性疾病

【病因】饲料配方中营养失衡、原料变质或蛋白质中必需氨基酸、能量不够。

【症状及危害】由于缺乏营养元素不同，症状也有不同之处。常见的有脂肪肝病、维生素缺乏病等。病鱼生长缓慢，体色不正常，无油亮光泽，肝脏肿大，颜色粉白或发黄，胆囊肿大，胆汁发黑，胰脏色淡，病鱼零星死亡。

【防治方法】改进饲料配方，提高饲料质量，饲料中粗蛋白含量达到35%以上，饲料中添加维生素和微量元素的量要适当，饲料中可长期添加生物活性物质，以提高机体免疫力和生长速度。

2. 肝病

【病因】

（1）营养性因素：饲料营养不合理，饲料质量低劣或变质，饲料投喂不合理。

（2）环境因素：水质的恶化或污染、生物毒素的富集中毒，造成鱼类肝组织变性和坏死。

（3）药源性因素：长期、反复、超量的使用药品造成的肝损伤。

【症状及危害】病鱼腹部膨大，打开腹腔，可见肝脏肿大，颜色发黄或粉白，胆囊肿大，胆汁发黑，腹腔内有血样腹水，一般病鱼胃、肠无食，开始出现零星死亡，若不治疗，死亡量会加大。

【防治方法】

（1）预防措施。①投喂全价饲料；②水温 28℃以上时适当降低投饵量，以标准投饵量为 80%为宜；③内服化学药物用量切忌盲目加大。

（2）治疗方法。每 2000kg 鱼用 25g 三黄粉、400g 渔肝宝、100～200g 芳草多维拌饵投喂 7～10 天，并适当降低饲料中蛋白质和脂肪含量以及投饵量，治疗期间不宜使用化学药物如抗生素类，以减轻肝脏的代谢负担。

3. 微囊藻引起的中毒

【病因】铜绿微囊藻大量繁殖时，晚上产生过多的二氧化碳，消耗大量氧气，白天进行光合作用，pH 上升到 10 时，鱼体硫胺素酶活性增加，间接导致鱼体中枢神经和末梢神经系统失灵，兴奋性增加，急剧活动，痉挛，身体失去平衡，进而引起死亡。

【症状及危害】病鱼中枢神经和末梢神经系统失灵，兴奋性增加，急剧活动，痉挛，身体失去平衡，进而引起死亡。死亡后鱼体可分解出羟胺、硫化氢等有毒物质，进一步加剧鱼体死亡。

【流行】微囊藻引起的中毒一般在富营养化水体中较为常见。往往在该水体的下风处可见水面上一层翠绿色的水华。铜绿微囊藻在水温 28～33℃的高温季节大量繁殖，水温 34～35℃可形成水华，pH 8～10 的偏碱性水体适宜繁殖。

【防治方法】

①池水更新一次；②选用络合铜杀藻剂全池泼洒，24h 换水，一天一次，连用两次；③在清晨藻体上浮集聚时，撒生石灰粉，连续 2～3 次，可基本杀死。

最后，在长吻鮠病害防治中需要指出的是：长吻鮠是无鳞鱼，对各种药物比有鳞鱼更为敏感，因此，用药浓度一定要谨慎把握，使用量一般必须低于常规用量，且在用药后必须有专人监察鱼情，3h后即向鱼池大量冲水，以防造成慢性药害。

主要参考文献

常秀玲，刘家寿，张健康，等. 2005. 长吻鮠鱼种集约化养殖技术. 水利渔业，(1)：36～37.

陈达丽，张其中，王志坚，等. 2004. 长吻鮠幼鱼小瓜虫病的组织学观察. 西南师范大学学报（自然科学版），(2)：278～281.

陈道印，周平，李正友. 2012. 池塘主养长吻鮠关键技术. 江西水产科技，(2)：29～30.

郭水荣，冯晓宇，王宇希，等. 2007. 池塘培育长吻鮠夏花鱼种. 内陆水产，(8)：16～17.

何锦军，何尧平. 2005. 池塘培育长吻鮠大规格鱼种技术. 科学养鱼，(11)：8～9.

惠筠. 2009. 池塘主养长吻鮠的养殖技术. 河南水产，(3)：11～13.

李育培，盛晓洒，权衡. 2008. 长吻鮠营养需求研究综述. 中国水产，(3)：68～69.

林显道，李晓营，邹记兴. 2009. 长吻鮠的人工繁殖与养殖技术. 河北渔业，(6)：18～19.

林易，凌志勇，华林，等. 2006. 长吻鮠成功养殖经验谈（六）长吻鮠的疾病防治. 渔业致富指南，(12)：60～61.

刘鸿艳，孟立霞，黄辉，等. 2008. 长吻鮠成鱼池塘养殖技术. 中国水产，(4)：44～45.

刘小华，彭超，欧建华，等. 2003. 微流水池塘主养长吻鮠高产试验. 水生态学杂志. 2009，(3)：139～141.

刘小平，何玉清，陆民. 2008. 长吻鮠高效混养技术. 河北渔业，(2)：24～25.

柳富荣，李红炳. 长吻鮠池塘精养技术的试验与探讨. 养殖与饲料，(7)：27～28.

柳富荣. 2003. 长吻鮠集约化养殖技术. 渔业致富指南，(22)：33～34.

罗江兰. 2003. 长吻鮠苗种的分级培育技术. 重庆水产，(2)：20～22.

潘贞礼，朱大世. 2009. 投喂频率对网箱养殖长吻鮠幼鱼生长的影响. 现代农业科技，(19)：299.

皮业林，卞建明，段传胜. 2002. 长吻鮠驯养及繁殖. 湖南农业科学，湖南农业科学院百年院庆特刊：39～40，43.

普家勇，朱丽娅. 2006. 长吻鮠的繁育技术及苗种培育. 渔业致富指南，(18)：33～34.

钱华，钱建，干波，等. 2004. 浮动式网箱养殖长吻鮠试验. 内陆水产，(4)：15.

宋信华. 2001. 长吻鮠常见鱼病的防治. 渔业致富指南，(23)：49～51.

宋信华. 2002. 长吻鮠人工繁殖及苗种培育技术. 渔业致富指南，(7)：44～45.

唐永龙，蓝敦凤. 2015. 提高长吻鮠人繁中受精率和孵化率的措施. 科学养鱼，(12)：13.

王春花. 2011. 不同渗透压对长吻鮠精子活力的影响. 科技信息，(1)：443～444.

王泽仁. 2005. 长吻鮠早繁及苗种培育技术试验. 成都水利，(5)：48～51.

向大地，李东山. 2005. 网箱养殖长吻鮠的疾病防治技术. 渔业致富指南，(14)：51～53.

向大地，李东山. 2006. 长吻鮠网箱越冬的防范措施. 渔业致富指南，(2)：33～34.

向君祖，何力，黄建光，等. 2005. 山地河流型水库网箱培育长吻鮠鱼种试验. 淡水渔业，(4)：55～56.

辛玉文，王有基. 2005. 人工养殖长吻鮠常见疾病与防治. 北京水产，(3)：18，21.

叶彬. 2005. 长吻鮠的人工早繁技术. 渔业致富指南，(9)：39～41.

恽九生，干波，季新宏，等. 2004. 池塘无公害长吻鮠成鱼养殖技术. 渔业致富指南，(9)：38～39.

曾洁，何尧平. 2008. 长吻鮠池塘高效养殖技术. 科学养鱼，(4)：31～32.

张超峰，张健. 2007. 长吻鮠成鱼池塘高产养殖技术探究. 河南水产，(2)：10～11.

张耀光，何学福，蒲德永. 1991. 长吻鮠胚胎和胚后发育与温度的关系. 水产学报，(2)：172～176.

张耀光，罗泉笙，钟明超. 1992. 长吻鮠精巢发育的分期及精子的发生和形成. 动物学研究，(3)：281～287.

张耀光，罗泉笙，何学福. 1994. 长吻鮠卵巢发育和周年变化及繁殖习性研究. 动物学研究，(2)：42～48.

朱周林，张艳庆. 2005. 水库网箱养长吻鮠技术. 水利渔业，(3)：37，83.

第七章 大口黑鲈

大口黑鲈又名加州鲈鱼、黑鲈，它是一种纯淡水广温性肉食性鱼类。分类学上属鲈形目，太阳鱼科，黑鲈属。原产于北美，在美国、加拿大、墨西哥都有分布。20 世纪 80 年代引入我国，因其适应能力强、生长速度快、起捕率高、养殖周期短等优点，逐渐成为我国重要的名贵养殖品种。目前在我国广东、湖南、江苏、四川等省份都有养殖，尤其以广东发展最快，占全国总产量的 2/3。大口黑鲈蛋白质含量为 17.97%～20.15%，脂肪含量为 0.81%～6.41%，灰分含量为 1.24%～1.41%，水分含量为 72.12%～79.98%，肌肉中 17 种氨基酸总量为 14.19%～16.47%，其中必需氨基酸占氨基酸总量的 44%以上，必需氨基酸之间的比值基本符合人体需要模式。大口黑鲈不仅肌肉营养价值丰富全面，而且肉质细嫩、无肌间刺（俗称蒜瓣肉），味道鲜美，是人们餐桌上的美味珍品，它无肌间刺这一特点特别适合老人、小孩食用。

7.1 生物学特征

7.1.1 形态特征

大口黑鲈（图 7-1）鱼体延长而侧扁，稍呈纺锤形，横切面为椭圆形。背肉肥厚，体高与体长比为 1:（3.5～4.2），头大且长，头长与体长比为 1：（3.2～3.4）。口裂大，为斜裂，超过眼后缘。颌能伸缩，颌骨、腭骨、犁骨都有完整的梳状齿，多而细小，大小一致，眼珠突出，眼部灰白色。鱼体披细小鳞，背部呈黑绿色，体侧青绿，从吻端至尾鳍基部有排列成带状的黑斑，腹部灰白，侧线完全，尾柄长且高，尾为正尾裂，稍向内凹。第一背鳍 9 根硬棘，第二背鳍 12～13 根鳍条，臀鳍 3 根硬棘，10～12 根鳍条，腹鳍 1 根硬棘，5 根鳍条。

图 7-1 大口黑鲈

7.1.2 栖息习性

大口黑鲈一般生活在水体中下层。在自然环境中，主要栖息在清澈的缓流水中，喜欢藏身于水草丰富的水体，有占地习性，活动范围较小。在池塘养殖中，对水体要求透明度高，一般应在25～30cm以上，过肥的水体对大口黑鲈的生长不利，甚至会导致鱼死亡，经过人工养殖驯化后，大口黑鲈可以适应稍微肥沃的水质。池塘底质以沙质或沙泥质为好。大口黑鲈对温度的适应范围广，在水温1～36℃时都能生存，10℃以上开始摄食，最适生长温度为20～30℃。大口黑鲈对水体溶氧要求在4mg/L以上，pH7.0～8.5，盐度0‰～15‰。幼鱼喜欢集群活动，成鱼活动较分散。

7.1.3 食性与生长

大口黑鲈是以肉食性为主的鱼类，掠食性强，摄食量大，常单独觅食，喜捕食小鱼虾和水生昆虫。当水质良好、水温25℃以上时，幼鱼摄食量可达总体重的50%，成鱼达20%。食物种类依鱼体大小而异。孵化后一个月内的鱼苗主要摄食轮虫和小型甲壳动物。当全长达5～6cm时，大量摄食水生昆虫和鱼苗。全长达10cm以上时，常以其他小鱼作主食。当饲料不足、鱼的规格差异大时，常出现自相残杀现象，特别是在鱼苗培育阶段，所以在池塘养殖过程中应该适时分池。在人工养殖条件下，可以投喂鲜活小杂鱼和切碎的冰鲜鱼（图7-2），也可以通过驯化后摄食人工配合饲料（图7-3）。人工配合饲料的粗蛋白要求在40%～50%，可以使鱼达到良好的生长效果。

图7-2 冰鲜小杂鱼

图7-3 人工膨化配合饲料

在适宜环境下，大口黑鲈摄食极为旺盛，冬季和产卵期摄食量减少。当水温过低，池水过于混浊或水面风浪较大时，常会停止摄食。由于大口黑鲈食量大，因而生长快，当年鱼苗经人工养殖可达0.5～0.75kg，达到上市规格。养殖两年，体重约1.5kg，三年约2.5kg。已知养殖最大个体长75cm，重9.7kg。

7.1.4　繁殖习性

大口黑鲈一周年可以达到性成熟，产卵时间在 2～7 月，4 月为产卵盛期。繁殖的适宜水温为 18～26℃，以 20～24℃为好。体重 1kg 的雌鱼怀卵 4 万～10 万粒，为多次产卵型，每次产卵 2000～10000 粒。在自然条件下，大口黑鲈有筑巢产卵的习性，通常选择水位较浅、环境安静的水域，雄鱼用身体整理底部杂物，利用水草或根茎筑巢，巢穴深 3～5cm，巢直径 30～50cm，距水面 30～40cm 处，雄鱼筑好巢后便在巢中静候雌鱼到来。雌雄鱼相会后，雄鱼不断用头部顶托雌鱼腹部，使雌鱼发情，身体急剧颤动排卵，雄鱼便即刻射精，完成受精过程。雌鱼产卵后即离开巢穴觅食，雄鱼则留在巢穴边守护受精卵，不让其他鱼类靠近。受精卵半透明，略带黏性，黏附在鱼巢的水草上和沙砾上，待鱼苗出膜可以平游以后，雄鱼才离开巢穴觅食，孵化时间一般为 5～7 天。刚孵出的鱼苗体近白色半透明，全长 7～8mm，集群游动。出膜后第三天卵黄吸收完后即开始摄食小球藻、轮虫，以后摄食小型枝角类、桡足类等浮游生物。在天然水域，孵出 1 个月内的鱼苗仍集群，受到雄亲鱼的保护。

在池塘养殖中，大口黑鲈也可以实现自然产卵，条件是：水质清新，长有水草，池底有沙石或敷设人工鱼巢。由于产卵率低、产卵时间不一，鱼苗大小不匀，容易自相残杀，为了达到同步产卵和规模化生产幼苗的目的，生产上多采用人工催产获得生产所需的鱼苗。

7.2　人 工 繁 殖

大口黑鲈在广东地区一周年即可以达到性成熟，为了保证亲鱼怀卵数量和鱼苗质量，以选用 2～3 龄的亲鱼作为生产催产用最好。可以采用人工注射外源激素，让其自然产卵或人工授精。生产上养殖所需鱼种，主要通过人工繁殖获得。

7.2.1　亲鱼的培育

大口黑鲈亲鱼培育可以专池单独培育，也可以在其他成鱼池或家鱼亲鱼池中套养培育。一般规模小数量少可以在其他亲鱼池中套养，规模大数量多可以采取单独专池培育。①专池培育的池塘要求进排水方便，池水清新，溶氧量高，呈中性或微碱性。每到年底收获成鱼时，挑选体质好、个体大、体色好、无损伤、无病害的大口黑鲈作为后备亲鱼，放入专池培育，每亩放养 300～400 尾，雌雄比例为 3∶2 或 1∶1，雌雄混养。同时放养少量鲢鳙鱼或鲫鱼苗种，既可以控制水质，又起到提供饵料鱼的作用。培育期间以投喂小鱼、小虾为主，每日投喂量为亲鱼体重 3%～5%。每隔一段时间可向池中放一些抱卵虾，让其繁殖幼虾供亲鱼捕食，使培育池中保持饵料充足，以满足亲鱼性腺发育对营养的需要。如果在培养期间小鱼、小虾不足，应补充人工配合饲料。方法是选用粗蛋白 40%以上的鲈鱼专用料或者鳗鱼饲料或者大口鲇饲料加鲜鱼浆适当拌入维生素 E。大口黑鲈不耐低溶氧，易浮头，当池水水质变浓，透明度低于20cm时，就须及时换注新水，闷热雷雨季节，要适时增氧，亲鱼浮头会延缓性腺发育。冬季，亲鱼塘要定期冲注清水，保持水质清新，有利于性腺发育。2月开始，即可起捕，选择成熟亲鱼进行人工繁殖。②套养培育，即将大口黑鲈亲鱼套养在普通成鱼池或亲鱼池中。生产上常将大口黑鲈亲鱼套养在草鱼亲鱼池中，因为草鱼亲鱼池一般水质条件较好，溶氧量较高，在注换新水和投喂水草的同时，会带进一些野杂鱼虾，这恰好是大口黑鲈亲鱼的饵料。一般情况下，每亩池套养5～10组，不宜过多。冬季要将大口黑鲈捕出集中到专用池，以便于越冬管理。以上两种培育亲鱼的方法各有利弊，专池培育的优点是比较集中，便于管理，亲鱼性腺发育整齐，翌春繁殖产卵时间较为一致；缺点是饲料成本相对较高。套养培育的优点是饲养成本低，可利用池塘内野杂鱼类作为饵料；缺点是亲鱼性腺发育早迟不一，难于短期集中产卵。

经过一个冬季的强化培育，大口黑鲈亲鱼大部分都能够达到性成熟。成熟时的亲鱼雌雄差异较明显，雌鱼体型粗短，腹部柔软，膨大，卵巢轮廓明显，上下腹大小均匀，腹部朝上，中央下凹，生殖孔肛门微红，稍突出。雄亲鱼轻轻压挤腹部有乳白色精液流出，并可以在水中自流散开。从外观上看，体大、健康活泼的成熟个体都可挑选用于人工繁殖。

7.2.2 产卵孵化

1. 产卵池的准备

繁殖季节到来之前，要根据生产规模准备好产卵池。产卵池可以是水泥池，也可以用土池，根据生产规模和养殖场实际条件而定。水泥池面积较小，一般在10～100m^2，水深0.6～0.8m，水质清澈，溶解氧5mg/L以上，在水池的四周每间隔1.5m放置一个产卵巢，产卵巢用旧网纱或棕榈树皮或麻布制作而成。水泥池亲鱼放养密度为每2～3m^{2}放1组亲鱼。土池产卵池以沙土底质，池埂有斜坡比较理想，池埂坡比为1∶2或1∶3，面积以1～3亩为宜，最大不超过5亩，水深1m左右，水质清澈，溶氧5mg/L以上，每亩放亲鱼20～30对。在鱼池浅水区放置人工鱼巢，或者将人工鱼巢夹在竹子下面，通过竹子的浮力控制鱼巢在水中的深度。无论是水泥池做产卵池或者是土池做产卵池，在亲鱼入池前都要对产卵池用生石灰进行消毒，产卵巢在入池前也要用高锰酸钾溶液进行消毒处理。亲鱼入池后要保持池塘和周围环境相对安静。

2. 人工催产

大口黑鲈亲鱼在自然或正常人工池塘培育下，到了生殖季节，亲鱼一般能成熟，不需人工催产也能顺利地产卵排精，完成受精过程。以水泥池作为产卵池的亲鱼一般都要进行人工催产，以土池作为产卵池时，如果需要有计划地生产规格整齐的大口黑鲈鱼苗，就要采用催产剂进行人工催产。不过所得受精卵的受精率要比自然产卵的低，而且亲鱼对催产剂效应时间比较长。

当水温稳定在18～20℃时就可以进行人工催产，人工催产时挑选出个体大小相当的亲鱼按1∶1配对，注射激素催产。催产激素可用鲤鱼脑垂体（PG），剂量为每千克雌亲鱼用 5～6mg，分两次注射，第一次注射剂量为全量的 30%，相隔 10～12h，注射余量；雄亲鱼每尾注射 2mg，在雌鱼第二次注射时一次注射。也可用市售的绒毛膜促性腺激素（HCG）与鲤鱼脑垂体（PG）混合使用，使用合剂时则第一次注射鲤鱼脑垂体（PG）1～1.5mg，第二次注射鲤鱼脑垂体 2～2.5mg，加 HCG1500 国际单位。注意激素用量不能过多，否则由于异体蛋白的过度反应会影响亲鱼的生理机能，造成亲鱼死亡或瞎眼。

3. 产卵孵化

大口黑鲈的催产效应时间较长，在水温 22～26℃时，要在注射激素后 18～30h 才能发情产卵。首先是雄鱼不断用头部顶撞雌鱼腹部，当发情到达高潮时，雌雄鱼腹部互相紧贴产卵射精。产过卵的亲鱼就在周围静止停留片刻，雄鱼再次游近雌鱼，几经刺激，雌鱼又发情产卵。大口黑鲈为多次产卵类型，在一个产卵池中，可连续 1～2 天见到亲鱼产卵，第三天才完成产卵全过程。

大口黑鲈受精卵圆球形，半透明，卵径 1.3～1.5mm，产入水中，卵膜迅速吸水膨胀，呈现黏性，常黏附在鱼巢的水草上或池壁、石块、砖头上。受精卵可以保留在产卵池中孵化，也可以将黏有受精卵的产卵巢移到专门的孵化池进行孵化。当受精卵在产卵池中孵化时，应将亲鱼全部移出，以免亲鱼吞食受精卵或鱼苗，移出的方法可以采用孔径 3cm 以上的网拉网操作。孵化时间与水温有很大的关系，在水温 20～22℃时，孵化时间为 31～33h，当水温 17～19℃时，需 52h 才能孵出鱼苗。如果亲鱼移出困难或者产卵池孵化条件不理想，为了提高孵化率，可以把产卵巢移到孵化池中进行专池孵化。不论采取哪种孵化方式，都应该保持水质清新、溶氧丰富，溶氧是影响孵化率的重要因素，采用水泥池加微流水或用网箱在水质清新的高溶氧池中进行静水孵化都可以取得很好的孵化效果。

7.3 苗种培育

大口黑鲈鱼苗刚孵出时半透明，长约 0.7cm，集群游动，三天后，卵黄囊消失，即摄食浮游生物，便进入鱼苗培育阶段。鱼苗可以用水泥池培育，也可以池塘育苗，一般鱼苗从水花到 2cm 阶段用水泥池培养可以取得较好的效果，当鱼苗达到 2cm 以上时最好转到池塘培育效果好。饵料充足，鱼苗培育一个月，体长可达 3～4cm，此时就可以转到鱼种池进行鱼种培育，鱼种培育两个月后可以长成 10cm 以上规格的鱼种。

7.3.1 水泥池鱼苗培育

水泥池培育的优点是人为对溶氧、pH、氨氮等环境因子的控制能力强，缺点是天然饵料的培育困难。水泥池面积以 50～100m^2 为宜，培育时间短的也可以使用 20～30m^2 的水泥池，圆形水泥池见图 7-4。也可以利用原有的产卵池、孵化池。在进水前需要对全池进行补漏清整消毒，最初注水深度为 30～50cm，以后每天加注新水，逐渐加水到 60～80cm。放养密度为每平方米水面 500～600 尾，20 天后当鱼苗达到 2～3cm 时要进行过筛分级，逐渐降低密度。此阶段的关键是保持良好的水质和充足的饵料，鱼苗孵出后 2～3

天开始摄食，主要投喂小型浮游动物轮虫、桡足类无节幼体等，每天 2～3 次。1.5～2cm 的鱼苗可投喂枝角类、桡足类、水蚤等，2cm 以上的鱼苗可投喂孑孓、红虫、水蚯蚓或鱼浆，稍大时还可投喂小鱼虾。

图 7-4　圆形水泥培育池

7.3.2　池塘鱼苗培育

池塘面积不宜太大，一般为 1～2 亩及以下。在放鱼苗前 15～20 天用生石灰清塘消毒，每亩用生石灰 50～75kg。在放鱼苗前 7～10 天向池塘注水 50～70cm，并略施基肥培育水质，既要满足浮游生物的生长，为鱼苗提供丰富的饵料生物，又不能使水体过肥，保持透明度 20～30cm。鱼苗放养密度一般为每亩 5 万尾。在鱼苗下塘前一天，要放养数尾白鲢鱼种试水，检验池塘无毒性后，才放养鱼苗。鱼苗入池后要定期充水，逐渐把水深提高到 1m 左右。鱼苗在 1.5cm 以前主要以浮游生物为食，所以在加水的同时应该保持水体的肥度。鱼苗规格达到 1.5cm 以后就要用鱼浆、肉糜对鱼苗训食。经过大约一个月培育，鱼苗规格长到 3～4cm 即要分散或转塘。

7.3.3　鱼苗培育期间的管理

大口黑鲈弱肉强食，自相残杀比较严重，且生长速度不一，大小悬殊，在饵料不足情况下大鱼食小鱼。因此，鱼苗培育期间必须注意以下几点：

（1）同塘放养的鱼苗应是同批孵化的，以使鱼苗大小一致。

（2）当鱼苗长到 3cm 左右，鳞片较完整时，就要分筛，按大、中、小三级分池培育。以后水泥池每隔 10 天、池塘每隔 20 天分一次，同塘放养的鱼苗以体重相差不到 1 倍为宜。

（3）大口黑鲈食欲旺盛，幼鱼日摄食量可达自身体重的 50%，必须按“四定”投喂，保证足够的饵料，让个体较小的也能吃饱。

7.3.4　人工训食

当大口黑鲈苗全长达到 1～1.5cm 时就可以训食。具体方法是：将水蚤或水蚯蚓拌入用水发湿的大口黑鲈苗种专用饲料中，第一天水蚤或水蚯蚓与饲料比重为 5∶1，第 2 天逐步减少水蚤或水蚯蚓拌入量，增加颗粒饲料量，第 3 天将水蚤或水蚯蚓与饲料比重调为 2∶1，第 4 天水蚤或水蚯蚓与饲料比重为 1∶1，第 5 天水蚤或水蚯蚓与饲料比重为 1∶2，第 7 天不再添加水蚤或水蚯蚓，全部投喂配合饲料。训食饲料拌和后要求达到“手握成团，手松即散”状态。颗粒饲料需先粉碎或直接使用粉料，投喂前用水发湿。日投喂次数：第 1～2 天日投 5 次，第 3～7 天日投 3 次。日投食量一般掌握在 8%～10%，要求既要做到有充足的适口新鲜饲料，又要减少饲料浪费，降低饲料对水质的污染。大口黑鲈有集群抢食的习性，因此易于定点训食，在整个训食过程中均定点在一个地点投喂，在训食之初，投喂之前敲击池壁等发出响声，形成条件反射，使鱼苗能快速集中到投食点，增强训食的效果。

7.3.5　鱼苗阶段死亡率高的原因

仔鱼出膜至 3.3cm 左右时死亡率高，其主要原因有：①缺乏适口饵料。仔鱼出膜 3～4 天开始摄食，但此时幼鱼口径小，只能摄食轮虫、小型枝角类幼虫，所以最好是把幼鱼放入肥水中（透明度 20～30cm）培育，并投入一些水蚤。②温度过低，温差过大。3.3cm 以下的稚鱼对温度的适应能力弱，若遇寒流，气温骤然下降，水温降至 15℃以下，往往造成大批稚鱼死亡。因此，育苗池水深应保持在 1m 左右，寒流前，应采取保温措施。③密度过大，互相吞食。大口黑鲈苗有互相吞食的习性，密度大会增加互相吞食机会。所以每立方米水体以放养 2cm 以下鱼苗 500 尾，或放 2～3cm 鱼苗 150 尾比较适宜，有条件的还可适当稀养。

7.3.6　鱼种培育

当鱼苗经过一个多月的培育，鱼苗规格达到 3～4cm 后，就需要将鱼苗转入鱼种培育池（图 7-5）中进行鱼种培育。可以选择面积为 2～3 亩、水深 1～1.5m、进排水方便的小鱼池作为鱼种培育池。在鱼种入池前 15 天，用生石灰对池塘进行清整消毒处理，一周后注水 0.8～1m，适当施肥培水，培育浮游生物，7 天后每亩投入大口黑鲈鱼苗 10000～12000 尾、鳙鱼 60 尾、鲢鱼 30 尾，鳙鱼、鲢鱼主要控制水质，规格应该在大口黑鲈的 2 倍以上。

图 7-5　鱼种培育池

在鱼种培育管理过程中应注意：①适时加注新水、换水、调水，合理开启增氧机，保持水体清新，溶氧充足。②保证充足的适口饵料，避免因饥饿互相残食。饥饿和规格差异过大（相差 1 倍以上）是导致大口黑鲈蚕食的主要原因，其中规格在 6cm 以前是发生残食最厉害的阶段。通过鱼苗阶段的训食后，鱼种阶段可以直接投喂鱼种配合饲料或冰鲜鱼，日投喂量为大口黑鲈体重的 4%～8%（配合饲料）或 8%～15%（冰鲜鱼），每天投喂 3～4 次。③及时分塘。为了保证大口黑鲈鱼种成活率，减少相互蚕食现象发生，应用鱼筛及时将个体差异大的鱼种分池饲养，最好是每增长 1cm 就过筛一次，并逐渐降低鱼种密度。这样经过 45～60 天的饲养，鱼种规格能够达到 10cm 以上。

7.4　池塘成鱼养殖

7.4.1　池塘条件

成鱼养殖的池塘条件为：水源充足，水质良好，排灌方便，不漏水，无污染，底质为壤土。水深 1.5m 以上，面积以 5～10 亩为宜，每 5 亩配备 1.5kW 叶轮式增氧机 1 台。在广东佛山市进行的大口黑鲈高产试验，池塘水深做到 3m 以上，每 1.5 亩配备 1.5kW 叶轮式增氧机 1 台，亩产量达到 3000～4000kg，有条件的地方可以逐步增加密度提高产量。

7.4.2　鱼种放养

经过前期的苗种培育，在当年 5 月中下旬，大口黑鲈鱼种规格可以达到 10cm 左右，此时可以作为成鱼养殖的鱼种投入到成鱼池中进行饲养。每亩放养规格为 10cm 左右的大口黑鲈苗 2000～2500 尾，池塘条件、资金、技术、设备好的鱼塘可放 3000～4000 尾甚至更多，广东亩产 3000～4000kg 的池塘放养密度达到每亩 10000 尾，成活率 70%左右，上市规格 400～500g。另外每亩鱼塘搭配规格为 100g 左右的鳙鱼 60 尾、鲢鱼 30 尾，规格为 25～50g 的鲫鱼 400 尾。鳙鱼、鲢鱼主要控制藻类，鲫鱼帮助清理饲料残渣控制水质。

7.4.3　饲养管理

1. 饲料选择与投喂

在自然环境下大口黑鲈是肉食性鱼类，主要以鲜活小鱼、小虾为食，人工养殖环境下可以在鱼苗阶段进行训食，通过驯化后可以投喂鱼浆、肉糜、冰鲜鱼。但很多地区冰鲜鱼供应量受限制，满足不了养殖需要，或者价格昂贵养殖成本高，可以驯化大口黑鲈摄食人工配合饲料。大口黑鲈对配合饲料蛋白质要求较高，要求饲料粗蛋白含量 45%～50%，对饲料配方和加工技术都有较严格的要求。目前只有少数饲料厂家生产鲈鱼专用饲料，有的厂家使用鳗鱼料或大口鲇饲料代替，不合理的饲料配方可能导致大口黑鲈长到200～250g阶段出现食欲下降，肝脏病变，生长停滞，此时又需要投喂冰鲜鱼才能恢复生长。不管是投喂冰鲜鱼或者是配合饲料都要训练大口黑鲈养成集群抢食的习惯，为了尽快形成集群抢食，可以将初进成鱼池的鱼种围栏在投饵台前较小的水域内，形成集群抢食习惯后再逐步撤除围栏。饵料投喂都遵循“四定”原则，密切关注天气、溶氧、水质、鱼病对鱼吃食情况的影响，适时调整投喂量，既要保证鱼吃饱喂足，又不能过量造成饲料浪费、水体污染和增加饲料成本。正常情况下规格为100～300g的鱼在5～7月时期配合饲料日投饲率为4%～8%，每天3～4次，随着鱼规格变大，在8～10月配合饲料日投饲率为3%～5%，每天2～3次，10月以后，水温变低，根据鱼的吃食情况酌情投喂。冰鲜鱼由于水分含量高，日投饲率大约为配合饲料的2倍。

2. 增氧机的使用

增氧机的主要作用是增加水体溶氧，促使水体对流，加强水体曝气，促进水体物质循环，达到调控水质、保持水体清新、预防鱼浮头的目的。要达到上述目的必须合理使用增氧机：晴天中午开增氧机2h左右，阴天全天开机，浮头及时开机，通常在晚上12点到次日天亮前全部开机。广东高产鱼池在高温季节每天每个鱼池有1～2台增氧机全天24h开机，其余增氧机在晚上全部开启，晚上开机时间提前到20：00～21：00。或者使用溶氧监测仪，将3mg/L的溶氧指标作为大口黑鲈水体溶氧的临界点，当池水溶氧低于3mg/L时，增氧机自动开机。

3. 水质调节

大口黑鲈对水质要求较高，有条件的鱼池最好每1～2周换水或加水10cm，换水都采取排底水、加新水的方法。每15～20天用芽孢杆菌、光合细菌或EM菌等微生态制剂调节水质，保持水体清新，保持水体透明度25～30cm。

4. 坚持巡塘

每天观察鱼的吃食情况和鱼的活动情况，每10天做一次水质理化指标检测，每1个月进行鱼病和长势情况检查。

7.5 鱼病防治

大口黑鲈对疾病抵抗力较强，在原养殖过程中发病率较低，成活率主要受适口饵料供应、相互蚕食、水质恶化等因素的影响。但随着养殖密度的提高，养殖发病概率增加，有的养殖场种质退化，鱼体抗病能力下降，投喂不当、环境恶化等都导致大口黑鲈鱼病时有发生。常见的鱼病及防治方法如下。

1. 烂鳃病

【病原】柱状曲挠杆菌，革兰氏阴性，好氧，最适温度25～28℃。

【症状及危害】病鱼体色发黑，离群独游，食欲减退，呼吸困难，在水中可见病鱼吻端到眼球处发白，打开鳃盖可见鳃瓣腐烂发白，鳃丝粘有污泥，鳃小片坏死，鳃盖内侧充血发炎。口腔颌齿表皮充血发炎，严重时表皮溃烂，附有黄色菌团在溃烂处。

【流行】每年 4～6 月和 9～10 月水温 25～28℃时为高发期，主要为危害鱼种和成鱼，死亡率非常高，达到 60%。

【防治方法】①鱼种入池前用 2%～3%的食盐水浸泡 10～15min。②发病时外用漂白粉 1mg/L 或强氯精 0.3～0.5mg/L，全池泼洒，严重时间隔 3～4 天重复一次。③内服诺氟沙星或氟苯尼考，每千克体重鱼每天用 30～50mg，拌料投喂，连续 3～4 天。

2. 肠炎病

【病原】爱德华氏菌或点状气单胞菌，菌团单杆状，单个或两个相连，革兰氏阴性。

【症状及危害】病鱼腹部胀大，肛门红肿。下颌及腹部暗红色，重症病鱼轻压腹部可见从肛门流出的淡黄色腹水，剖开腹腔内积有腹水，流出的腹水经几分钟后呈“琼脂状”，肠管紫红色。用剪刀将肠管剖开，肠内充满黏状物，肠内壁上皮细胞坏死脱落，严重的病鱼整个腹腔内壁充血，肝脏坏死。

【流行】该病主要由于投喂不均、投喂变质饵料引起，全年都可以发生，以春夏高温、投喂量大的季节最易发生，主要危害鱼种和成鱼，急性发作，死亡率较高。

【防治方法】①发病季节适当控制投喂量，不投喂腐烂变质发霉饵料，投饵做到“四定”原则。②外用二氧化氯 200g/亩，全池泼洒。③内服诺氟沙星，每千克体重鱼每天用 40～50mg，拌料投喂，连续 2～4 天。

3. 病毒性溃疡病

【病原】大口黑鲈溃疡病虹彩病毒。

【症状及危害】体色变黑，眼睛白内障，体表大面积溃烂，鲜红色，尾鳍或背鳍基本红肿，肌肉坏死，部分病鱼胸鳍基部红肿溃烂，下颌骨两边鳃膜有血疱隆起。

【流行】2008 年新发现病种，通常在水温 25～30℃时发病，主要危害成鱼，在鱼苗、鱼种阶段也有发现。

【防治方法】该病以预防为主，尚无有效的治疗方法，发病时泼洒戊二醛、聚维酮碘等消毒药物，内服多维等。

4. 车轮虫病

【病原】车轮虫。

【症状及危害】病鱼群游于池边或水面，鱼体消瘦，体色黑暗，鳃有较多黏液。取鱼鳃组织在显微镜下观察，可见大量的车轮虫，虫体侧面像碟形或毡帽形，反口为圆盘形，内部有多个齿体嵌接成齿轮状结构的齿环。

【流行】主要在鱼苗培育期间流行，通常在 3～5 月份发病，主要危害 10cm 以下的种苗。水泥池或鱼塘培育的鱼苗都会发病。

【防治方法】用硫酸铜、硫酸亚铁合剂（5∶2）0.7mg/L 全池泼洒。

5. 杯体虫病

【病原】杯体虫。

【症状及危害】病鱼游于池边或水面，体表或鳍条粘有白色絮状物，似水霉感染，在显微镜下观察有大量的杯体虫。

【流行】主要在鱼苗培育期间流行，通常在3～5月份发病，主要危害鱼苗。水泥池或鱼塘培育的鱼苗都会发病。

【防治方法】用硫酸铜、硫酸亚铁合剂（5∶2）0.7mg/L全池泼洒。

主要参考文献

白俊杰，李胜杰. 我国大口黑鲈产业现状分析与发展对策. 中国渔业经济，2013，5（31）：104～108.
蔡辉，魏玉莲，路姚宽. 大口黑鲈养殖技术要点. 齐鲁渔业，2010，27：43～44.
邓国成，白俊杰，李胜杰，等. 大口黑鲈池塘养殖常见病害及其防治. 广东农业科学，2011，18：102～137.
丁庆秋，陈宇航，曹双俊，等. 大口黑鲈的营养需求研究进展. 养殖与饲料，2013，11：38～43.
李胜杰，王广军. 2008. 大口黑鲈养殖技术. 海洋与渔业，9：33～37.
李胜杰，刘海涌，白俊杰，等. 大口黑鲈“优鲈1号”池塘高产高效养殖模式. 水产养殖，2015，5：1～3.
王广军，吴锐全，谢骏，等. 人工配合饲料饲养大口黑鲈效果研究. 饲料工业，2005，26（4）：22～23.
吴锐全，黄樟翰，卢迈新. 大口黑鲈营养研究及配合饲料发展前景. 广东饲料，2004，13（2）：38～39.
余鹏，李忠伟，丁淑荃，等. 安徽大口黑鲈成鱼高产养殖模式初步研究. 水产养殖，2014，9：1～3.

第八章　大　口　鲇

8.1　生物学特征

大口鲇属鲇形目、鲇科、鲇属，又名六须鲇、叉口鲇、鲇巴朗、大口鲇、大河鲇、大鲇鲐等。

8.1.1　生活习性

南方大口鲇属温水性鱼类，生存适宜水温为0～38℃，生长适宜水温12～30℃，最适宜生长水温25～28℃。水中溶氧3mg/L以上时，南方大口鲇生长正常；水中溶氧低于2mg/L时，开始出现浮头；水中溶氧低于1mg/L时，将导致死亡。南方大口鲇属底层鱼类，白天大多成群潜伏在水底弱光隐蔽处，夜间分散到水层中活动觅食。南方大口鲇性情温顺，不善跳跃，不钻泥，容易捕捞，多栖息于江河缓流区，为凶猛肉食性鱼类，白天隐居水底或潜伏于洞穴内，夜晚猎食鱼、虾和水生昆虫类及其他水生动物。雌鱼体长达700mm左右达到性成熟。4～6月，在江河砂石底质的激流浅滩处产卵，卵沉性。幼鱼喜集群，最大可长至50kg，经常捕获个体为10～20kg，是重要的大型经济鱼类，分布于长江以南的大江河中。

8.1.2　食性

南方大口鲇属肉食性鱼类，主要吃鱼、虾、水生昆虫、底栖生物等，能吃相当于自身体长1/3的鱼。同类相残现象严重。在人工饲养条件下，也吃动物内脏和畜禽加工下脚料，如鸡肠子、猪肺等。经过驯化，也食蛋白质含量40%以上的颗粒饲料。

8.1.3　生长

南方大口鲇生长较快，在人工养殖条件下，当年繁殖的鱼苗当年即可长到500～750g，第二年可长到1500～2000g，第三年可长到3000～4000g，最大个体可以达50kg以上。在长江流域以南地区，一年四季都能较快生长，以夏秋季长势最旺，日增重达3～5g。南方大口鲇具有生长速度快、养殖效益高、病害少、耐低温等优点，是适合推广养殖的名优鱼类品种。

8.1.4　繁殖

在自然水域，南方大口鲇4龄开始性成熟。在人工养殖条件下，3龄就开始性成熟。

产卵期在3～6月，产卵水温18～28℃，最适宜产卵水温22～25℃。在天然水域中，体长80cm的成熟雌鱼，可怀卵4万多粒。卵为沉性卵，油黄色，透明，扁球形，具有较弱的黏性。水温22～25℃时，受精卵40h即可孵出鱼苗。刚出膜的仔鱼有一个很大的卵黄囊，侧卧于水底，只能尾部摆动，2～3天后可自主游动并开始觅食。

8.1.5　形态特征

南方大口鲇，体长，后部侧扁；头宽扁，眼间甚宽；胸腹部粗短，尾长而侧扁；体表光滑无鳞，皮肤富有黏液；背部及体侧通常灰褐色或黄褐色，腹部灰白色，有黑色小点。眼小，口大，口亚下位，弧形；口裂末端达到或超过眼中部的下方。鼻孔每侧两个，前后鼻孔相隔较远，前鼻孔短管状，位于吻端，后鼻孔圆形，位于眼的前上方。上下颌分布有向内倒勾的细齿，颌有绒状齿。成鱼有须两对，幼鱼阶段有须三对，口角须超过鳃孔；上颌须达到胸鳍基部。鳃腔内有辅助呼吸器官。各鳍为灰黑色，胸鳍具硬刺；胸鳍刺前缘具2～3排颗粒状突起。尾鳍圆形，中间内凹，尾鳍上下叶不对称，上叶比下叶长。背、臀鳍均长，不与尾鳍相连。

大口鲇外形与鲇相似，两者的区别是大口鲇口裂末端达到或超过眼中部的下方，上颌须达到胸鳍基部，胸鳍刺前缘具2～3排颗粒状突起，尾鳍不对称，上叶比下叶长。

8.1.6　市场价值

大口鲇适应性强，生长速度快，肉质细嫩、味道鲜美、肌间刺少、腴而不腻，不仅是席上佳肴，而且有滋补、益阴、利尿、通乳、消渴、治水肿等药用功效。全鱼剁成碎泥炙热，可治白癜风，鳔胶煅灰可治阴疱、瘘疮。消费市场广阔，亦受到欧美、港澳台地区人们的青睐。人工养殖经济效益高，是受到消费者和生产者广泛欢迎的一个优良养殖品种。

8.1.7　品种来源

南方大口鲇主要分布于长江流域的大江河及通江湖泊之中。由于该鱼品质优良，四川省水产研究所最先于1985年对大口鲇进行人工驯化养殖研究。在驯养过程中，能使其食性发生改变，即由原来只吃活鱼虾等转变为可吃人工配合饲料，能够适应规模化、集约化人工养殖，经济效益也较高。从1992年起，养殖区域逐步扩大到中南、华东、华南各省、自治区、直辖市，其产量大幅度增加。

8.2　人 工 繁 殖

8.2.1　亲鱼培育

亲鱼培育是人工繁殖的一个非常重要的环节，它直接影响到亲鱼性腺发育及繁殖工作的成败。亲本个体重应在 10kg 以上，在亲鱼培育期间可投喂鲜活饲料，也可投喂人工配合饲料，要求粗蛋白含量达 40%以上。定期冲水，特别是临产前一个月要加大冲水量，增加流水对此的刺激。当水温适宜时，选择腹部膨大、松软，腹面可看到明显的卵巢轮廓，生殖孔扩张而呈红色的雌鱼，轻压腹部有精液外流的雄鱼进行催产。采用人工授精法时，雌雄比 2∶1；采用自然产卵受精法时，雌雄比应为 2∶3。催产剂用家鱼常用的药物均可，分 1～2 次注射。水温在 22～23℃时，药物效应时间为 12～14h。人工授精方法，要注意掌握好效应时间，准确判断亲鱼发情时间，适时捕起亲鱼进行采卵、采精、混合均匀，使其受精充分。孵化方式有自然孵化、脱黏孵化、不脱黏孵化等；常用的孵化环道、孵化缸、小网箱都可进行孵化，孵化水温一般为 17～28℃，最适水温为 23～25℃。

大口鲇亲鱼培育的饵料有活饵和人工配合饲料两种。对于野生的大口鲇亲鱼，因其食性短期难以转变，应以活饵为主，投喂鲤、鲫、泥鳅、小杂鱼等，适当搭配畜禽内脏，每周投喂一次。对于人工培育的亲鱼，可采用专门的亲鱼配合饲料，饲料中蛋白质含量要达到 52%左右。在亲鱼培育期，最好采用人工配合饲料与鲜活饵料交替投喂的效果更好。

8.2.2 鱼苗培育

鱼苗池面积以 25～100m^2、水深 0.8～1m 为宜。鱼苗放养密度为 1000～1500 尾/m^2。适时下池，即在鱼苗卵黄囊基本消失，能够正常进行水平游动时及时下塘。鱼苗的开口饲料可用熟蛋黄或小型枝角类和桡足类。随着鱼体不断长大，可投喂水蚤、摇蚊幼虫、水蚯蚓、蝇蛆及各种小家鱼苗，或喂些蚕蛹粉、猪血、人工配合饲料等。要注意在同一池中，不能混放不同日龄的鱼苗。大口鲇具有一定的畏光性，因此最好在鱼苗池上设置遮盖物。培育时间 10～15 天，鱼苗长到 3cm 左右时，再分池饲养。

刚孵出的鱼苗完全靠自身的卵黄为营养，两天左右，卵黄开始慢慢消失，仔鱼能够正常进行水平游动时，便可下塘开口吃食。鱼苗的开口饲料可用熟蛋黄。将鸡蛋煮熟，去壳取蛋黄用纱布包好，在盛水的盘中挤压蛋黄，使其形成蛋黄颗粒水浆，全池泼洒。投喂量以下次投饵前池中略有剩饵为宜，这样可避免因投喂不足导致鱼苗间互相残食。注意投喂生物饵料时应严格进行消毒后才能使用，可将生物饵料洗净后放入 3%的食盐溶液或 0.5mg/kg 的高锰酸钾溶液中浸泡 3～5min，以防止病原体入池后诱发病害。

8.2.3 鱼种培育

鱼种培育是将体长 3cm 左右的夏花鱼种培育到 10～12cm 的大规格鱼种的过程，历时 30～40 天。这个阶段是鱼种培育的关键时期，大口鲇要经历被迫由吃活饵料转变为吃人工配合饲料的转食过程，同时这段时间也是相互蚕食最严重的时期。池水透明度适中，水质清澈见底时，自残现象最严重。要投足大口鲇最喜爱的饲料，并及时清池过筛，分级分池饲养。鱼种达到 5cm 后，就要投喂人工配制的转食饲料，即添加了诱食剂的人工配合饲料，其基本成分是鱼粉、蚕蛹粉、猪血粉、酵母粉、饼粕和小麦等，诱食剂有鱼肉糜、虾蟹糜、动物肝脏糜等。转食过程 7～12 天，日投饲 2～3 次，投饲量为体重的 15%～20%。在 70%的鱼种已能摄食人工配合饲料时，即可完全投喂人工配合饲料，每天投饲 2 次。配合饲料成分要求：粗蛋白 42%～48%，粗脂肪 8%～10%，碳水化合物 25%～30%，粗纤维 6%～8%，另加一定量的维生素和无机盐。此时要加强管理，防治疾病。

8.3 成鱼养殖

8.3.1 池塘养殖

1. 池塘准备

池塘条件无严格的要求，一般的水产养殖池塘均可，塘口面积在 4～10 亩较为适中，平均水深要在 1.5～2.5m，底泥厚度不超过 20cm 为宜。池塘面积太小，水质不易控制，水体的稳定性差；面积太大，易造成投饵不均，规格不齐，自残严重，成活率低。要求池塘之间互不相通，水源充足，供排水方便，水质清新无污染，符合《无公害食品—淡水养殖用水水质标准》。每亩池塘配备 0.3kW 增氧机一台。

5 月下旬，即放养鱼种前 20 天左右，将池水注到 80～100cm，每亩用生石灰 150～200kg 化成石灰乳全池泼洒消毒。采用带水消毒，可以避免因消毒不彻底，增加鱼体感染疾病的机会。池塘消毒后，每天早上巡塘，及时捞出蛙卵，以免蛙类大量繁殖，影响鱼苗的摄食、生长、驯化和成活率。池塘中生长一定量的水草为好，没有水草的可移栽水草并在池塘中搭建一些人工的遮阴设备，如在池塘中用木桩、草帘子等在池边搭设一圈宽约 3m 的人工遮阴设施，以适应杂交鲇的生态学要求，从而有利于杂交鲇的隐藏、栖息和活动，减少其互相残食的概率，提高其成活率。

池塘清整与培育肥水：将池塘水排干至 10cm 深时，按每亩用生石灰 120kg 化浆泼洒全池，彻底杀灭池内病原体、细菌和寄生虫。后再注入新水至约 20cm 深，投入经发酵的猪粪或人粪尿等有机肥 250kg/亩。7～8 天后池水中便出现大量浮游动物。这时再结合施适量化肥，如过磷酸钙和尿素，每亩分别施 40kg 和 10kg，然后适当加入 10cm 新水，以刺激浮游动物生长。

2. 鱼种放养

在消毒 10 天以后，每亩投放白鲢鱼种（规格为 150～200g/尾）20～30kg，作为套养的上层鱼以调控水质。6 月中旬，即投放大口鲇鱼种前 10 天左右，往池中投入发酵好的牛粪 250kg/亩左右。待池塘中大型枝角类繁殖达到高峰，放入体长 6cm 左右的大口鲇鱼种 500 尾/亩。鱼种要求体质健壮，规格整齐，无伤病，无畸形。为提高成活率，提高养殖效益，投放的大口鲇鱼种须在 8cm 以上，且规格整齐，放养密度 8～10cm 规格苗为 1000～1500 尾/亩，10～12cm 规苗每 800～1200 尾/亩，池中搭配 150～250g 的大规格鲢、鳙鱼种 100～120 尾，用来调节水质。

大口鲇属凶猛肉食性鱼类，野生状态下以捕食各种鱼虾和水生昆虫类为生，在驯养过程中能使其食性发生改变而以人工配合饲料为主。由于大口鲇有同类相残现象，所以在其不同养殖时期要注意投饲技巧，以确保养殖效益。

（1）肉食性饵料。投放大口鲇鱼种时，相应投喂比其稍小的鲤、鲫等鱼种，每日仍以冰鲜鱼块为主，也可投喂猪肺、牛肺等动物内脏，在这些动物性饲料无法保障时，可通过人工驯化，使其摄食人工配合饲料，能收到较好的效果。

（2）人工配合饲料。配合饲料蛋白质含量为 41%～50%，投喂时各池设 2～4 个饵料台，以便于观察摄食情况。

3. 成鱼饲养

要选择纯正的大口鲇苗种用于成鱼养殖，在购置时要与土鲇苗种相区别。大口鲇苗种尾鳍的上叶明显比下叶长，体色较透明，为黄褐色或灰黄色，集群活跃，觅食性强；而土鲇苗种尾鳍上、下叶等长，体色黑色或深墨绿色，分散于池中，不活跃，觅食性差，生长缓慢，个体小。

池塘面积 5 亩以下，一般以 1～2 亩、水深 1.5～2.0m 为好。要求水源充足，供、排水方便，最好配备增氧机。放种前池塘按常规办法进行清塘消毒。每亩放种 800～1000 尾，规格为 8～12cm/尾，饲养期 140～150 天，当年可养成平均尾重 500g 以上的商品鱼，成活率可达 85%～95%。还可搭配放养一定数量的花、白鲢大规格鱼种，每亩放 100～120 尾，注意不要放养鲤、鲫、草鱼等吃食性鱼类。成鱼饲料主要是人工配合饲料，要求粗蛋白质 36%～42%，颗粒直径为 3～5mm。有条件的地方可投喂鲜活动物性饲料，包括各种野杂鱼、家鱼苗种、罗非鱼自繁仔幼鱼、动物内脏、蚯蚓、蝇蛆、螺蚌肉、禽畜内脏等。这些饲料质量较高，但数量有限，适合农家或渔民小规模养殖大口鲇。人工配合饲料的基础成分是鱼粉、蚕蛹、血粉、豆饼、菜籽饼、玉米和小麦等，另加维生素和无机盐合剂。用优质人工颗粒饲料喂养，饲料系数为 1～1.5，约需养殖 150 天，就能达到亩产成鱼 400kg 的生产水平。一般成鱼饲料可按以下配比：鱼粉 25%，花生仁粉 18%，酵母粉 5%，鱼油 1.1%，玉米粉 10.4%，复方氨基酸 2%，矿物质和维生素预混料 2.0%。加工中要注意原料尽可能粉碎，并且黏合剂质量要好，以保证饲料颗粒在水中 1h 左右不松散，以提高饲料利用率。

4. 饲养管理

1）施肥、投饵与饲料

大口鲇在鱼种阶段以水中浮游动物为主食，投喂饵料为辅。为此根据池水肥瘦情况及时施用有机肥，每次施用发酵粪肥 250kg/亩，每隔 10～15 天施肥一次。随着苗种个体逐渐增大，施肥次数与施肥量相应减少，并适当加大投饵量。先投喂水蚯蚓，进行转食驯化，随后用鱼粉、蚕蛹、血粉、酵母、小麦粉等原料掺杂鱼浆诱食剂，配制成团状饲料，日投 4～6 次，投喂量为鱼体重的 15%，一般转食过程 5～7 天。转食结束后，用全价配合饲料，每天投喂三次，投喂量占鱼体重的 4%～8%。

在池塘南岸搭设饵料台，一般 10 亩以内的池塘在南岸设置 1 个饲料台即可。鱼种入塘后，用绞肉机将新鲜的野杂鱼绞碎，沿池边全池扣堆投喂，并逐渐向饵料台引诱，最后全部在饵料台旁投喂，并利用声响进行投喂驯化。投饲料量根据吃食量的增加而增加，开始每天 1～2kg/亩，第 5 天投喂达到 5～10kg/亩，5 天后逐渐增加冰鲜鱼鱼块的投喂。当大口鲇长至 100g 左右，完全改投冰鲜鱼或加喂部分鸡肠、猪牛肺等畜禽下脚料。最后可完全投喂整条冰鲜鱼或鸡肠、猪牛肺等畜禽下脚料。投喂次数为每天两次，早晨一次、傍晚一次，以傍晚投饵量最大，约占日投饵量的 60%～70%。大口鲇喜夜间摄食，投喂量参照上一次的投喂量并根据具体情况灵活掌握，以晚上投饵，次日清晨吃完为度。

2）水质调节

7～8 月份高温季节，每周加注一次新水，每次注水 10～20cm，增高水位，最终使水位达到最高。结合用生石灰泼洒鱼池，保持水质清新，透明度在 25～40cm，如果水质过肥，要及时加注新水。

3）日常管理

坚持每天巡塘，以便及时发现问题和解决问题。在巡塘中，做好防逃和防病工作的同时，每 7～10 天随机取样 20～30 尾，根据取样情况调整饲料投喂量和投喂次数。高温季节开启增氧机增氧，以防大口鲇缺氧浮头。开机时先将增氧机打开，然后立即关上，几分钟后再重新打开，以免开机时在增氧机下休息的杂交鲇被卷入增氧机。

5. 经济效益

此种养殖方法，一般亩净产大口鲇可达 400kg 以上，其他套养鱼类可达 100kg 以上，亩利润可达 3000 元以上。是主养鲤、鲫等常规鱼鱼类经济效益的 3～5 倍。

6. 养殖注意事项

（1）放入同一池塘的鱼种一定要规格整齐，以免大小不一、自相残食，影响成活率。

（2）鱼苗要从专业部门或权威部门购买，以免购入假冒的大口鲇鱼苗，影响养殖效果和经济效益。

（3）购买大口鲇鱼苗时，在规格上要宁大勿小，鱼苗规格越大，成活率越高，养殖效果也就越好。

（4）由于大口鲇长势奇快，食量很大，因而饲料一定要充足，以免因饲料不足引起自相残食，影响成活率和养殖效果。

8.3.2 池塘套养

在小型野杂鱼较多的家鱼成鱼池、亲鱼池、大堰塘里，可以适当套养一些大口鲇鱼种。套养的数量主要依水域里饲料鱼的多寡来决定，通常每亩可投放体长 12cm 以上规格的鱼种 20～50 尾，这样可在不减少主养鱼产量、不增加饲料投入的情况下，当年就能收获尾重 0.5～1.5kg、每亩 10～25kg 的大口鲇成鱼。在家鱼池塘中套养了大口鲇后，非但不会影响主养鱼的产量，相反，大口鲇能吃掉野杂鱼和病弱鱼，起到减少家鱼争食现象和抑制鱼病发生的作用，促进增产增收。因此，在养鱼池塘中套养大口鲇的方法大有推广意义。

但要注意，依靠套养鱼种解决来年大规格鱼种的池塘不宜套养大口鲇。那些水质过肥、排灌不便、家鱼经常浮头而又没有增氧机的池塘，也不宜套养大口鲇。

珠江三角洲大口鲇成鱼养殖基本上采用单养的方法，池塘除放养少量的鲢、鳙鱼作为控制浮游生物繁殖以外，均不放入其他鱼类套养。每亩成鱼池放养 7～8cm 大口鲇苗 1200～1500 尾。投喂饲料全部为切碎的冰鲜杂鱼。每天投喂 1～2 次，投喂量最初为鱼总重量的 7%～8%，以后，随着鱼的成长，下降至 5%。在广东夏季水温 28～32℃的条件下，养殖 55～60 天后，每尾平均体重 0.4～0.5kg，最大每尾 0.6～0.8kg，已达商品鱼上市规格。此时若不收获，一直养到年底，平均每尾体重 3.5～4.0kg，最大可达 6.0～6.5kg。成鱼养殖的饲料系数为 1.8～2.0。按每年池塘养殖大口鲇种两造计算，年亩产约 1500kg。

8.3.3　网箱饲养

由于大口鲇经人工驯化养殖，对网箱环境和人工配合饲料都有良好的适应能力，所以近些年利用网箱饲养大口鲇发展较快。

1. 网箱架设

常采用三级网箱养殖方法。即放养 4～5cm 长的鱼种，先在一级网箱中培育，长到一定规格后，转入二级鱼种网箱饲养，最后转入第三级成鱼网箱养殖。这三种网箱的网目分别为 0.6～0.8cm、1.0～1.5cm 和 2.5～3.5cm。网箱应架设在相对开阔、向阳，有一定风浪或有缓流的水域，水深 5m 以上，透明度 1m 左右，全年 22℃以上的水温有 3～5 个月。

2. 鱼种放养

网箱养鲇一般于 5 月份鱼种进箱，饲养到 10 月底收获，养殖期为 150 天以上，成活率可达 80%，每平方米网箱可产商品鱼 65～100kg，尾重可达 500～700g。当年繁殖的鱼苗培育到 4～5cm，方可放入一级网箱饲养，密度为每平方米 400～600 尾。饲养 15～20 天后，清箱过筛，大小不同的分箱饲养，把达 8cm 以上的鱼种按每平方米 300～400 尾的密度另箱分养。当鱼种规格达到 16.5cm 左右时，转入二级鱼种箱饲养，密度为每平方米 200～250 尾。当其尾重达 25g 左右时，转入成鱼箱饲养，这时的密度为每平方米 120～150 尾。如果投放尾重 400g 左右的隔年鱼种，每平方米只能放养 30～50 尾。在上述鱼种放养密度情况下，一只 25m^2 的成鱼网箱，能产大口鲇成鱼 1500～2500kg。

3. 投喂技术

在网箱中饲养大口鲇，个体较小的在水体中层摄食，个体较大的则在底层取食，小个体的爱吃腥、软质饲料，稍大些的个体才愿吞食干、硬颗粒饲料。不论大小规格的鲇鱼，几乎没有浮上水面来抢食的习性，较喜在箱周和 4 个箱角栖息活动。因此，网箱内必须设置饲料台，一般 10m^2 设 1 个，25m^2 可设 1～2 个，悬挂在箱内离网底 20～30cm 处。投喂时将饲料撒在饲料台上方水面，在饲料颗粒逐渐下沉的过程中被大口鲇吞食。其投喂量在大口鲇全长 5～10cm 时，日投饵率为鱼体重的 8%～10%，日投饲 3～4 次；全长在 10～

13cm 时，日投饵率为 4%～6%，日投 2～3 次；全长在 23cm 以后，投饵率可降为 1%～3%，日投喂 1～2 次，每天最后一次投饵可安排在晚上 10：00 左右进行。

根据大口鲇不同生长阶段的营养需要，生产上常采用 4 个饲料配方，即转食饲料、鱼种饲料、成鱼饲料和秋后饲料。其中蛋白质含量最高的为转食饲料，达 45%～48%，以后随鱼体长大而递减。成鱼饲料配方中粗蛋白含量为 35%即可，其中鱼粉 25%，花生仁粉 18%，酵母粉 5%，鱼油 1.1%，玉米粉 10.4%，复方氨基酸 2%，预混料 2.5%。加工中要注意原料尽可能粉碎得细些，并且黏合剂质量要好，以保证饲料颗粒在水中 1h 左右不松散，提高大口鲇摄食利用率。

8.3.4　稻田放养

实践证明大口鲇可在稻田养鱼中作为主体品种。稻田须选择水源充足，能排能灌，天干不旱，洪水不淹，水质良好无污染的地方。块田面积要求在 1 亩左右为宜。放鱼种前，要加高田埂，开挖鱼沟和鱼坑，建好拦鱼设备。投放的鱼种规格要大，并用 5%的食盐溶液对鱼体进行严格消毒。也可以混养一些鲤鱼、草鱼鱼种。在饲养过程中，可投喂从其他水域中捕获的野杂鱼或采购廉价低值鱼作为饲料，或将这类小杂鱼用绞肉机绞成肉泥，混合其他植物性饲料，以面粉黏合制成混合饵料投喂，既方便又实惠，能满足大口鲇小规模养殖的营养需要。如果养殖规模较大，则须使用全价颗粒饲料才能满足大面积生产的需求。平时应常注水和更换新水，保证水质鲜、活、嫩、爽。

8.4　病 害 防 治

杂交鲇抗病力强，基本上不得病。疾病以防为主，防治结合。开食后，每半个月向鱼池泼洒 25～30kg/亩的生石灰，并保持饲料台的清洁卫生。如发现寄生虫病，一般应选用中草药类制剂，忌用敌百虫等无鳞鱼敏感的药物。

1. *腐皮病*

【病原】斑点气单胞菌。

【症状及危害】病鱼体部分皮肤变白，游动缓慢不吃食，鱼体两侧出现红斑溃疡。该病危害鱼鳃，发病时间为 4～5 月。

【防治方法】用 0.2mg/L 二氯异氰尿酸钠全池泼洒，或用聚维酮碘对养殖水体全池泼洒消毒，每天一次，连续使用两次。同时，将甲砜霉素 50mg/kg 体重、三黄粉 100mg/kg 体重、维生素 C 80mg/kg 体重拌料投喂，每天三次，连续使用 5 天。

2. *白尾病*

【病原】白皮假单胞菌或柱状曲挠杆菌。

【症状及危害】发病初期，病鱼尾柄处发白，随着病情发展，迅速扩展蔓延，以至自背鳍基部后面的体表全部发白，严重时尾鳍腐烂残缺不齐。该病主要危害体长 3～5cm 的苗种，发病时间为4～7月。

【防治方法】①每立方米水体用0.3g强氯精兑水全池遍洒，连用三天；漂白粉（含有效氯30%）全池泼洒，使池水成1mg/L的浓度。②用2.5%的食盐加少许醋浸洗病鱼。

3. 烂鳃病

【病原】柱状曲挠杆菌。

【症状及危害】病鱼不摄食。鱼体色黑，游动缓慢，常浮于上层水面，鳃丝颜色变淡，边缘附有污泥或杂物，严重时鳃丝末端腐烂。挑取少许黏液附物镜检，可见到成丛纤细长、柔软能做弯曲运动的杆状菌。该病主要危害成鲇，可引起大批量死亡，流行于4～8月。

【防治方法】①用0.2mg/L的二氯异氰尿酸钠全池泼洒。②内服每千克饲料加恩诺沙星2.3g。

4. 肠炎病

【病原】肠型点状气单胞菌。

【症状及危害】病鱼体发黑，食欲明显减退，剖开鱼腹，可见肠壁局部充血发炎，肠内黏液较多，疾病后期可见全部肠道发炎，呈浅红色，肠黏膜往往溃烂脱落，肠内含有血质色黏稠液体，胃、肠内无食物。该病危害成鲇和大鱼种，发病期为每年4～6月，常与烂鳃病并发。

【防治方法】①用0.2mg/L的二氯异氰尿酸钠全池均匀泼洒。②口服每千克饲料加3～4g恩诺沙星。

5. 出血病

【病原】主要是嗜水气单胞菌。

【症状及危害】病鱼头顶部明显充血，出血、在水中呈呆滞的抽搐状游动停止摄食；眼球突出，眼眶出血发红；鳍及鳍基出血，鳍条末端腐烂；鳃丝颜色变淡，黏液增多，其末端出现不同程度的腐烂；肌肉局部或斑块状出血；肛门红肿肠道充血发红，胃、肠内食物减少，部分病鱼肝、肾点状出血，胆囊肿大变色。该病一般发生在3～5cm的鱼种阶段，流行于5～6月，发病水温为24～28℃，发病1～2天鱼即开始大批死亡。

【防治方法】可采用内外结合治疗法。用0.2mg/L二氧化氯或二氯异氰尿酸钠全池泼洒。投喂5%鱼虾壮元拌料，连喂5天为一疗程，病情严重时，隔天重复一疗程。

6. 车轮虫病

【病原】车轮虫。

【症状及危害】车轮虫寄生于鲇鱼鳃丝或体表。寄生于体表的车轮虫，感染严重时可见病鱼嘴部、鳍等处有一层白翳；寄生于鳃丝则引起病鱼鳃丝颜色变淡，黏液增多，镜检可发现大量车轮虫。该病主要危害体长5cm以下的苗种，可造成死亡，流行于每年4～5月。

【防治方法】①全池泼洒0.2mg/L二氯异氰尿酸钠。②全池泼洒苦楝子煎液，用量为

5mg/L，使用前煮沸 2h。

7. 斜管虫病

【病原】斜管虫。

【症状及危害】斜管虫主要寄生于鲇鱼的鳃丝上，严重感染时鳃黏液增多，鳃丝末端发白、腐烂，鳃组织肿胀、贫血。该病主要危害苗种，可致鱼死亡。流行于 4～5 月。

【防治方法】同车轮虫病。

8. 小瓜虫病

【病原】多子小瓜虫。

【症状及危害】小瓜虫病是危害鲇鱼最严重的疾病。如果环境条件适于该病原，几天内可引起鱼大量死亡。多子小瓜虫侵入鱼的皮肤和鳃组织后，形成大头针大小的白色小点状囊泡，肉眼可见，大量寄生于鳃时，鳃丝颜色变淡，黏液增多。该病严重危害苗种和成鱼。水温 20～25℃时适宜多子小瓜虫生长和繁殖，流行于 4～6 月。

【防治方法】①每亩水面每米水深，用辣椒粉 300g，生姜干片 180g，煎成 25kg 溶液，全池泼洒，每天一次，连泼两天。②用 3mg/L 亚甲基蓝全池泼洒，隔 3～4 天用一次，连用三次。

9. 水霉病

【病原】水霉菌。

【症状及危害】被感染后的鱼，其体表的任何部位均可长出小丛或大丛的灰白色棉花状菌丝体。病鱼游动失常，消瘦死亡。全年均可发生该病。

【防治方法】用 2%～4%食盐浸浴病鱼 15～30min，用 3mg/L 治霉灵全池泼洒。

10. 绦虫病

【病原】鲇华丽绦虫。

【症状及危害】病鱼体色稍黑，游动缓慢，胃、肠内无食物，肠内有较多淡黄色黏液，剖开腹腔肉眼可见绦虫寄生在肠内。危害 10～54 日龄鲇鱼苗时，感染率为 60%，未发现引起大量死亡的情况。成鲇虫体主要寄生于肠中，堵塞肠道，严重影响成鲇生长，发病时间为每年 4 月。

【防治方法】①每千克体重拌饲投喂 10～20mg 恩诺沙星，一天一次，连用 3～5 天。②每 50kg 饵料加 20g 丙硫苯咪唑，投喂三天。

主要参考文献

蔡宁波. 2002. 南方大口鲇网箱养殖技术. 内陆水产，5：26～27.
杜忠臣，李胜勋，孙国庆，等. 2007. 南方大口鲇人工繁殖及苗种培育技术. 河南水产，1：9～10.
孔令杰. 2001. 南方大口鲇生物学特性及其增养殖技术. 黑龙江水产，4：10～11.

连金珠. 2008. 网箱套养饵料鱼养殖南方大口鲇高产技术. 水利渔业，2：65～66.
林育敏，石教友，方刚，等. 2003. 大口鲇人工配合饲料网箱养殖技术操作规程. 淡水渔业，6：49～62.
刘荣军，邓绿洲，黄小丽，等. 2013. 一例大口鲇腐皮病的诊治. 科学养鱼，9：63.
刘水香. 2012. 大口鲇网箱健康养殖技术. 河北渔业，9：19～49.
刘智. 2011. 大口鲇病害防治技术. 渔业致富指南，8：55～56.
柳富荣，刘光正. 2008. 南方大口鲇网箱高产高效养殖技术. 科学种养，7：41
柳富荣，刘光正. 2010. 南方大口鲇. 湖南农业，4：24.
罗相忠，邹桂伟，潘光碧，等. 2006. 大口鲇人工繁殖与苗种培育技术要点. 淡水渔业，1：54～56.
施白南. 1982. 嘉陵江南方大口鲇的生物学研究. 四川动物，1～6.
石教友，林育敏，赵一风，等. 2003. 大口鲇池塘高产养殖技术. 淡水渔业，33：45～48.
苏建国，杨春荣. 2000. 大口鲇的繁殖技术. 畜牧兽医杂志，3：43～45.
万松良，杨立建. 2007. 大口鲇池塘高效养殖模式. 渔业致富指南，5：33～34.
王文彬. 2006. 南方大口鲇不同养殖时期养殖技术. 内陆水产，9：11～12.
王文彬. 2007. 南方大口鲇的科学投喂. 齐鲁渔业，1：34～35.
温彬. 2009. 配合饲料喂养南方大口鲇技术. 河南水产，3：18～19.
奚业文，葛明生，王教富. 1999. 南方大口鲇人工繁殖技术概述. 福建水产，3：79～86.
许国焕，黄峰，韦明肯，等. 1996. 不同饵料对大口鲇鱼种生长的影响. 水利渔业，5：10～12.
张跃，劳启宁. 1999. 南方大口鲇的生物学特性及繁养殖技术. 江西水产科技，2：29～32.
赵新安，余进峰. 2001. 网箱养殖大口鲇技术. 渔业致富指南，17：42～43.
周华书. 2007. 南方大口鲇的网箱养殖技术. 渔业致富指南，6：30～31.
朱勇夫，石义元，普家勇. 2005. 大口鲇常见鱼病及其防治方法. 渔业致富指南，7：49.

第九章　鳜　　鱼

鳜鱼，又称翘嘴鳜，俗称桂花鱼、季花鱼、母猪壳。在分类学上属于鲈形目、鲈亚目、真鲈科、鳜属，与海水名贵品种石斑鱼同科，故又被誉为“淡水石斑”。鳜属中的主要养殖品种有翘嘴鳜、大眼鳜、斑鳜等，在某些地区统称为鳜鱼，但其中以翘嘴鳜养殖最为普遍，养殖效果最好。鳜鱼是一种肉质细嫩、少细刺、味道鲜美、营养价值很高的传统名贵鱼类，在我国南北水系均有分布。近年来，随着其自然资源的急剧衰减，人们对高档名贵水产品的市场需求旺盛，鳜鱼已经成为内陆淡水养殖的热门品种之一。

9.1　生物学特征

9.1.1　形态特征

鳜鱼（图 9-1）体高而侧扁，背部隆起，背缘呈弧形，腹部圆，下凸明显。眼上侧位，口裂大，端位，略倾斜。下颌长于上颌，上颌骨延伸至眼后缘，上、下颌齿尖锐。前鳃盖骨后缘有锯齿，鳃盖骨后缘有两个扁平的棘，鳞片为细小的圆鳞。背鳍发达，几乎占据整个背部，且前部有 12 个锋利的硬刺，胸鳍圆形，腹鳍近胸部，尾鳍呈扁圆形。腹部灰白色，自吻端穿过眼睛至背鳍前下方有一条狭长、斜行的黑褐色带纹；而在背鳍下方，有一条明显较宽的暗褐色的竖直带纹，体两侧还具有大小不规则的暗褐色斑点及斑块，较为明显；背鳍、尾鳍、臀鳍上均有暗褐色的斑点连成带纹。

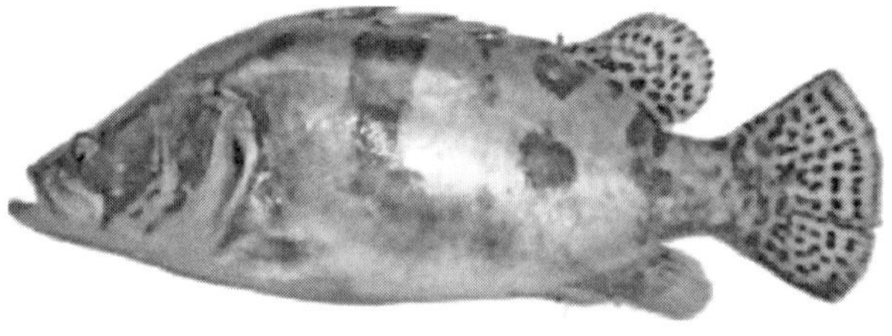

图 9-1　鳜鱼

9.1.2　生活习性

鳜鱼属于淡水生活鱼类，喜欢栖息于江河、湖泊、水库等净水或水流较缓、水草茂盛、水质洁净的水体中；白天一般较少活动，常潜伏于水底，夜间四出活动觅食；且不喜欢作长距离的洄游和迁移，不喜群居。鳜鱼属广温性鱼类，生活适温为 7～32℃，最适 18～25℃。秋冬季节，鳜鱼一般洄游至河道、湖泊的深水区越冬，待春天水温回升后，逐渐游至沿岸浅水处觅食。在池塘饲养的鳜鱼有在池底打洞作窝的习性，日间常潜伏在窝内，拉网不易捕到，多在傍晚或早晨出窝摄食。鳜鱼喜欢溶氧充足的清新水质，不耐低氧，所以人工饲养鳜鱼的池塘对水质要求较高，不能太肥。

9.1.3　食性与生长

鳜鱼属典型的肉食性凶猛鱼类，行动敏捷，在自然水体中主要捕食小鱼、小虾。鳜鱼全年摄食，无停食现象，一般随着水温升高，适温程度提高，其摄食率会显著提高。随着鱼体生长，鳜鱼口裂越大，摄取的鱼类体积也越大，吞食的鱼类一般以体形流线型和长筒型为主，尤其是那些游泳能力不强的鱼类。根据观测，鳜鱼在鱼苗阶段，能吞食相当于自身长度80%的饵料鱼，成鱼阶段可捕食相当于自身体长40%～60%的其他鱼类。在饥饿而又无其他饲料时，它们甚至相互残杀以维持生命，有时会双双卡死。

另外，常规的鱼类，在鱼苗阶段都有一个摄食浮游生物或底栖生物的阶段，经过食性转换后才摄食动物或植物，即转变得和成鱼摄食类型相同；但鳜鱼没有食性转换的过渡阶段，鳜鱼苗一开口就可捕食其他鱼类的仔苗，所以，第一时间摄食到开口饵料鱼就成了其存活的关键。在天然水域中鳜鱼苗及时获得开口饵料鱼的机会很少，所以自然状态下鳜鱼的成活率很低，这也制约了鳜鱼家族的壮大发展。人工养殖中，为鳜鱼苗提供营养丰富、适口性好的开口饵料，是养殖成功的关键。

刚孵出的鳜鱼仔鱼全长3.9～4.2mm，卵黄囊占鱼体重的50%左右，呈卵圆形。它此时暂不能摄食，生长完全靠自身营养物质，为内营养阶段，持续2～3日龄；但鳜鱼仔鱼发育迅速，机能分化快，3～5日龄即可到混合营养阶段，此时全长4.9～5.0mm，一边继续吸收卵黄内的营养物质，一边开始主动摄食外来的饵料生物；5～7日龄时全长已达5.8～6.8mm，卵黄内的营养物质消耗殆尽，全靠外来营养物质维持生命活动，为外营养阶段。但在7～8日龄以前，鳜鱼苗的口裂宽小于1mm，对饵料鱼苗有很强的选择性；而当鳜鱼苗全长达7mm以上后，口裂宽已超过1mm，对饵料鱼苗的选择性降低，能摄食各种常见鱼类的鱼苗。

在天然江河湖泊中，鳜鱼生长较慢。在长江流域，1龄鱼平均体长为17.5cm，平均体重为119g；2龄鱼平均体长为23.6cm，平均体重为300g；3龄鱼平均体长为32.8cm，平均体重为812.2g；4龄鱼平均体长为42.5cm，平均体重为1526.4g。据报道，在自然水域中鳜鱼最大个体可达7.5kg。而在人工养殖条件下，池塘养殖鳜鱼当年一般可达300～500g；网箱饲养290天左右，鳜鱼平均体重可达880g。人工养殖的鳜鱼生长速度显著高于天然水域的鳜鱼生长速度，这种现象可能是在天然水域中饵料不足等原因造成。

9.1.4　繁殖习性

鳜鱼初次性成熟年龄较早，雄鱼为1～2龄，雌鱼为2～3龄，成熟的亲鱼在江河、湖泊、水库等都能产卵繁殖。繁殖季节雌雄形态区别明显，雄鱼肛门后为泄殖孔，即共有两个孔；而雌鱼肛门之后为“一”字形的生殖孔，其后还有一个泌尿孔，共有三个孔。

鳜鱼自然繁殖季节在 5 月中旬至 8 月初，6～7 月为繁殖盛期，不同水域因水温等原因有一定差异，长江流域每年 5 月中旬至 6 月上旬，华南地区为每年 4～8 月份，黑龙江流域为每年 6 月中旬至 7 月下旬。在此期间，亲鱼群集于有一定流速的湖泊入口处产卵，产卵活动多在夜间进行，下雨天或流水环境对繁殖产卵更好。产卵时，性成熟的鳜鱼成对地在水面游动追逐，然后在水体下层分批产卵及排精。鳜鱼的怀卵量与年龄和个体大小有关，据报道，一般 2～3 龄的天然水域中的鳜鱼怀卵量，固城湖 5.3 万～32 万粒，洪泽湖 5.6 万～62.1 万粒，洪湖 2.8 万～21.4 万粒，黑龙江 5.5 万～46.9 万粒。

鳜鱼的受精卵为半浮性，与“四大家鱼”相似，内含较大油球，在静水中下沉，在流水中呈半漂浮状态，受精卵可随水流漂浮而孵化。受精卵的适宜孵化水温 20～32℃，最适 25～30℃。在水温 21～24℃条件下，受精卵的孵化时间较长，需要 2～3 天。

9.2 人工繁殖

9.2.1 亲鱼来源

人工繁殖用的亲鱼，一是从天然水域中捕获的体重 0.5～0.75kg、全长 21～31cm 的野生鳜鱼，但天然水域捕获的亲鱼要求在繁殖季节前期 2～3 个月放入专池强化培育，才可在当年性成熟并进行人工催产；二是在池塘中专池培育亲鱼，经过精心的投喂和饲养管理而成熟。

9.2.2 亲鱼选择与雌雄鉴别

要求选择的鳜鱼体质健壮、无伤无病、体表无寄生虫寄生，体重不低于 0.5kg，雌鱼比雄鱼更大，年龄最好要 3 龄以上，以第二次性成熟后的亲鱼为好，挑选时雌、雄比例最好达到 1∶（1～2）。

成熟亲鱼的外观特征是：雌鱼腹部较为膨大，用手轻压腹部，松软而富有弹性，尤其卵巢轮廓明显，卵巢下坠后有移动状；雄鱼生殖孔松弛，轻压腹部有乳白色精液流出，且精液入水后能立即散开。鳜鱼肛门的后面有一白色圆柱状小突起（即生殖突起），在这生殖突起上，雌鱼有两个开口—生殖孔和泄殖孔，开口于生殖突起的顶端，即雌鱼泄殖区有三个孔，而雄鱼泄殖区为两个孔—生殖孔（输精、排尿共用一孔）呈圆形，在肛门之后。选择时可用挖卵器或铅笔挑一下即可看清。此外，在鳜鱼性成熟时，尤其在繁殖期，雌鱼下颌前端呈圆弧形，超过上颌不多；雄鱼下颌前端呈尖角形，超过上颌很多。

9.2.3 亲鱼培育

亲鱼一般要求专池培育，培育池不宜过小，一般为 2～4 亩，水深 1.5～2.0m，以长方形较好。选择临近水源、少底泥的池塘。根据池塘水深等具体情况，鳜鱼亲本放养密度为 50～100kg/亩，并投喂活的适口饵料鱼，尤其在繁殖季节到来之前，更应多投。在繁殖季节前的 2 个月最好将雌雄亲鱼分开进行强化培育。鳜鱼催产前需进行强化培育，以低值小杂鱼或花白鲢作为饵料来源，保证饵料鱼的投喂量。日常管理方面，鳜鱼亲鱼喜欢活水，水源充足的地方最好保持微流水。要常年保持水质清晰，在夏、秋天气闷热期间要加强巡塘，必须配备增氧机，保持池水有足够的溶氧，防止鳜鱼缺氧死亡。

9.2.4　人工催产

1. 催产药物和剂量

用于鳜鱼人工繁殖的催产剂，主要是绒毛膜促性腺激素（HCG）和促黄体素释放激素类似物（如 LRH-A_2）。雌鱼 LRH-A_2 注射剂量为 20μg/kg，HCG 剂量为 2000IU/kg；雄鱼剂量减半。鳜鱼繁殖所用催产剂的剂量比四大家鱼的用量要高，但如果鳜鱼成熟好，即使采用较低的剂量，也可顺利产卵，生产中可根据亲鱼成熟程度灵活掌握。

2. 催产季节

长江流域 4 月末鳜鱼卵巢发育至 IV 期，5 月初可以催产，具体注射时间一般根据水温确定，最适合的繁殖水温为 25～28℃。采取在家鱼培育池套养鳜鱼培育亲本的，在可催产时及时催产，避免鳜鱼因经常受到拉网惊扰，性腺退化，导致催产失败。

3. 催产注射方法及效应时间

催产注射前，需配制催产试剂溶液，且现配现用。将 LRH-A_2 或 HCG 直接溶解于生理盐水中即可制成注射溶液。注射液量控制在每尾亲鱼注射 2～3mL 为度。亲鱼个体小，注射量还可适当减少。应当注意注射液不宜过浓或过稀。配制的溶液浓度过大，注射时稍有浪费会造成剂量不足；浓度过稀，大量的多余水分进入鱼体会造成不良影响。

催产药物采用胸腔注射，注射时，从亲鱼胸鳍基部无鳞片的凹入部位，将针头朝向鳜鱼头部方向，与鱼体轴呈 45°角左右，刺入深度 1～1.5cm 后（具体深度根据鱼体大小灵活掌握），平稳地注入催产试剂。此过程中应注意针头不要扎太深，以免伤及亲鱼内脏。鳜鱼的催产效应时间的长短和水温、注射催产剂的种类、注射次数、亲鱼年龄、性腺的成熟度以及产卵的环境条件等有密切的关系，其中最重要的因素为水温和注射次数，在 20～25℃水温下，经 30h 左右后出现雌雄鱼追逐发情现象，并完成产卵。鳜鱼的人工催产可以一次注射，也可以二次注射，二次注射的针距为 10h 左右。

4. 产卵与受精

在繁殖季节，成熟的亲鱼注射催产剂后，可将雌雄按比例配对放入产卵池中，保证微流水的注入，使池中水体溶氧充足。根据效应时间和具体观察情况，在发情前 2～3h，加大注水流速，强化刺激亲鱼发情并自行交配。发情时，亲鱼浮上水面逆水流沿产卵池边游动，雄鱼追逐雌鱼，并不时用头部顶撞其腹部，达到高潮时，游动速度加快，两鱼并行，身体突然翻转，尾部交合即完成一次产卵活动。因鳜鱼是多次产卵型，且个体间的效应时间有差异，产卵持续时间较长，一般可达好几个小时。产卵时须一直进行集卵的工作，具体操作是将集卵箱放于出水口处，一边向外排水，一边不断注入新水，使受精卵流入集卵箱内。当集卵箱中收集到足够多受精卵时，须及时而快速地取出，同时陆续放到孵化设施中孵化，以免积压窒息而使胚胎死亡，这种方法简单易行，亲鱼受伤轻，但受精率比人工授精的方法要低些。收集受精卵时，也可以在出水口处连接一根管道，管道的另一端直接联入孵化设施中，这样受精卵可随水流直接进入孵化池的水体中，减少集卵的环节。

另外，根据亲鱼具体情况，如成熟的雄鱼较少时，也可采用人工授精法，受精率会大大提高。但关键是要掌握好适宜的受精时间，否则会降低受精率。必须每隔 1～2h 巡视检查鳜鱼是否有发情表现，未发情时，鳜鱼一般静卧水底。当亲鱼已发情还未到高潮时（大约开始发情 15min 后），立即捕出亲鱼，先擦干亲鱼腹部的水，裹上毛巾，然后将鱼轻轻握住，头朝上，鱼腹朝下，由上而下反复适度挤压腹部，使卵流入预先擦干净的瓷盆中，同时挤入雄鱼精液，为防止有些雄鱼发育不好，精液质量差，最好几条雄鱼的精液一起加入，提高受精率。再用羽毛搅拌 1～2min，使精卵充分混合，然后加入少量清水搅拌，刺激鱼卵受精，静置 1～2min，经充分搅拌后放入孵化缸或环道孵化，鳜鱼受精卵黄色，卵膜较厚，不透明。

5. 人工孵化

鳜鱼受精卵为半浮性卵，与家鱼卵比较，其体积小，比重大，容易沉入水底而造成窒息死亡，所以孵化时需有一定的水流。鱼卵的孵化密度一般为 10 万～20 万/m^3，孵化工具有流水孵化桶、孵化缸、孵化环道。养殖中通常将处理过的鳜鱼卵过数后，放入孵化环道中集中孵化。孵化用水必须通过筛绢过滤，保证用水含氧量充足，水质稳定。环道用水流速一般控制在 0.2m/s 左右，须使受精卵漂浮在水体中上层，当脱膜时，适当加大水流，以便清除卵膜、污物等。在脱膜高峰期，必须勤洗过滤筛绢，防止卵膜夹杂着污物堵塞网孔，造成水流不畅，影响水质。

在适宜的温度范围内，温度越高，孵化时间越短，反之则长。孵化期间水温为 22～25℃时，经 30～34h，受精卵开始破膜；水温在 25℃以下时，孵化时间在 50h 以上；低于 19℃或高于 32℃容易引起胚胎发育不良甚至停滞发育。刚孵苗卵黄囊较大，身体柔嫩透明，体长 3.8～4.2mm，只能随水流在水中翻滚，此时水流应略加大。3～4 天后，卵黄囊吸收完毕，接着身体出现腰点（鳔），能在水中平游，标志着鳜鱼卵孵化期的完成，并发育到养殖生产中所谓的水花阶段。

9.3 鱼苗培养

9.3.1 培养阶段

随着身体器官的完善，鳜鱼苗从上下游动转为水平游动，为防止鱼苗顶水，应减缓水流，避免消耗幼苗体能。鱼苗上下颌已长出牙齿，可追捕到与它身体大小相似的鱼苗，养殖中开始投饵，即进入鱼苗培育阶段。鳜鱼孵化容易培育难，在培育过程中要自始至终投喂适口的活饵料，否则会互相残杀，严重影响成活率。

在饵料充足的情况下，刚孵出的鳜鱼苗 20 多天后，体长达到 2.5～3.0cm，即完成了鱼苗的培育阶段，长成为夏花鱼种。

9.3.2 饵料鱼供给

养殖生产中，常将刚孵出的鳜鱼苗留在原孵化环道中继续培育。开始时，最为关键的就是开口饵料的供应，开口饲料最好选择刚出膜的鲂鱼或青鱼苗，因为这两种鱼苗较细小，活动缓慢，易被鳜鱼吞食。鳜鱼苗的开口饵料鱼的投喂要与鳜鱼催产时间衔接起来，一般在鳜鱼平游后的 1～2 日必须喂适口饵料，如果饵料鱼供给不足，则鱼苗胃囊收缩，因缺乏食物而不能成活。因此，第一批团头鲂催产应在催产鳜鱼 2～3 日后开始，使孵化出的鲂鱼等鱼苗正好作为鳜鱼饵料开口用。一般催产 30 组鳜鱼后首批需催产团头鲂 150～180 组。初期，鳜鱼苗放养密度为 1 万～2 万尾/m^2，以后逐步分池培育，降低密度。同时，定时打样观察饵料鱼的密度及鳜鱼苗的摄食情况，及时补充饵料苗，使饵料苗的密度保持在鳜鱼苗的 10 倍以上。鳜鱼苗开口后，每隔 2～3 天繁育一批鲂鱼苗作为后续饵料，保证鳜鱼苗充足的饵料供应。同时，视情况逐步降低环道水流流速，减少鱼苗的体能消耗。

鳜鱼苗长至 1cm 以后，为了提供更充足的生长空间和方便管理，需移入池塘继续培育，最好是用水泥池培育，水泥池不宜过大，一般 20m^2 左右，水深 1m 为宜，放养密度控制在每平方米 500 尾左右，增设充气增氧设备，及时换水，约 2 天换水一次。此时可预估时间，提前繁育家鱼的乌仔作为饵料鱼，要求饵料鱼的规格为鳜鱼苗体长的 60%～70%，确保鳜鱼苗生长需要。

9.4 苗种培育

9.4.1 培养阶段

鱼种培育阶段是紧接着鱼苗培育阶段进行的，夏花鱼种比之鱼苗，鱼体已增长了几十倍，如仍留在原池培育，密度过高，将影响生长，亦增加管理难度。因此必须再次进行分池培养，然后将夏花进一步培育成较大规格的鱼种。生产上将 3cm 左右的鳜鱼夏花培养成 8～10cm 或 50g 的鱼种过程，称为鳜鱼鱼种培育阶段。此阶段鳜鱼的体型较小、体格较弱，因此是养殖过程中一个重要的阶段。

9.4.2 培育池及放养密度

培养阶段鱼种培育一般采取专池培育，鱼池面积以 1～3 亩为宜，水深 1.5m 以上，淤泥 15cm 以下，池底平坦，但初期水位要浅一些，50～70cm 为好，以利于水温提高，相对增加饵料鱼密度，以后随着水温升高、鳜鱼长大应分期加注清水，增加水深。3cm 夏花鱼种的放养密度为每亩 3000～4000 尾。

9.4.3 饵料鱼供应

鳜鱼鱼种的日常饵料要求比较严格，一要活，二要适口，三要无硬刺，四要供应及时。

1. 培养饵料鱼

参照鳜鱼养殖池面积，以 1∶（1～2）准备饵料鱼培育池。放养易繁育、易捕获、鳜鱼又喜食的团头鲂、鲢、鳙等种类。每亩饵料池放养 4 万～5 万尾夏花，然后分期拉网，以少量多次为原则，将适口规格鱼种筛出投喂给鳜鱼。鳜鱼苗种培育过程中，饵料鱼除数量充足外，还须规格适口，以饵料鱼体长规格为鳜鱼的 1/3～1/2，体重规格为鳜鱼的 1/10 左右为宜。

2. 饵料鱼投喂

鳜鱼放养后，应定期抽样测定其生长速度、成活率及存塘量，并以此为依据，同时参考气温变化等因素，按池养鳜鱼总重的 5%～10%为标准，计算投放饵料鱼的数量。也可根据检查鳜鱼池塘中剩余饵料鱼密度，推算出在饵料鱼将要被吃完的前 2～3 天，及时补充投放适口的饵料鱼。在投喂的饵料鱼总量中，要配比大小规格不同的饵料鱼，以供生长速度不一的鳜鱼选择适口饵料。

9.4.4 日常管理

1. 坚持巡塘

坚持每天早、中、晚巡塘各一次，观察鱼类活动、摄食等情况，定时测定水温、pH、溶氧、氨氮值，做好记录。

2. 保持良好水质

池塘初期水位应浅一些，50～70cm 水深为好，因为这时鱼体较小，活动能力较弱，而低水位有利于提高池水温度，相对增加饵料鱼的密度，经过若干天生长以后，采取分期注水的方法，逐步提高池塘水位，以增加水中溶氧量和鱼的活动空间。一般采取每周注新水两次，每两周换水一次，保持水质清新，透明度保持在 40cm 左右，注水次数和注水量应根据实际情况而定。

3. 适时增氧

增氧机开机时间、开机长短根据天气、鱼的活动灵活性掌握，保证水体中最低溶氧量不低于 3mg/L，最好 5mg/L 以上，溶氧充足是提高鳜鱼鱼种生长率和成活率的重要措施。

9.5 成鱼池塘养殖

9.5.1 养殖阶段

鳜鱼成鱼养殖阶段是将体长3cm的鳜鱼苗或约8cm的鳜鱼鱼种养成体重约500g的商品鱼，根据水温、放养密度和饵料鱼等因素的不同，需要4～6个月的养殖时间。

9.5.2 养殖池塘及放养密度

以避风向阳、淤泥少（无）的池塘作为养殖池，面积3～5亩为宜，水深1.5～2.0m。要求水质清新，透明度高，溶氧充足。放养密度与放养规格有关，一般体长3cm的夏花鱼苗每亩放养2000尾左右，5～8cm的鳜鱼种每亩放养800～1000尾。

9.5.3 饵料鱼供应

饵料鱼应确保适时、适量供应，其规格控制为鳜鱼苗种体长的1/3左右。当鳜鱼鱼种体重小于50g时，日投喂量为鳜鱼总体重的15%左右，以后逐渐降低到8%左右，饵料鱼严格消毒后投喂，且日投喂量应根据气候、水温、水质及鱼类摄食情况等随时加以调整。

若选用鳜鱼和饵料鱼同池培养模式，则在鳜鱼夏花放养前10～15天，先分批放入草、鳙、鲢或鲂鱼鱼苗，放养密度为每亩20万～30万尾，肥水发塘并每天泼洒豆浆作为饵料鱼的营养来源，当饵料鱼10～15天后规格约长至1.5cm时，正好为鳜鱼夏花下塘的适口饵料。养殖过程中，适时检查池塘中饵料鱼的存鱼量，根据需要补充饵料鱼苗，形成连续供应。也可另选专用饵料鱼池塘，根据鳜鱼下塘的时间，以饵料鱼塘与鳜鱼池塘5∶1的面积比例，培育团头鲂或家鱼的水花，并套养夏花，形成梯度供应，保证饵料鱼的适口性和规模。

9.5.4 日常管理

成鱼养殖的日常管理与鱼种养殖相同。

9.6 网 箱 养 殖

9.6.1 水域选择

网箱养殖鳜鱼的水质必须清新，溶氧丰富，透明度在30cm以上，养殖水体有微流水，背风，向阳，适宜鱼类生活、生长，尽量不在航道上放置网箱。

9.6.2 网箱设置

网箱养鳜鱼最好采用小体积、高密度的形式，规格一般为 3m×3m×2.5m 或 2m×2m×2.5m，具体大小还可根据实际情况调整。这样规格的网箱水体对流快，操作方便。内衣网目 1.5cm，外衣网目 5cm，盖网网目 5cm。网箱应于鱼种放养前 10～15 天下水，使其附着藻类，防止鱼体摩擦而产生损伤。

9.6.3 鱼种进箱

网箱养鳜一般采用分级分养，一级是在 5 月份投放 3cm 以上的夏花鱼种养到体重 50g 左右，需 30～50 天，放养密度为每平方米约 200 尾，达到 50g 每尾时进行分箱养殖。二级是 6～7 月放养规格为每尾 50g 以上的鱼种，放养密度为每平方米 20～30 尾，当年 10 月份左右即可养殖成商品鱼上市。鱼种入箱时须进行消毒处理，一般采用 3%～5%的食盐水或碘制剂进行浸泡，浸泡时间 10min 左右，具体时间根据鱼体反应确定。

9.6.4 饵料要求及解决办法

必须投喂适口的活鱼，规格控制在鳜鱼体长的 40%左右。另外，要求饵料鱼供应充足，以免出现鳜鱼相互蚕食现象。日投饵量根据级鱼总体重的 10%左右计算，实际投喂量看摄食情况、天气状况、水温进行调整。饵料鱼除天然水域捕捞外，主要靠人工养殖，即利用育种池塘高密度养殖鱼种，以后逐步抽稀，捕大留小，以此解决鳜鱼的饵料鱼需求，饵料鱼种类与鳜鱼鱼种培育阶段相同。

9.6.5 日常管理

1. 网箱巡查

坚持清理箱体，防止阻塞网目，影响水体的正常对流。坚持巡箱，观察鳜鱼的吃食情况、有无病害、网箱有无破损，发现问题，及时解决。

2. 规格检查

定期检查鱼类生长状况，及时对大规格鱼种进行分箱，保证同一网箱内规格一致，以防自相残杀。

3. 及时清洗网箱

为防止网目堵塞，一般 7 天清洗网箱网衣 1 次，夏季更要勤洗刷，以保护箱体内外水流通畅。及时清除垃圾等漂浮物，防止网目堵塞和损坏网衣。

4. 防护措施

做好防逃、防盗和防洪措施，尤其是在夜间，需要专人看护，有情况及时处理。

9.7 病害防治

鳜鱼病害防治，主要是采取“无病先防，有病早治，经常预防，防重于治”的原则。这是因为鳜鱼正常生活在水底，患病初期不易被人发现，一旦在水面慢游，则表明此鱼已进入患病晚期，治疗也较困难，所以要防重于治。

鳜鱼病害的预防从三个方面进行：首先是选择良好的水源和水域，为鳜鱼的生活和生长创造一个良好的环境；其次是做好养殖设施、生产用具、孵化设备、孵化用水的消毒；最后是做好饵料鱼的鱼体消毒。养殖过程中应加强病害监测和预防工作，养殖期间定期用生石灰调节水质，在防治寄生虫病时可选用硫酸铜与硫酸亚铁合剂驱虫，用药时严格控制药物剂量，避免盲目和超标用药。常见的鳜鱼疾病防治如下。

1. 指环虫病

【病原】指环虫。

【症状及危害】具体症状表现为发病的鳜鱼浮头慢游，体色变黑，鳃部显著浮肿，鳃丝呈淡红色、黏液多，严重时并发细菌性烂鳃病，此病夏秋季较流行。

【防治方法】用强力杀虫精 0.15g/m^2 全池泼洒，隔日再施一次，然后加注新水 20cm，再用 0.75g/m^2 漂白粉全池泼洒，防治因虫体损伤引起的烂鳃病，效果较好。

2. 锚头鳋病

【病原】锚头鳋。

【症状及危害】具体症状表现为虫体吸附鱼体上，发生部位有出血现象，病鱼消瘦，食欲减退，严重时病鱼消瘦死亡。

【防治方法】强力杀虫精 0.15g/m^2 全池泼洒，并定期用生石灰调节水质。

3. 细菌性烂鳃病

【病原】有害细菌。

【症状及危害】主要症状为病鱼离群独游，消瘦，鳃丝端部发白腐烂，有黄色的腐烂物附于鳃丝边上，严重时软骨外露，体表充血发炎，最终死亡。

【防治方法】①用 25 克 g/m^2 生石灰或用 0.75g/m^2 漂白粉加 g/m^2 硫酸铜兑水后全池泼洒，效果较好，用药 3 天后更换 1/4～1/3 的池水；②全池泼洒溴氯海因 0.2～0.4g/m^2，两天后全池泼洒 0.2～0.3g/m^2 碘制剂一次。

4. 细菌性感染出血症

【病原】嗜水气单胞菌。

【症状及危害】主要症状为鱼体光滑无消瘦，鳍条主要在臀鳍基部充血，有时下领充血，经常伴有腹水，腹腔内结缔组织或脂肪充血，肝颜色略偏淡红色，极少数出现淡白色。每年7～9月为发病高峰期。发病呈急性型，从开始发病至大量死亡仅需1星期。

【防治方法】注射细菌性疫苗可预防此病发生；而早中期采用恰当的抗菌消毒药物处理，可控制此病蔓延或彻底治愈。另外，采用石灰、二氧化氯类消毒剂调节水质，或全池泼洒含氯消毒剂、大黄等中草药、抗生素等可有效控制。

5. 纤毛虫病（车轮虫、斜管虫、舌杯虫病）

【病原】车轮虫、斜管虫、舌杯虫等寄生虫。

【症状及危害】具体症状表现为病鱼浮头靠近池岸，游动缓慢，口张开，体表呈灰白色，鳃丝呈灰白色。黏液多，并发烂鳃病，病重时鱼体失去平衡，上下浮动，最后导致死亡。此病在鱼种阶段危害最大。

【防治方法】用硫酸铜和硫酸亚铁混合兑水后全池泼洒效果较好，用量为硫酸铜 $0.75g/m^2$、硫酸亚铁 $0.3g/m^2$。

9.8 成鱼捕捞

成鱼规格基本达到上市规格，可根据市场行情适时捕捞上市。因鳜鱼性情急躁，耐低溶解氧能力弱，捕捞后应及时放入清水中暂养，防止鱼体短期内缺氧死亡。也可采取轮捕轮放的措施分批上市，以减少池塘存鱼量，促进小规格鳜鱼生长，提高养殖总体经济效益。

主要参考文献

陈瑞明. 1999. 鳜鱼苗的生物学与开口期培育技术. 淡水渔业，29（10）：28～30.
高建文. 2006. 水库网箱养殖鳜鱼技术. 水产养殖，（4）：34～35.
顾英娜. 2015. 对鳜鱼养殖常见病防治措施思考. 农民致富之友，（9）：157.
何利君. 1999. 鳜鱼的生物学特性及养殖对策. 四川畜牧兽医学院学报，13（2）：56～59.
何志刚，李绍明，王冬武. 2013. 鳜鱼生态养殖. 长沙湖南科学技术出版社.
黄丽萍. 2011. 鳜鱼的人工繁殖技术. 中国水产，（2）：40～41.
李明锋. 2010. 鳜鱼生物学研究进展. 现代渔业信息，25（7）：16～21.
秦玉丽. 2006. 鳜鱼的生物学特性及养殖新技术. 河南农业科学，（7）：115～116.
史飞，赵宝林. 2013. 鳜鱼苗种繁育技术. 水产养殖，（3）：25～27.
陶乐农. 2000. 鳜鱼网箱养殖技术. 内陆水产，（8）：27.
汪建国，艾桃山，李远国. 2014. 鳜鱼高效养殖与疾病防治技术. 北京：化学工业出版社.
夏贤军. 2011. 水库鳜鱼网箱养殖技术. 安徽农学通报，17（05）：166～167.
杨承泰，王卫民，曹玲. 2008. 鳜鱼养殖中的常见疾病及其防治. 水利渔业，28（3）：104～107.
曾国清. 2000. 鳜鱼养殖技术. 内陆水产，（5）：27～28.
张伟筠，张茂友. 1996. 鳜鱼苗种繁育技术的研究. 科学养鱼，（3）：6～8.
郑闽泉，丁桂枝. 1999. 大规格鳜鱼夏花培育技术总结. 内陆水产，（8）：25.

第十章 黄 颡 鱼

黄颡鱼，又名黄嘎、黄姑子、盎丝、牛鱼，隶属硬骨鱼纲、辐鳍亚纲、鲇形目、鲿科、黄颡鱼属。在我国各大水系中都有分布，特别是在长江中下游的湖泊、池塘、溪流中广泛分布。目前，黄颡鱼是我国重要的特种水产养殖对象。

10.1 生物学特征

10.1.1 形态特征

黄颡鱼（图 10-1）腹面平，体后半部稍侧扁，头大且扁平，吻圆钝，口裂大，下位，上颌稍长于下颌，上下颌均端近腹鳍。脂鳍较臀鳍短，末端游离，起点约与臀鳍相对，尾鳍深叉形。

图 10-1 黄颡鱼（图片来自百度）

10.1.2 生活习性

黄颡鱼为底层鱼类，喜栖息于静水或缓流中。池塘养殖的黄颡鱼白天潜于水底，晚上出来觅食，仔鱼晴天喜在上层群集活动。为广温性鱼类，但不同温度下黄颡鱼的活动能力不同。黄颡鱼的生存温度为 1～38℃，摄食温度范围为 6～36℃。在 8～36℃范围内温度对黄颡鱼成活率影响不大，而与生长有较大关系，低温时黄颡鱼虽能少量摄食，但基本不生长，其生长温度范围为 16～34℃，最佳范围为 22～28℃。黄颡鱼适应性很强，有一定的耐低氧环境能力，水中溶氧在 3mg/L 以上时生长正常，低于 2mg/L 时出现浮头，低于 1mg/L 时会窒息死亡。

10.1.3 食性

黄颡鱼是以动物性饵料为主的杂食性鱼类。在自然条件下，孵化后的仔鱼，3 天内以自身的卵黄为营养，此后以轮虫、枝角类、水蚯蚓等为食。成鱼阶段主食各种小鱼、小虾。人工养殖时，既可摄食动物饵料，也可摄食人工配合饲料。自然条件下，1 龄鱼体重 20～50g，2 龄鱼体重 50～150g。人工养殖的 1 龄鱼体重可达 150～300g。

10.1.4 生长特性

黄颡鱼常见个体重 200～300g，生长速度表现为雄鱼快于雌鱼。在自然大水域 1 龄鱼可长到体长 56mm，体重 5.7g；2 龄鱼可长到体长 98.3mm，体重 20.6g；3 龄鱼可长到 135.5mm，体重 36.1g；4 龄鱼可长到 160.1mm，体重 58.2g；5 龄鱼可长到 177.7mm，体重 81.3g；1～2 龄鱼生长较快，以后生长缓慢，5 龄鱼仅为 250mm。

10.1.5 繁殖习性

黄颡鱼的性成熟年龄，雌鱼为 2 龄，雄鱼一般为 3 龄。在自然水域，雌雄比例大致是 1∶1.2，一般雄鱼个体大，雌鱼个体小。黄颡鱼的怀卵量与体长、体重有关。据统计，体重 100～150g 的黄颡鱼，怀卵量为 1850～6895 粒/尾，平均 3000～5000 粒/尾。

雌性黄颡鱼的左右卵巢成对位于鳔和肾脏的腹面，呈长囊状，前端稍大，后端较尖小，左右卵巢在后方相连，以同一接口经生殖孔的开口于体外（见图 10-2a）。黄颡鱼卵巢的发育呈明显的周期性变化，繁殖季节过后至次年 2 月份以前雌鱼卵巢都处于Ⅱ期。2 月份后，雌鱼卵巢逐渐发育，2～3 月份以Ⅲ期卵巢为主，4 月份开始，部分雌鱼卵巢发育进入Ⅳ期，5 月份开始进入生长成熟期，6 月卵巢发育进入最旺盛时期。因此，6 月份是黄颡鱼人工繁殖的最佳季节，繁殖期一直可延续到 7 月下旬。8 月份后，卵巢开始处于产后修整期，以Ⅱ时相卵母细胞为主，经退化吸收后卵巢又恢复到Ⅱ期，又开始新一个生殖周期的运转。

雄性黄颡鱼的精巢位于鳔和肾脏的腹面，成熟精巢呈高度分枝的指状，仔细观察发现分枝上还有小分枝。左右精巢在后方合并为一体，以一共同的开口于生殖乳突上（见图 10-2b）。天然水域中黄颡鱼雄鱼的性成熟系数从 3 月份开始增大，7 月份达到最大值，在 9～10 月份会出现第 2 个峰值，当然，第 2 个峰值略低于第 1 个峰值，其后雄鱼精巢也随着时间推移不断被退化吸收。黄颡鱼精巢Ⅰ～Ⅳ期发育特征与其他鱼类基本相似，黄颡鱼雄鱼的成熟系数呈现两个高峰，第一个高峰在 5～6 月，与雌鱼的峰值相对应，7 月因大量排精，又有所下降，9 月份又出现第二个高峰，10 月份后又开始下降。由于黄颡鱼雄性亲鱼精巢呈高度的树状分枝特殊结构，成熟季节用力挤压腹部一般挤不出精液，如要进行人工催产、人工授精，必须杀死亲鱼，取出精巢捣碎才能人工授精，这样既增加了劳动强度，又提高了成本，给人工繁殖带来较大的困难。

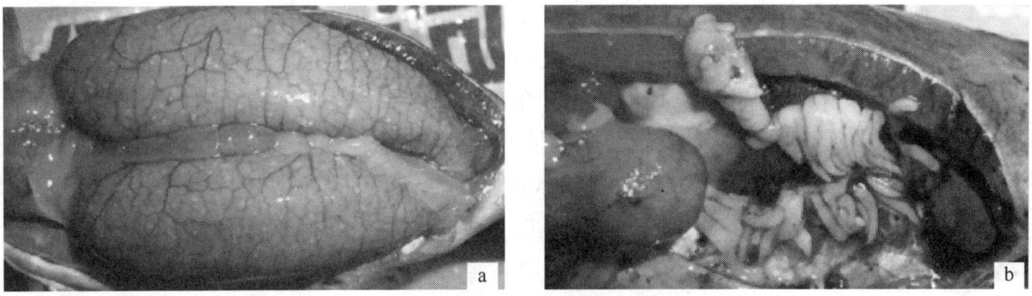

图 10-2　黄颡鱼性腺解剖（自百度）

a. 雌性；b. 雄性

10.2　人 工 繁 殖

10.2.1　亲鱼培育

1. 亲鱼培育池

黄颡鱼亲鱼对培育池虽无严格的要求，但为了有利于亲鱼的生长、发育和饲养管理，在选择亲鱼培育池时，应尽量选择注排水方便、交通便利、池底平坦、硬底质、保水的池塘；亲鱼池要选在靠近催产池、环境安静的地方。亲鱼培育池的面积一般为 1.5～2 亩，具体大小可依据苗种生产规模来定，培育池水深保持在 2.2m 左右。因为黄颡鱼亲鱼的个体较小，所以培育池的面积不宜过大。培育池面积过大，往往会因催产不及时而造成黄颡鱼亲鱼的流产。培育池必须清塘 1 次，清除池塘中的野杂鱼，杀死敌害生物和病原体，改良池塘的水质。如果是老塘，则要清除池塘底部的淤泥。作为黄颡鱼亲鱼的培育池，不论是新开挖的池塘还是老塘，在亲鱼下池前都要进行池塘消毒。

2. 亲鱼的选择与放养

亲鱼可从江河、湖泊、水库中捕捞，也可在人工养殖的商品鱼中挑选。亲鱼要个体大，体质健壮，无病无伤，性腺发育良好。年龄为 2～3 龄，体重 150g 以上。

黄颡鱼亲鱼培育采用主养的方式。亲鱼的放养密度要适度，同时还应根据放养池塘面积的大小做适当调整。放养密度过高，黄颡鱼随着体重的增加，在培育的后期会增大水体的负载量，进而影响到亲鱼的性腺发育；另外，黄颡鱼具有集群抢食的特点，放养密度过高，某些黄颡鱼会因为进食困难而影响其正常的生长发育。相反，放养密度过低，池塘的利用效率不高，直接影响到经济效益。亲鱼培育池大小一般为 1～2 亩，水深 1.0～1.2m。每亩可放亲鱼 100kg 左右，同时可以在每亩池塘中放养 10～13cm 的鲢、鳙鱼种 200～300 尾，利用鲢、鳙摄食水中的浮游生物，以达到控制水质的目的。不宜与鲤、鲫等杂食鱼类混养。

3. 日常管理

亲鱼池要有专人负责，精心管理。做到经常巡塘，定时加注新水增加溶氧，防止渗漏，保持一定水位，以提高水体温度。当连续天晴、水温在6℃以上时，要投喂适量的精饲料，供鱼类直接摄食，以增强体质，减少掉膘。在黄颡鱼亲鱼的整个培育过程中，必须加强池水的水质管理，使水质保持清新无污染，池水溶氧控制在4.0mg/L以上。采用每隔7～10天向亲鱼池冲一次水，可起到增氧、改善水质和刺激亲鱼性腺发育的作用。

亲鱼可投喂小杂鱼和小虾，也可将鱼、蚌、虾肉等用机器加工成肉糜投喂。如用配合饲料，鱼粉比例要大些，蛋白质占36%～38%，配合饲料加工成软湿饲料后于当天投喂。日投喂量根据水温而定。当水温10～15℃时，日投喂量占体重的1%～2%；当水温15～20℃时，日投喂量占体重的2%～3%；当水温20～25℃时，日投喂量占体重的3%～4%。每天投喂两次，饲料投在固定的饲料台上。

10.2.2　人工繁殖

1. 雌、雄鉴别

繁殖期间，雌、雄鱼有明显区别，雄鱼肛门后有一明显的生殖突（图10-3a），微红而膨大。雌鱼无此标志（图10-3b），且在繁殖季节，雌鱼腹部膨大柔软，生殖孔红肿外突，用手轻压腹部有流动感。

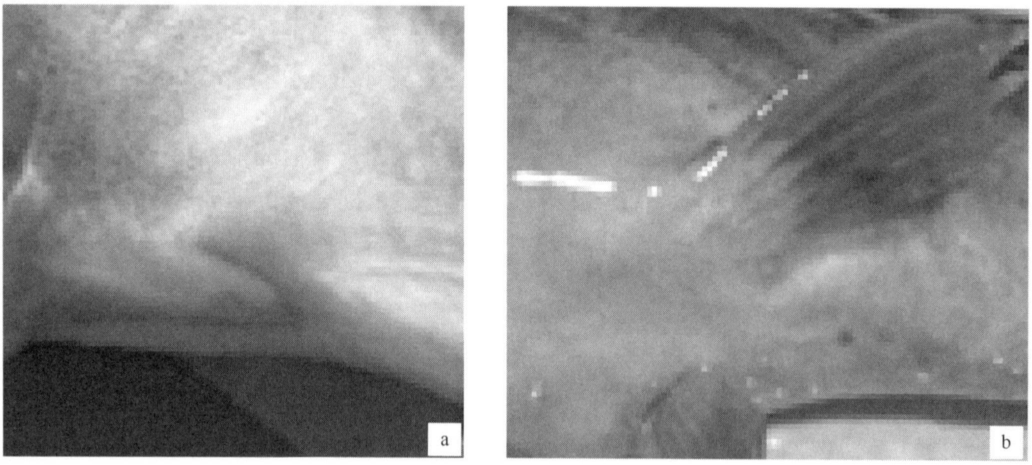

图10-3　黄颡鱼泄殖孔（自百度）

a. 雄性；b. 雌性

2. 催产前的准备

1）产卵池的准备

常用水泥池催产，催产池面积一般5～10m^2，深度0.5～0.8m，进排水方便，池底向一侧或一角倾斜，并在出水口处留一锅底形产卵窝。

2）孵化池的准备

孵化用水呈中性或弱碱性并含有充足溶氧，孵化设备可利用四大家鱼产卵池、孵化环道、孵化缸等。通常规模化生产基地采用水泥池，最好为圆形，有流水设施，一般以5～10m^{2}为宜，深0.5m左右。

为防止在黄颡鱼产卵、孵化时受到各种病原体的侵袭或感染，在人工繁殖前须进行彻底消毒，一般使用高锰酸钾、氯制剂均可有效杀灭病原体。

3）水源处理

繁殖用水须经贮水池曝气、过滤处理。水量须充足、水质清澈，水源标准符合国家养殖用水标准。

4）人工鱼巢制作

人工鱼巢常用杨树根须、棕片或35目的乙纶网片扎成。根据黄颡鱼喜暗厌光，可在产卵池中用石头和瓦片搭1～2处穴道。

3. 亲鱼配组

人工催产自然受精，雌雄鱼按1∶1的性比配组。人工授精必须杀雄取精，亲本损耗大，成本高。研究发现雌雄比为3∶1时受精率最高，达到83.1%，取得较好的效果。

4. 人工催产

黄颡鱼人工繁殖采用二次注射的方法，干法受精或半湿法受精。催产使用药物为绒毛膜促性腺激素（HCG）、地欧酮（DOM）、促黄体激素释放激素（LRH-A_2）或脑垂体。催产使用药物为HCG、DOM、LRH-A_2混合使用时，采用两针注射，第一针只注射LRH-A_2，雄鱼不注射，每尾雌鱼注射1μg用0.6%生理盐水配成的浓度为2μg/mL溶液0.5mL，间隔12～18h后注射第2针，第2针使用每尾HCG 400 IU，DOM0.1～0.5mg，LRH-A_2 0.5～0.8μg。骆小年等也使用LRH-A_2、DOM和HCG合剂，但剂量分别为10μg/kg、10mg/kg、3000IU/kg（或10μg/kg、5mg/kg、4000IU/kg），雄鱼剂量减半。催产剂注射量为1～2mL/尾，分2次注射，第一次注射为全剂量的1/8～1/5，间隔10～25h注射余量。许爱国等用鲤鱼脑垂体（PG）、促排卵素2号LRH-A_2及HCG，2次胸鳍基部注射，1mL/尾，针距10～12h。第1针用PG与LRH-A_2混合物，剂量为总量的20%，雌雄同量；第2针用PG、LRH-A_2及HCG混合物，雄鱼注射剂量为雌鱼的60%～70%。注射后放入网箱中，水温24℃时效应时间18～19h。

大量研究发现，成熟的雌性黄颡鱼卵巢内存在两种颜色的不同发育期的卵粒，自然产卵试验发现产后的雌性亲鱼体内仍然存在部分成熟的黄色卵粒。因而谢满华采用3针制进行催产，在黄颡鱼产前1～1.5个月打低剂量的催产针，亲鱼性腺发育整齐，提高了黄颡鱼的催产率、受精率和孵化率。

10.2.3　受精卵的采集及孵化

孵化水温达 18～30℃时黄颡鱼的受精卵均可孵化，最佳水温为 23～28℃。孵化设备可利用“四大家鱼”的产卵池、孵化环道、孵化缸、孵化桶等，宜采取自然孵化的方法，操作程序为：将已注射催产剂的亲鱼直接放入孵化设备中，产卵后捞出亲鱼，将粘有鱼卵的鱼巢（杨树须、棕片等）从产卵池中取出，悬挂在孵化池进行流水孵化。人工繁殖时，将黄颡鱼受精卵人工均匀地布散在聚乙烯网片上进行静水孵化或将受精卵经人工脱黏处理后进入孵化缸内流水孵化。干法人工授精，受精卵应先用 2%～4%医用滑石粉脱黏，在孵化器或环道中孵化。黄颡鱼胚胎及胚后发育见表 10-1 与表 10-2。

表 10-1　黄颡鱼胚胎发育分期及特征描述（自肖秀兰，2003 年）

分期	特征
成熟卵	鄱阳湖黄颡鱼成熟卵呈圆形，浅黄色，沉性卵，透明
胚盘形成	卵受精 4min 后吸水膨胀，带卵膜测定得卵径 1.8～2.2mm，刚受精的卵黏性很强，外膜不易剥离，受精后 32min，原生质向动物极集中形成胚盘
卵裂期	鄱阳湖黄颡鱼是多黄卵，为不完全卵裂成盘状卵裂，在水温 25.5℃、pH 6.5 时，经历 230min，完成分裂，在卵黄上端堆积着许多分裂细胞，界限隐约可见，为桑葚期
囊胚形成	水温 26.5℃、pH6.7 时，受精后 230min，细胞团分裂，细胞体积减小，细胞界限不清晰，在胚胎盘处形成高的囊胚隆起，即形成高囊期
原肠期	水温 26.5℃，受精后 438min，由于胚层下包和内卷作用，胚层边缘形成胚环；受精后 520min，胚层下包至卵黄的 1/2，进入原肠早期；受精后 585min，胚层下包至卵黄的 3/4，胚环边缘加厚而形成胚盾，进入原肠中期；受精后 625min，当胚层下包至卵黄的 4/5 时，进入原肠晚期
神经胚期	水温 26～27.5℃，受精后 720min，胚盾背部出现神经胚；约 1055min 后，胚孔封闭，胚体中部出现 3 对体节；约 1110min 眼泡出现
器官形成期	水温 26～27℃，受精后 1452min，出现管状心脏，尾芽伸长，卵黄囊分离；受精后 1530min，脑分化加快，嗅板和听泡出现，可见肌肉收缩效应；受精后 1715min，整个胚体收缩，心脏频率为 37 次/min；受精后 1735min，心脏搏动加快，心率为 100 次/min；受精后 1807min，可见第 1 对须原基，尾芽伸长约为卵黄的 1/2 半圆。受精后 1940min，出现 2 颗耳石，36 对肌节，肌肉收缩加强，卵黄循环出现；受精后 2235min，尾芽伸长超过头端；受精后 2760min，体节 46 对，胚体扭动加强，心脏搏动加快
孵化期	在 21.0～25.5℃条件下胚胎发育过程为 4370min，在 19.0～22.0℃条件下，历经 4640min，胚体加速扭动，尾部不断拍击卵膜，将膜崩破，尾部即伸出膜外，脱膜而出

表 10-2　黄颡鱼胚后发育及特征描述（自杨明生，2003 年）

分期	时间	特征
仔鱼期（0～5d）	初孵仔鱼	刚孵出的仔鱼平均全长 4.54mm，肛后长 2.03mm，卵黄囊 1.75mm×1.4mm，肌节 12+24，大部分的仔鱼已具黑色素，少量仔鱼的眼还处于黄色素期，口尚未形成，听囊及一对耳石清晰可见，胸鳍原基出现。具有一对颌须。肛凹出现，肠管未出现。卵黄囊较大，椭圆形，心脏中的血液透明无色；头顶及体侧具有少量黑色素
	孵出 24h	仔鱼平均全长 5.18mm，肛后长 2.31mm，卵黄囊 1.4mm×1.26mm，肌节 12+29，体表黑色素增加，成淡灰色，胸鳍出现，尾鳍褶上出现放射状的条纹，卵黄囊腹面的血管及心脏中的血液为红色。出现了 3 对须和 4 对鳃裂，鳔形成但未充气，仔鱼沉在水底侧卧，尾不停地摆动
	孵出 2d	仔鱼平均全长 7mm，肛后长 3.78mm，卵黄囊 1.3mm×1.2mm，肌节 12+34，体色更深，眼睛发亮，口形成张开，亚下位，上下颌境自由地开启，鳃盖出现，鳃丝呈齿状，心脏位于卵黄囊的前腹面，胸鳍形成，尾鳍和臀鳍的原基出现，背索尾鳍上翘，肠管形成

续表

分期	时间	特征
仔鱼期（0～5d）	孵出 3d	仔鱼平均全长 7.91mm，肛后长 4.06mm，卵黄囊 1.26mm×0.90mm，变小，前肠充满黄绿色的代谢物，心脏位于头的腹面，颌须短于鳃盖，须上出现乳状感觉器
	孵出 4d	仔鱼平均全长 8.05mm，肛后长 4.34mm，卵黄囊 1.2mm×0.84mm，头顶色素呈块状分布。背鳍褶的前端出现凹陷，尾鳍条 14，臀鳍条 12，肠与肛门未通
	孵出 5d	仔鱼平均全长 9.50mm，肛后长 5.6mm，卵黄囊中的卵黄吸收完毕，肠与肛门相通，开始从外界摄食，上、下颌具许多细齿，可帮助摄食，鳃丝分化完全，鳃充气，在水中可以自由活动。鼻须出现，颌须呈黑色，颐须灰白色，头部及躯干上的色素呈块状分布，虎须状，背鳍形成，胸鳍出现硬刺，上有锯齿，6 根分支鳍条，尾鳍条 18，臀鳍各 20，腹鳍原基出现，尾鳍呈歪尾行，稍凹，至此仔鱼期结束
稚鱼期（6d～25d）	孵出 6d	各器官进一步发育，臀鳍完全分化出，腹鳍和脂鳍形成，各鳍褶消失，尾鳍深分叉，上、下叶的边缘呈黑色，胸鳍刺的前后缘均有锯齿，背鳍 17，臀鳍条 20～30，腹鳍条 6～7，口亚下位，口裂宽，呈弧形，上下颌上具发达绒毛状细齿。头顶和枕骨裸露，背鳍隆起，腹部平坦。须 4 对，侧线平直，体侧黄黑斑块块相间，呈 2 纵 2 横排列
幼鱼期（25d 后）	孵出 25d 后	鱼体全长达 25mm，体色与成鱼相似，稚鱼期结束，进入幼鱼期。在黄颡鱼的胚后发育过程中，鳍的形成过程和出现顺序是不一样的，最先出现的是胸鳍，依次是尾鳍、臀鳍、背鳍、腹鳍和脂鳍，尾鳍变化最大，经历了圆尾型、歪尾型、分叉和正尾型的变化。在黄颡鱼早期发育过程中，体表色素较浓，具有比较典型的颜色特征

10.3 苗种培育

10.3.1 鱼苗培育

1. 鱼苗培育池

培育池面积以 1～3 亩为宜，要求水源充足，水质清新，注排水方便，放苗前清除塘底过多淤泥（保持 10cm 左右），并整修池堤，防止渗漏。

2. 清塘肥水

鱼苗放养前 10～15 天，每亩使用生石灰 150kg 进行干法清塘，杀死野杂鱼、致病菌、寄生虫及其他敌害生物。放养前 7 天，往池塘中注水 30～40cm，注水时管口用 40 目筛绢网包裹过滤，防止野杂鱼和敌害生物进入。每亩再使用生物肥水王 4～5kg，以培育鱼苗适口天然饵料，新开池塘可兼施无机肥 3～4kg。

3. 鱼苗放养

黄颡鱼鱼苗放养密度以每亩 3 万～5 万尾为宜，单养为佳，不能与鲤、鲫鱼苗混养。下塘的鱼苗最好为同一批孵化出的鱼苗，如孵化时间相差较大，易使鱼苗生长不齐，造成成活率下降。放苗前需测量池塘水温、pH、溶氧和氨氮等指标，鱼苗袋内水温与池水温度差值不超过 2℃，pH 为 6.8～7.5，溶氧大于 5mg/L，氨氮小于 0.06mg/L，即可下塘。

4. 投喂

水温 24～27℃时，黄颡鱼从仔鱼出膜至夏花历时 30d 左右。仔稚鱼发育分为稚鱼前阶段和稚鱼阶段，每个阶段又分为 3 个时期，共计 12 个时期。黄颡鱼在开口时期（全长 8.97～9.12mm）时，其口裂较大（0.35～0.43mm），上下颌具有 6～7 个尖锐、稀疏的颌齿，抢食能力强。不像鲢、鳙、草鱼、青鱼与鲤等鱼苗在开口（全长 7.0～10.5mm）时期，口裂较小（0.22～0.29mm），取食器官尚未完善，只能吞食行动缓慢、个体较小的轮虫，开口饵料为轮虫。黄颡鱼进入稚鱼阶段，有两次食性转变，第一次由浮游动物转为底栖动物，第二次由底栖动物转为以动物性饵料为主的杂食性，并开始摄食人工精饲料。黄颡鱼出膜 1～3 天的仔鱼运动能力不强，主要附着生活，如在水花期间移去黏附器，其死亡率极高。许多研究表明，鱼类的仔鱼在由内源性营养转变为外源性营养的过渡阶段都易出现大批死亡，因此这一时期被一些学者称为“敏感期”。黄颡鱼仔鱼 4 日龄时，与摄食消化相关的器官已做好准备，行为上已能平游，有利于初次摄食。假若至“不可逆转点”仍不投饵，部分仔鱼将拒绝摄食，从而造成大批死亡。因此，生产上掌握好仔鱼发育与开口摄食的关系至关重要，做到投喂充足适口的饵料，保证鱼苗的健康生长。黄颡鱼出膜 13d 左右（下塘一周左右），全长为 12.50～13.08mm 的鱼苗开始从摄食浮游动物转为摄食底栖动物，浮游动物在胃中很少见到，此时也是黄颡鱼鱼苗成活率高低的关键时刻。以往套用家鱼发塘技术，只注重浮游动物的培养，忽视了底栖动物的培养（或补充），而直接投喂人工精饲料（豆粕糊等），因池中底栖动物少，造成稚鱼阶段适口饵料严重缺乏，这是夏花成活率低的主要原因。

5. 日常管理

每日要坚持巡塘，注意观察水色和鱼的摄食、活动状况，通过注水、使用微生物制剂、泼洒施肥和开启增氧机等措施，保持水质清新，溶氧充足，饵料生物丰富。每隔一段时间，对池塘进行杀虫和杀菌消毒，并定期在饲料中添加维生素 C 等免疫制剂，提高鱼苗抗病能力，防止鱼病发生。

10.3.2 鱼种培育

关于黄颡鱼鱼种的培育，一般生产上分为两个阶段，夏花培育和大规格鱼种培育。主要有池塘培育、工厂化培育等方式。

池塘培育主要通过砍青沤肥、发酵粪肥等有机肥培育出大量浮游生物为黄颡鱼仔鱼提供开口饵料，一方面充分满足鱼苗对饵料的要求，另一方面又起到浮游生物引种的作用，利用高蛋白粉料如甲鱼料等化水全池泼洒，可弥补天然饵料的不足，并且粉料绝大部分被鱼苗直接吞食，少部分又为浮游生物的生长提供源源不断的营养，从而加速浮游生物的繁殖，因此高蛋白粉料是鱼苗饲料向颗粒料转化的必不可少的环节（随着鱼苗的不断长大，浮游生物的数量和营养已经不能完全满足其生长要求，即鱼苗的食性出现了分化，此时应不失时机地使用高蛋白团状料，可以起到承前启后的作用）。适口的饵料和多处食台的设置是提高鱼苗成活率的重要方法之一，每个转食环节的适口饵料以及多个食台的设置，能够确保所有鱼苗都能均匀地摄取到适口的食物，从而使其生长速度一致、规格整齐、成活率高。但黄颡鱼的苗种培育与普通的四大家鱼苗种培育具较大差异：黄颡鱼卵粒较大，卵黄物质较多，孵化时间较四大家鱼长；仔鱼出膜后带有较大的卵黄囊，不能平游，只能集群在池底；孵出1～3天内从自身卵黄囊吸取营养，行内源性营养。因此水温在25℃条件下，在黄颡鱼孵出4天后为其提供适口的饵料即可，在此之前应尽量保持池塘高的溶氧量和少量浮游动物，以保证仔鱼的成活率。

工厂化培育方式主要是在水泥池或工厂化养殖鱼池内，通过人工为仔鱼提供适口的开口饵料生物来培育黄颡鱼苗种。水泥池或工厂化养殖鱼池为初孵仔鱼提供较好的前期发育环境，仔鱼前期成活率较高，但仔鱼开始摄食后，适口饵料相对缺乏，只能通过人工提供。孙占胜等利用人工孵化卤虫为黄颡鱼仔鱼提供开口饵料，当黄颡鱼培育至体长2.0～2.5cm时，成活率达61.6%。宣云峰等利用筛绢在饵料池捞取浮游生物作为黄颡鱼仔鱼的适口饵料，初期投喂用120目以上的筛绢在饵料池捞取的生物饵料，3～4天后投喂80目左右筛绢捞取的浮游生物饵料，长至夏花，成活率达91.9%。潘茜等分别用古根丰年虫幼体和水蚤培育黄颡鱼鱼苗，结果表明，投喂古根丰年虫鱼苗的生长速度和成活率均明显优于摄食水蚤的黄颡鱼鱼苗，培育每万尾约需古根丰年虫卵 280g，李生兴等在苗种培育期先投喂少量蛋黄，即在培育第2d起投喂蛋黄、轮虫和水蚯蚓，投喂时做到少量多次，1周后可投喂碎鱼肉或碎蚌肉等，或将配合饲料做成糊状进行投喂。在工厂化苗种培育中，当黄颡鱼鱼苗体长长至 1cm 时，则应降低养殖密度至 30～40 尾/m^3，也可将鱼苗移入土池进行成鱼养殖。

1. 黄颡鱼的夏花鱼种培育

1）池塘条件

鱼种培育池面积 2001～3335m^2，水深 1.5～2.0m，水源充足、无污染，水质符合GB11607标准，各池进排水分开，排灌方便，按0.3kW/亩功率配备增氧设施。

2）清塘消毒

鱼苗放养前10天，每亩用生石灰100～150kg化浆后全池泼洒消毒，并曝晒5天，杀灭野杂鱼及其他敌害生物。

3）水质培育

池塘消毒、曝晒后注入40～60cm新水（进水口用60～80目筛绢布严格过滤，防止野杂鱼及鱼卵进入），因黄颡鱼幼鱼主要摄食枝角类浮游动物，故在放苗前 4～7 天亩施200～300kg经发酵的畜禽肥料作基肥，分散在池塘四周水面下培育浮游动物。

4）苗种选择

从正规水产苗种场购买孵化出膜后的卵黄苗，如选自外地的卵黄苗，使用尼龙袋加泡沫箱的方法装苗运输，每个尼龙袋中加水10kg，装4万～5万尾卵黄苗，水温25℃以下时，此方法在运输10h左右时可以获得较高的成活率。若购苗地与放苗地池塘中水温相差过大时（超过5℃），不建议采用加冰等降低水温（降至20℃以下）的方法装苗运输。

5）铺设网布

因刚出膜的卵黄苗不能平游，为防放养的卵黄苗沉入池塘底部缺氧造成死亡，在鱼苗下塘前 3～4 天，池塘加水至水深 40cm，沿池塘边（离开岸边 1.0～1.5m）架设网目为 0.5～0.7mm 的聚乙烯网布，网布水平铺设，高度与水面一致，宽度为 2～3m，用竹竿将网布四周扎牢绷紧，使网布保持平整，网布的总面积按照每万尾卵黄苗 $1m^2$ 计算。然后继续注水使池水达 70cm，并在网布的上方再架一遮阳网，防止阳光直射。

6）放养密度及方式

每亩放养卵黄苗 5 万～8 万尾。放苗前，将装苗的尼龙袋放入池塘内约 1h，待袋内外水温基本一致后，将卵黄苗均匀地铺洒在预设的网布上，期间应防止阳光直射苗袋。

7）架设食台

前期在池边水下搭一食台（食台的颜色应与池底相近或深一些），如池底坚硬，也可不设食台。因黄颡鱼具有喜弱光怕强光，白天潜伏于水体底层，夜间浮游至水上层觅食的生活习性，故在食台上方挂一 40W 白炽灯或 18W 以下的节能灯，灯泡离水面高 1.0～1.5m，以方便前期夜间驯食。后期，当苗种集群抢食，体长达到 5cm 后，改喂浮性膨化颗粒饲料（粒径大小为 1.0～1.5mm），以便饲喂管理和观察，并在池塘边架设“围网”作为食场，“围网”的下缘入水深度约 30cm，但不触地，一是防止浮性饲料飘散，二是鱼苗可以自由进出摄食。当鱼群数量过大，出现集中抢食的现象时，及时拆除“围网”食场，改用投饵机在同一位置投饲，便于鱼群集中摄食。

8）驯化

放苗 7～10d 后，当塘中浮游动物数量明显减少时，应当补人工饲料，每天 18：30 后按照“定时、定点、定量、定质”的原则开始驯食投饵，每次持续 2～3h。可选择虾蟹或幼鱼粉状开口料，粒径 0.2mm 左右，沿池塘四周投喂。当鱼体长达到 3cm 以上，选择蛋白质含量 45%的南美白对虾开口饵料进行驯食，日投喂量为每 10 万尾 0.5～0.8kg。在固定位置（网布附近）投喂，并在网布附近设置灯光照明，以便夜间集群摄食。每天投喂 2 次，7：00、17：00 各投喂一次，下午投喂量占每天投喂量的 70%左右，以吃完不剩为宜。培育过程中，投喂次数、投喂量可根据鱼苗生长情况、水质和天气情况酌情调节。

9）日常管理

鱼苗下塘一周后，加注新水 10～15cm，以后每 7～10d 加水一次，水位达到 1.0～1.2m 时，每 10～15d 采取换水方式加注新水 5～10cm，保持水透明度 25～30cm。每天早、晚各巡塘一次，观察水质、鱼苗摄食及生长活动等情况，捞出池中污物、蛙卵等，发现问题及时采取措施解决，并做好生产记录及病害防治工作。

2. 黄颡鱼的大规格鱼种培育

1）池塘条件要求

池塘应尽量靠近水源地，水量充足，水质好，周边无污染源存在，确保池塘换水要求。适宜面积 5～20 亩，最佳 10～12 亩，有效水深 1.5～2.5m，池底淤泥不能厚于 15cm，池底平坦，壤土或沙壤土底质，池塘保水性好，不漏水。进排水系配套，有独立的进、排水系统，进排水系统分开。增氧系统高标配置，配备微孔增氧与水车式增氧两套系统，动力配置0.4kW/亩以上，其中微孔增氧动力配置0.15kW/亩以上，水车式增氧动力配置0.25kW/亩左右。微孔增氧采用盘式增氧，每亩安装直径1m，曝气盘达到10m以上。配备自发电系统，防止突然停电引发生产事故。

2）清塘消毒

老塘口在冬春清除过多淤泥，保持淤泥深度10cm左右，曝晒至塘底干裂。在放苗前10～15d用生石灰干法清塘，用量80～100kg/亩，或用漂白粉15～20kg/亩。

3）水质培育

放苗前一周进水60～80cm，注水用60～80目袖网过滤，防止敌害及竞争性生物入池。进水后，施生物肥或培水素肥水，尽量不用有机肥。

4）放苗网箱安装

在离池边2m左右，离水面40cm，安放用60目网衣制作、面积1～2m^2/只、高20cm敞口式网箱，每亩安放网箱1～2只，在网箱内安放微孔增氧曝气头1～2只。

5）食台设置

每10亩面积设置1个投饵台和食台，食台用10cm PVC管做成直径5～6m圆环，四周用20目网片和竹片围成高30～40cm拦网，防止饲料投喂后漂散。

6）苗种放养

苗种放养一般在5～7月，8月份后放养的鱼苗培育的鱼种规格过小，不利于第二年的成鱼养殖。出膜后3日龄，颜色已由灰黄色变为黑色，肠道贯通，但卵黄尚未完全消失。专用氧气袋充氧运输，每袋装水1/3，放苗3万～4万尾，运输时间不超过24h。鱼苗到塘口后，先将苗袋放入池水中约1h（白天要防止阳光直接照射苗袋造成鱼苗损失），池水与袋内水温相近后，将鱼苗均匀放养在网箱内，保持微充气状态，2天后健壮鱼苗可全部游入大水体。每只网箱放养5万尾左右，每亩放苗不超过12万尾，同池放养同一批鱼苗，一次性放足。

7）驯化

放养当日，每亩用黄豆1000～1500g制浆全池均匀泼洒，上下午各1次，后用量视水质情况增减，卵黄苗放养1周左右，开始驯化工作。先沿池边定点投喂粉状人工饵料（蛋白质含量在40%以上），每天减少投饵点数量，逐渐向食台过渡，使鱼群逐渐向食台集中。

饵台驯化：在主饵台上方离水面约30cm设置白炽灯，夜间利用鱼苗的趋光性，加大在食台投喂的量与投喂次数，1周后鱼群基本可集中到食台摄食，驯化用黄颡鱼3号膨化料。

8）日常管理

放苗前2～3天，用硫酸铜、硫酸亚铁合剂（5：2）0.7×10^{-6}杀灭枝角类及桡足类等大型浮游动物，放苗前1天用生物制剂，改良池塘水质、底质环境。从放苗第3天起，每2～3天加水10～15cm，直至最高水位。后每10～15天换水10～15cm，保持池水透明度30～40cm。遵循“四看、四定”的管理原则，即“看季节、看天气、看水质、看鱼吃食情况”、“定时、定位、定质、定量”保证鱼吃好、吃饱。摄食旺期，保证每天投喂3次以上，确保23：00之前投喂1次；水温低于15℃后在11：00～15：00投喂。一般在9：00～10：00，17：00～18：00，22：00～23：00。投喂量视情况灵活掌握，每次投喂量掌握在1h内吃完，上午投喂量占全天投喂量的25%～30%，下午和夜里占日投喂量的75%～80%。饲料要求购自有一定规模企业生产的全价膨化料，配方科学，营养全面，蛋白质含量达到38%以上。坚持“以防为主、防重于治”的方针。黄颡鱼是无鳞鱼，对较多药物敏感，用药注意品种与用药量。养殖期间要保持池塘底层水处于较高溶氧状态。微孔增氧机要求每天23：00时以后持续开机增氧至天明，阴雨天还须增加开机时间；水车式增氧机一般11：00～15：00开机，促进池塘水体水平及垂直循环。

10.4 成鱼养殖

10.4.1 池塘条件

池塘面积1亩左右，水深1.5～2m，池底以沙质土为好，淤泥层10cm以下。

10.4.2 鱼种投放

当黄颡鱼体长达3cm左右时，放养密度为每亩1800～2000尾，并混养体长为10cm左右的鲢、鳙300尾；当黄颡鱼体长达4～5cm时，放养密度为每亩1500尾左右，并混养体长为10cm左右的鲢、鳙250尾。

10.4.3 饲料投喂

可用纯动物性饲料，如小杂鱼、小虾、蚯蚓等，也可投喂配合饲料。配合饲料要求蛋白质含量38%～40%，脂肪7%～8%，加适量维生素。当水温达到10℃以上时即可投喂，日投饲量根据水温决定，可参照上述亲鱼投饲标准进行。饲料投喂要定时、定点、定量、定质。

10.4.4 日常管理

1. 水质管理

池塘前期水深0.8～1.2m，后期1.2～1.5m，透明度控制在30～40cm。高温季节，投饵量增大，水质变化快，要及时加注新水，并开启增氧机，保证池水的溶氧量在5mg/L以上。在养殖过程中每半月施用一次生石灰，用量为每亩15～25kg，全池泼洒，池水pH保持在7.0～8.4，以创造有利于黄颡鱼生长的环境。

2. 巡塘

每天早、中、晚巡视池塘各1次，观察池鱼动态。黎明时观察有无鱼浮头现象，日间结合投喂饲料和测定水温等工作，检查池鱼的活动和摄食情况。近黄昏时检查全天摄食情况，有无残剩饲料，有无浮头预兆，以便及时进行处理。

3. 防逃

掌握池水注排，保持适当水量，以防止鱼逃跑。

10.5 病害防治

对黄颡鱼的常见疾病，要坚持“以防为主，防重于治”的方针，切实做好预防工作。

10.5.1 机械损伤

由于黄颡鱼喜群集生活，在网箱分养和运输过程中其硬棘易造成鱼体皮肤擦伤和裂鳍等机械性损伤，继发细菌感染和霉菌感染，以烂鳍和生长水霉为主要症状。

预防方法：在出苗时暂养的时间不要过长，并尽可能降低放养密度，鱼种入池或入网箱前用低浓度高锰酸钾或30%食盐水溶液浸洗消毒。

10.5.2 寄生虫病

1. 锥体虫病

【病原】黄颡锥体虫，寄生于血液中，可通过尺蠖、鱼蛭等水蛭吸血而传染。

【症状及危害】少量寄生无明显症状，大量寄生时鱼有贫血现象，并可使病鱼呈昏睡状。

【流行】流行于6～8月。

【防治方法】目前尚无理想治疗方法，应从驱除杀灭水蛭入手进行预防，如鱼池用生石灰或漂白粉清塘，用盐水或硫酸铜浸洗鱼体。

2. 黏孢子虫病

【病原】歧囊碘泡虫。

【症状及危害】歧囊碘泡虫，其孢子进入鱼体后，在各个鳍尖端形成大小不等或重叠的灰白色孢囊常，达十多个，严重影响鱼的游动和摄食，使鱼体消瘦。全国各地均有发现，主要危害成鱼，影响食用，使鱼失去商品价值。

【防治方法】目前无有效治疗方法。主要是进行综合预防，严格执行检疫制度。可全池遍洒晶体敌百虫0.3g/m^3多次，肠内有虫寄生时，同时将敌百虫拌饲投喂，可减轻病情；也可每亩采用125kg生石灰彻底清塘预防，病鱼用1m^3水放入500g高锰酸钾溶解后浸洗20～30min。

3. 斜管虫病

【病原】鲤斜管虫。

【症状及危害】寄生于鳃、皮肤和鼻腔。当水温和其他条件合适时，可大量繁殖，2～3d 内即引起大批病鱼死亡，特别在鱼苗、鱼种阶段须防此病。

【流行】3～5 月最为流行，靠直接接触或包囊传播。

【防治方法】可采用 $8g/m^3$ 硫酸铜浸浴鱼种 30min，发病时用 $0.7g/m^3$ 硫酸铜与硫酸亚铁合剂全池遍洒，效果良好。国外用 20g/L 食盐水或 $50g/m^3$ 高锰酸钾浸浴 5min。

4. 小瓜病（又名白点病）

【病原】多子小瓜虫。

【症状及危害】寄生于鳃和体表，大量寄生时，鱼体表、鳍条和鳃部布满无数白色小点，表面覆盖一层白色黏液。寄生处的组织发炎、出血，以至坏死，鳃呈暗红色。还可侵袭眼角膜，引起眼发炎、变瞎，严重时引起鱼，特别是鱼种大量死亡。

【流行】流行于初冬、春末，适宜水温为 15～25℃，靠包囊和幼虫传播，特别在密养条件下，更易发此病。

【防治方法】鱼种放养前，鱼池一定要用生石灰彻底清塘；鱼种放养时，可用 200～$250g/m^3$ 的冰醋酸浸浴 15min，或用亚甲基蓝处理。发病时，可参照上述方法处理。但需注意，千万不能用硫酸铜或食盐等治疗，其不但不能杀灭小瓜虫，反而引起其形成包囊大量繁殖，使鱼的病情恶化。

5. 拟似盘钩虫病（又名伪锚盘虫病）

【病原】黄颡拟似盘钩虫、月斧拟似盘钩虫。

【症状及危害】均寄生于鳃上，主要危害幼鱼，病鱼体色变黑，鳃丝呈暗淡色，分泌很多黏液，妨碍鱼呼吸，严重时可造成大批鱼种死亡。

【流行】其适宜水温为 10～28℃，全年可生长，夏秋是它的流行季节。

【防治方法】用 90%晶体敌百虫浓度 0.2mg/L 全池遍洒，连用 3d，效果良好。

6. 钩介幼虫病

【病原】三角帆蚌和无齿蚌等的钩介幼虫。

【症状及危害】寄生于鳃、鳍条、口腔、鼻孔及皮肤上。鱼体受到刺激，引起周围组织发炎、增生，逐渐将幼虫包在里面，形成包囊。对饲养 5～6d 的鱼苗或全长在 3cm 以上的夏花产生较大影响。寄生在嘴角、口唇或口腔里，能使鱼或夏花丧失摄食能力而饿死；寄生在鳃上，因妨碍呼吸窒息而死，并往往可使病鱼头部充血，出现“红头白嘴”症状。

【流行】流行于春末夏初，每年在鱼苗和夏花饲养期间，正是钩介幼虫离开母蚌，悬浮于水中的时候，故在此时常出现此病。

【防治方法】用生石灰彻底清塘或每亩用 40～50kg 茶饼也可杀灭蚌类。鱼苗及夏花培育池内决不能混养蚌，进水必须经过过滤，以免钩介幼虫随水带入鱼池。发病早期，将病鱼移到没有蚌及钩介幼虫的池中，可使病情逐渐好转。

7. 双穴吸虫病（又称白内障病、瞎眼病、掉眼病或复口吸虫病）

【病原】湖北双穴虫病和倪氏双穴吸虫。

【症状及危害】尾蚴和囊蚴寄生于眼水晶体内。成虫寄生于红嘴鸥肠道，第一中间宿主为椎实螺科的斯氏萝卜螺及克氏萝卜螺；第二中间宿主为黄颡鱼等多种鱼类。病鱼在水面作跳跃式游动，继而游动缓慢，运动失控，在水中打转，其头部脑区和眼眶出现明显充血现象。有时病鱼出现严重的恶化，若入侵尾蚴数量较少，病鱼会变瘦，出现眼球水晶体浑浊，出现“白内障”症状。部分病鱼还有水晶体脱落、瞎眼等现象。这是一种急性病，病鱼从出现运动失控到死亡，仅几分钟，至十几分钟，若病鱼出现弯体，则要数天后才会死亡。此病可造成鱼苗、鱼种大批死亡，是一种危害较严重的鱼病。

【流行】于 5～8 月流行，8 月之后一般转为白内障症状。

【防治方法】主要采取切断病原生活史环节的方法，如驱赶鸥鸟，消灭虫卵、毛螺和中间宿主等措施，具体可每亩、水深 1m 施放生石灰 100～150kg 或茶饼 50kg，带水清塘；用 0.7mg/L 浓度的硫酸铜全池泼洒，重复 2 次；用 0.7mg/L 的二氯化铜或醋酸铜全池遍洒，均可杀灭中间宿主。

8. 车轮虫病

【病原】车轮虫。

【症状及危害】病鱼焦躁不安，严重感染时病鱼沿塘边狂游，呈“跑马”现象；镜检可见大量车轮虫寄生于鱼体的鳃丝和皮肤黏液上。主要危害鱼苗、鱼种。

【流行】多发生于春末秋初。

【防治方法】全池泼洒 0.7g/m^3 硫酸铜和硫酸亚铁合剂（5∶2），或每亩用苦楝树叶 30kg 煎煮后用汤汁全池泼洒。

10.5.3　真菌性鱼病

1. 水霉病

【病原】水霉菌。

【症状及危害】水霉菌初寄生时，肉眼看不见，当肉眼能看到时，菌丝已呈灰白色的棉絮状附着物，病鱼游动失常，焦躁不安，直到肌肉腐烂而死（图 10-4）。若鱼卵上布满菌丝，则变成白色绒球状死卵。此病严重危害孵化中的鱼卵和体表带有伤口的苗种和成鱼。在水温低时易发病，多因拉网、分箱、运输过程中操作不当引起。

图 10-4　患水霉病黄颡鱼（图片来自百度）

【流行】一年四季流行，早春和晚冬为重点发病期。对孵化中的鱼卵和鱼体体表带有伤口的苗种、成鱼有严重危害。随着病灶面积的扩大，鱼体负担过重，游动失常，焦躁不安，食欲减退，直到肌肉腐烂，最后瘦弱而死。

【防治方法】在捕捞、运输和放养过程中，尽量避免鱼体受伤，并掌握合理的放养密度。鱼种下塘前，用浓度 2%～3%的食盐水溶液药浴消毒，全池泼洒亚甲基蓝，2d 后再泼洒 1 次。受精卵在孵化前要进行严格消毒，水温最好控制在 23～28℃。放种前用生石灰彻底清塘。

10.5.4　细菌性鱼病

1. 细菌性肠炎病

【病原】点状产气单孢杆菌。

【症状及危害】病鱼腹部膨大，肛门红肿，轻压腹部则肛门有黄色黏液流出；剖开鱼腹，患病较轻的鱼体食道和前肠充血发炎，严重者全肠发炎呈浅红色，血脓充塞肠管；病鱼离群独游，活动迟缓，食欲减退。肠炎病主要危害鱼种和成鱼。病菌感染可能来源于养殖水域的底层淤泥，另外鱼体摄食的浮游动物、水蚯蚓以及人工配合饲料中的鱼肉浆都有可能携带该病菌。

【流行】在水温 18℃以上开始流行，流行高峰在水温为 25～30℃时。发病严重时死亡率可高达 90%以上。

【防治方法】池塘彻底清塘消毒；不投喂霉变腐败的饲料。

预防：提高营养预防意识，平常饲料拌一些多维，不定期投喂多维和大蒜素，连喂 4～5 天，每天投喂 2 次，可以有效预防此病。另外，投喂膨化配合饲料时，先用油脂适当软化饲料后，再行投喂，也能取得良好效果。

治疗：外泼杀菌硫醚（30%硫醚沙星制剂），以水深 1m 计，每亩泼杀菌硫醚 120～150mL，连泼 3 天；内服用百炎清（5%硫酸锌霉素制剂）和金氟康（10%氟苯尼考制剂）一起拌饵投喂，每千克饲料拌百炎清 5g、金氟康 5g 连喂 3～4 天，每天 2 次，之后适当投喂护肝败毒素、免疫肝宝等保肝利胆制剂，促进病鱼恢复。每 100kg 饲料加土霉素 10～15g，连续投喂数天，或用鱼广灵 0.8mg/L 全池泼洒，每天 1 次，连续 3 天，同时每 10kg

饲料中加鱼广灵 50g，作成药饵投喂，每天 1～2 次，连用 3 天。

2. 细菌性烂鳃

【病原】纤维黏菌科细菌。

【症状及危害】病鱼无食欲，多在池边水面缓游，鳃丝粘连在一起，鳃丝末端腐烂缺损，常大量死亡。用显微镜检查，如鳃上无大量寄生虫或真菌寄生，但在高倍镜下可见有大量细长、滑行的杆菌，有些聚集成柱状，即可诊断为此病。

【流行】该病在水温 20～35℃范围内均可发生，流行季节为 4～11 月，6～9 月为发病高峰期。

【防治方法】控制放养密度，适当释放可有效预防此病。发病季节，在食场周围每周泼洒漂白粉 1～2 次。治疗用有效氯 60%的漂粉精全池泼洒，使池水浓度为 1mg/L。

3. 出血性水肿病

【病因】细菌感染。

【症状及危害】病鱼体表泛黄，黏液增多；咽部皮肤破损充血呈圆形孔洞；腹部膨大，肛门红肿、外翻；头部充血，背鳍肿大，胸鳍与腹鳍基部充血，鳍条溃烂，甚至腹部从胸鳍到腹鳍纵裂，胆汁外渗。腹腔淤积大量血水或黄色冻胶状物，胃苍白，肠内充满黄色浓液，肝脏土黄色，脾脏坏死，肾脏上有霉黑点。该病对苗种和成鱼危害最大，尤其在苗种培育过程中较为流行，死亡率高达 80%。

【流行】高温季节，该病易暴发且来势凶猛，蔓延很快。

【防治方法】在养殖过程中捞出病情严重的鱼，换掉原池水的 1/2；然后对病鱼池与原池用 0.3mg/L 强氯精进行水体消毒，每天 1 次，连用 3 天；同时，将干虾磨成粉后添加 30%的三粉与 0.2g 的四环素做成药饵 30g，每天 1 次，连喂 3 天；同时，加强管理，勤捞残渣剩饵，高温时增大换水量。

4. “一点红”病

【病原】爱德华氏菌。其感染途径是经鼻腔感染嗅觉细胞，再进入大脑，经脑膜感染头骨。

【症状及危害】发病鱼头顶部红肿、溃烂，直至将头盖骨蛀空，形成一个狭长空洞，严重的还有鱼鳍发红、内脏有少量腹水的症状。病鱼会在水面呈头上、尾下状缓慢转动。解剖可见腹腔有淡黄色透明状液体，个别出现溶血现象；肝脏土黄色无光泽，有出血点或出血斑；脾和肾肿大充血；胃膨大，胃壁充血较重，个别有胃积水现象；肠道壁发红，肠黏膜脱落，剪开肠道可见黄色浓汁状液体（图 10-5）。

【流行】从苗种到成鱼均易患病。50～150g 的鱼发病较多，尤其是 2 龄鱼发病率较高。水温在 18～30℃发病，25～28℃发病较严重，因此每年的 6～9 月为发病高峰期。

【防治方法】该病以预防为主。

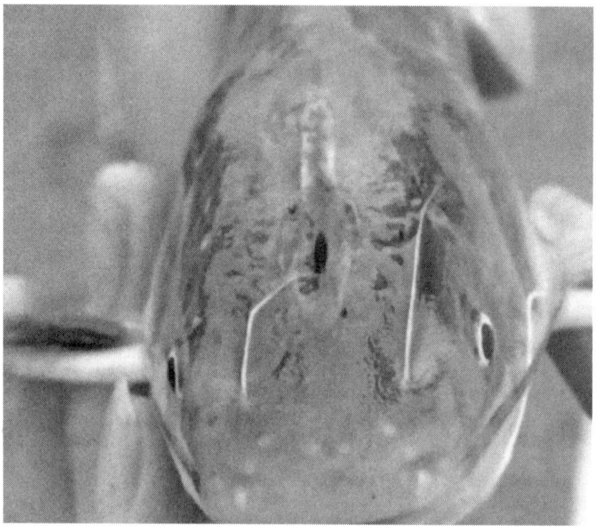

图 10-5　患“一点红”黄颡鱼（自百度）

1）预防的主要措施

（1）重可控：控制黄颡鱼的放养密度在 2500～3000 尾；选择适宜的池塘面积和水深，一般主养池塘面积为 3～5 亩或 10 亩以下，水深以 1.5～2m 较为理想。

（2）多增氧：黄颡鱼对低氧环境的耐受性比其他鱼差，放养密度较高的池塘应设增氧机防止鱼缺氧浮头，增氧机功率平均每亩 1.5kW。

（3）勤改底：定期使用底质改良剂改良底质。

（4）巧稳水：定期使用水质改良剂、微生物制剂，保持水质稳定。

（5）常保健：选用优质饲料，定期内服维生素类，增加黄颡鱼抗病力和抗应激能力。

（6）善杀虫消毒：定期使用杀虫药如硫酸铜等；定期使用消毒剂消灭鱼体内隐藏的病菌，清除鱼塘内的病菌。

2）治疗

由于该病起源于脑内感染，所以要选择一些能透过血脑屏障的药物，氟强、菌磺药物，某些头孢类药物，氧氟沙星等，都是一些比较好的选择，同时进行外用消毒，比较好的有二氧化氯、华大金典。病鱼一般会并发车轮虫、斜管虫等寄生虫病，所以可以同时外用一些杀虫药如硫酸铜等。但是使用杀虫药时要注意不能影响到黄颡鱼的摄食，不能破坏水质。在养殖过程中捞出病情严重的鱼，换掉原池水的 1/2；然后对病鱼池与原池用 0.3mg/L 强氯精进行水体消毒，每天 1 次，连用 3 天；同时，将干虾磨成粉后添加 30%的三粉与 0.2g 的四环素做成药饵 30g，每天 1 次，连喂 3 天；同时，加强管理，勤捞残渣剩饵，高温时增大换水量。

10.5.5　其他鱼病

1. 气泡病

【病因】过饱和的氮气与氧气。

【症状及危害】腹部膨大、突眼、鳃丝肿大及卵黄囊异常膨大，养殖者发现时往往只见到腹部膨大已经死亡鱼苗。绝大多数病例属于慢性（过饱和气体压力小于77mmHg，或气体饱和度低于100%），死亡率低于5%，但是所产生的症状与病变则较多与明显。春节后，水浅、透明度好，水生植物多，春节前一直不缺氧的越冬池，一定要注重氧气的过饱和，当水体溶氧量大于每毫升20mg时，应向池中注水，以降低水中溶氧量，预防鱼类气泡病的发生。在没有测氧条件的越冬池，只观察水中各种生物活动情况也不易发现此病，往往死鱼后才发现得了气泡病。

【防治方法】若用地下水必须先曝气处理，鱼池局部用遮蔽物遮阴，池中经常用新水改良水质。若发现气泡病应立即加注新水，或用5g/m^3食盐泼洒水面；用生石膏每亩1kg，先将其捣成粉状，加入新鲜豆浆，充分混合后全池泼洒。

主要参考文献

边文冀，蔡永祥，陈校辉，等. 2003. 黄颡鱼人工繁殖技术. 水产养殖，24（6）：3～4.
陈锦云，曹振东，谢小军，等. 2003. 温度对瓦氏黄颡鱼幼鱼静止代谢的影响. 西南师范大学学报，28（4）：619～621.
陈琴，章太卓，徐夏声，等. 2001. 黄颡鱼耗氧率与窒息点的初探. 内陆水产，（3）：9～11.
陈伟兴. 2005. 黄颡鱼精巢结构、精子发生及SO*x*基因扩增. 沈阳：东北大学硕士学位论文.
陈伟兴，范兆廷，杨洁，等. 2006. 黄颡鱼性腺的组织学观察. 东北农业大学学报，37（2）：194～198.
陈永强，魏刚. 1995. 瓦氏黄颡鱼胚胎发育的研究. 西南农业大学学报，17（5）：415～418.
程方俊. 2012. 黄颡鱼溃疡综合征病原菌及主要毒力因子研究. 重庆：西南大学博士学位论文.
程晓春，林丹军，尤永隆，等. 2007. 温度对黄颡鱼性分化的影响. 动物学研究，28（1）：73～80.
邓先余，罗文，谭树华，等. 2008. 黄颡鱼“红头病”病原菌迟钝爱德华氏菌的分离及鉴定. 海洋与沼泽，39（5）：512～516.
邓学莲，周龙飞. 2006. 黄颡鱼人工繁殖应注意的几个问题. 渔业致富指南，（5）：33.
董彪. 2002. 黄颡鱼两种人工繁殖方法的比较分析. 皖西学院学报，18（4）：40～42.
段中华，孙建贻. 1999. 瓦氏黄颡鱼的繁殖生物学研究. 水产生物学报，23（6）：610～616.
冯辉，何云紫. 2002. 黄颡鱼鱼病的防治技术. 动物科学与动物医学，19（3）：57～5.
韩庆，夏维福，罗玉双，等. 2002. 不同营养水平对黄颡鱼春片鱼种生长的影响. 饲料工业，23（7）：43.
韩庆，夏维福，罗玉双，等. 2002. 酶制剂对黄颡鱼生长性能的影响. 水产学杂志，15（1）：85～87.
胡国宏，熊占山，张家松，等. 2014. 黄颡鱼早繁试验. 黑龙江水产，（1）：30～32.
黄臻. 2003. 瓦氏黄颡鱼的生物学特性及亲本的引种、驯化和培育. 河南水产，（2）：22～23.
蒋安琳，靳琼. 2002. 瓦氏黄颡鱼的生物学特征及疾病防治. 贵州农业科学，30（2）：34～35.
蒋蓉，宋学宏，叶元土，等. 2004. 黄颡鱼饲料中适宜的蛋白质含量和能量蛋白比. 大连20. 水产学院学报，19（4）：253～257.
孔令杰. 2003. 黄颡鱼人工繁殖技术研究. 哈尔滨：东北农业大学硕士学位论文.
李德勇，李鸣. 2001. 黄颡鱼人工繁殖及苗种培育技术. 安徽农业，（3）：29～30.
李敏，胡从云，姚俊杰，等. 2009. 黄颡鱼繁殖期的生理学特性. 贵州农业科学，37（5）：119～120.
李明锋. 2010. 黄颡鱼生物学研究进展. 现代渔业信息，25（9）：17～22.
李秀启，陈毅峰. 2006. 抚仙湖外来黄颡鱼种群的年龄和生长特征. 动物学报，52（2）：263～271.
林植华，雷焕宗. 2004. 黄颡鱼的两性异形和雌性繁殖特征. 动物学杂志，39（6）：13～17.
刘汉勤，崔书勤，候昌春，等. 2007. 从XY雌鱼雌核发育产生YY超雄黄颡鱼. 水生生物学报，31（5）：

719～725.
刘丽. 2013. 重庆地区主要鱼病发生情况及防治措施调查. 渔业致富指南，(19)：50～52.
刘世平. 1997. 鄱阳湖黄颡鱼生物学研究. 动物学杂志，32（4）：11～16.
刘炜，周国勤，茆健强. 2013. 黄颡鱼繁殖生物学及苗种培育研究进展. 江苏农业科学，41（8）：220～222.
刘文彬，张轩杰. 2003. 黄颡鱼的卵巢发育和周年变化. 湖南师范大学自然科学学报，26（2）：74～78.
刘文生，杨惠暖，杜森. 2013. 循环饥饿投喂模式对黄颡鱼生长的影响. 中国水产学会学术年会论文摘要集：83.
马旭洲，王武，甘炼，等. 2006. 延迟投饵对瓦氏黄颡鱼仔鱼存活、摄食和生长的影响. 水产学报，30（3）：324～328.
任信林，凌武海，余红喜. 2011. 黄颡鱼夏花鱼种培养技术. 水产养殖，(8)：38～39.
沈建忠. 2002. 黄颡鱼的生物学特性及养殖技术. 养殖与饲料，(3)：37～40.
王春芳，谢从新，马俊. 2001. 黄颡鱼早期发育阶段的摄食节律及日摄食率. 水产学杂志，14（2）：67～68.
王吉桥，王文辉，李文宽，等. 2005. 饲料蛋白质和维生素 C 含量对黄颡鱼生长和免疫力的影响. 水产学报，29（4）：513～518.
王进可，鲍美华，冯军，等. 2015. 全雄黄颡鱼人工繁殖技术. 科学养鱼，2（7）：11～12.
王军辉，谢小军. 2003. 瓦氏黄颡鱼不同季节鱼体的化学组成及能量密度预测模型. 生态学报，23（1）：123～129.
王俊鹏. 2008. 黄颡鱼生物学特性及养殖技术. 内陆水产，(8)：38～39.
王令玲，仇潜如，邹世平，等. 1989. 黄颡鱼生物学特点及其繁殖及饲养. 淡水渔业，(6)：30～31.
王升明. 2010. 黄颡鱼的生物学特征与繁殖技术. 农技服务，27（3）：373，418.
王卫民. 1999. 黄颡鱼的规模人工繁殖试验. 水产科学，18（3）：10～12.
王文辉，王吉桥，程鑫，等. 2006. 不同剂型维生素 C 对黄颡鱼生长和几种免疫指标的影响. 中国水产科学，13（6）：952～958.
王武，甘炼，张东升，等. 2004. 盐度对江黄颡鱼生存和生长的影响. 水产科技情报，31（3）：121～124.
王武，石张东，甘炼. 2003. 江黄颡鱼幼鱼最适蛋白质需求量的研究. 上海水产大学学报，12（2）：186～188.
王武，周锡勋，马旭洲. 2007. 投喂频率对瓦氏黄颡鱼幼鱼生长及蛋白酶活力的影响. 上海水产大学学报，16（3）：225～229.
王兴礼. 2005. 池塘养殖黄颡鱼常见疾病的防治. 齐鲁渔业，22（12）：20～21.
吴强强，张璐，陈效儒. 2013. 3 种不同饲料对黄颡鱼生长性能、形体指标及鱼体成分的影响. 当代水产，10：70～71.
肖调义，章怀云，王晓清，等. 2003. 洞庭湖黄颡鱼生物学特性. 动物学杂志，38（5）：83～88.
谢碧文，王志坚. 2002. 瓦氏黄颡鱼消化系统组织学的初步研究. 内江师范学院学报，17（2）：23～27.
谢碧文，岳兴建，张耀光，等. 2004. 瓦氏黄颡鱼肝和胰的组织学及超微结构. 西南农业大学学报，26（5）：646～653.
辛文婷，孙中武，尹洪滨，等. 2009. 黄颡鱼雌雄差异的 SRAP 标记. 东北林业大学学报，37（5）：112～113.
徐汪，王卫民. 黄颡鱼在控温条件下的繁殖试验. 2002. 江西水产科技，(5)：24～30.
许爱国. 黄颡鱼早繁及苗种的规模化培育研究. 苏州：苏州大学硕士学位论文.
许佳露，曹海鹏，欧仁建，等. 2012. 黄颡鱼卵水霉病病原的分离鉴定及其无性繁殖特性. 微生物学通报，39（4）：579～587.
许佳露. 鱼类水霉病疾病模型的构建及应用. 上海：上海海洋大学硕士学位论文.
闫玉华. 2013. 黄颡鱼人工繁殖及鱼苗培育技术探讨. 渔业致富指南，(8)：44～46.
杨彩根，宋学宏，王志林，等. 2003. 澄湖黄颡鱼生物学特征及其资源增殖保护技术初探. 水利渔业，23（5）：27～28.
杨光，刘金兰，白冬清，等. 2005. 繁殖季节黄颡鱼的性腺特征. 淡水渔业，35（6）：31～33.

杨家云. 1994. 嘉陵江瓦市黄颡鱼的繁殖生物学. 西南师范大学学报，19（6）：641～643.
杨明生，陈金安，高和平，等. 2003. 黄颡鱼人工繁殖和早期生活史的研究. 水利渔业，23（3）：20～21.
杨英豪. 大豆浓缩蛋白调控瓦氏黄颡鱼幼鱼摄食和蛋白质代谢的研究. 中国海洋大学博士学位论文.
尤永隆，林丹军. 1996. 黄颡鱼精子的超微结构. 实验生物学报，29（3）：235～245.
余宁，陆全平，周刚. 1996. 黄颡鱼生长特征与食性的研究. 水产养殖，（3）：19～20.
张晓炜，汪雯翰，郑聪. 2002. 黄颡鱼仔鱼食性及生长的研究. 水产科学，21（3）：14～15.
张星朗，高宏伟，周小愿，等. 2014. 黄颡鱼人工繁育技术初探. 水产养殖，（8）：25～26.
赵小兵，张红英，许爱国. 2014. 黄颡鱼红头病的防与治. 科学养鱼，59～60.
郑珂珂，朱晓鸣，韩冬，等. 2010. 饲料脂肪水平对瓦氏黄颡鱼生长及脂蛋白脂酶基因表达的影响. 水生生物学报，34（4）：816～821.
郑小真，林丹军，尤永隆. 2000. 性成熟黄颡鱼精巢的年周期变化. 福建师范大学学报，16（2）：98～101.
周秋白，吴华东，吴凤翔，等. 2003. 黄颡鱼蛋白需求量的研究. 江西农业大学学报，25（5）：764～765.
朱磊，叶元土，蔡春芳，等. 2013. 玉米蛋白粉对黄颡鱼体色的影响. 动物营养学报，25（12）：3041～3048.
朱盛林，万全，张汉勤，等. 2007. 黄颡鱼人工繁殖及养殖技术研究. 动物科学，（18）：157～158.
邹德良，常健. 2005. 江黄颡鱼繁殖技术. 河南水产，（1）：19.

第十一章 胭 脂 鱼

鲤形目，吸口鲤科，胭脂鱼亚科，胭脂鱼属。胭脂鱼，又名黄排、血排、粉排、火烧鳊、木叶盘、红鱼、紫鳊、燕雀鱼、火排、中国帆鳍吸鱼等，生长于中国长江水系，卵生动物。其体型奇特，色彩鲜明，尤其幼鱼体形别致，色彩绚丽，游动文静，被人们称为“一帆风顺”，在东南亚享有“亚洲美人鱼”的美称，是中国特有的淡水珍稀物种。

11.1 生物学特征

11.1.1 分布

胭脂鱼早期分布十分广泛，长江流域大多地区都可见到，是著名的高级食用鱼类，由于人为滥捕导致数量下降，通过科学繁殖放流已使种群数量稳定回升。

11.1.2 外形特征

胭脂鱼体侧扁，背部在背鳍起点处特别隆起。头短，吻圆钝。口下位，呈马蹄状。唇发达，上唇与吻褶形成一深沟。下唇翻出呈肉褶，唇上密布细小乳状突起，无须。下咽骨呈镰刀状，下咽齿单行，数目很多，排列呈梳状末端呈钩状。上颊窝明显下陷，位于顶骨外侧，下颊窝浅。腹部干直。背鳍无硬刺，基部很长，鳍条 50 根以上，延伸至臀鳍基部后上方。臀鳍短，鳍条 10～12。尾柄短细长，尾鳍深叉形，下叶长于上叶。鳞大呈圆形，侧线完全。

在不同生长阶段，体形变化较大。仔鱼期当体长为 1.6～2.2cm 时，体形特别细长，体长为体高的 4.7 倍；稍长大，在幼鱼期体高增大，体长 12～28cm 时，体长为体高的 2.5 倍；成鱼期体长为 58.4～98.0cm 时，体长约为体高的 3.4 倍，此时期体高增长反而减慢，其体色也随个体大小而变化。仔鱼阶段体长 2.7～8.2cm，呈深褐色，体侧各有 3 条黑色横条纹，背鳍、臀鳍上叶灰白色，下叶下缘灰黑色。成熟个体体侧为淡红、黄褐或暗褐色，从吻端至尾基有一条胭脂红色的宽纵带，背鳍、尾鳍均呈淡红色。

11.1.3 生活习性

胭脂鱼喜好在水体中部和底部活动，不耐低氧。其体型奇特，尤其幼鱼体形别致，游动文静，而且会随情绪变化改变体色。摄食繁杂，属杂食动物，无论食物状态如何均可进食，其食物包括丰年虾、红蚯蚓和蔬菜。胭脂鱼是卵生动物，但在水族箱环境中还没有成功的繁育报道。雄鱼在接近雌鱼时头部和鳍上会出现结节。胭脂鱼生活在湖泊、河流中，幼体与成体，形态各异，生境及生物学习性不尽相同，幼鱼喜集群于水流较缓的砾石间，多活动于水体上层，亚成体则在中下层，成体喜在江河的敞水区，其行动迅速敏捷。胭脂鱼可与波鱼、鲐和黑线飞狐和平共处，但不能与石首鱼和泥鳅混养。

11.1.4　生长特点

成年胭脂鱼体长最长能达到 1m，在封闭的环境中可以活到 25 岁。一般 6 龄可达性成熟，体重约 10kg。每年 2 月中旬（雨水节前后），性腺接近成熟的亲鱼均要上溯到上游，于 3～5 月在急流中繁殖。长江的产卵场在金沙江、岷江、嘉陵江等地。亲鱼产卵后仍在产卵场附近逗留，直到秋后退水时期，才回归到干流深水处越冬。胭脂鱼生长较快，1 龄鱼体长可达 200mm 左右，成熟个体一般体重可达 15～20kg，最大个体重可达 30kg。

11.1.5　地理分布

亚口鱼科大多数属种分布于北美洲，现存约 14 属，近 80 种。本种是迄今所知的亚口鱼科分布于我国的唯一品种。在长江上、中、下游皆有，但以上游数量为多；福建闽江亦产，但属少见。

11.1.6　保护级别

野生状态个体的数量趋于逐年下降。葛洲坝截流后，长江中下游亲鱼不能上溯至上游的沱江、岷江等大支流中产卵，宜昌江段的某些产卵场的环境也遭到破坏。虽然坝下江段仍发现有繁殖群体，但因捕捞过度，自然存在的野生群体数量下降趋势仍在继续。胭脂鱼是中国国家Ⅱ级保护动物。

11.1.7　苗种资源

近 20 年来，由于过度捕捞、河流环境变化以及中下游通江湖泊的减少，其资源明显衰退。为保护与增殖这一珍稀物种，我国水产科技工作者纷纷开展胭脂鱼的人工繁殖技术的研究。四川省万县地区（现为重庆市万州区）水产研究所于 1973 年开展胭脂鱼人工繁殖的研究，经过深入艰苦的科学实验，于 1978 年获得胭脂鱼池塘人工繁殖在国内的首次成功，并对胭脂鱼子一代进行人工强化精心培育，于 1991 年子一代亲鱼人工催产又获得成功，为我国珍稀鱼类的养殖做出了重大贡献。中国科学院水生生物研究所和中华鲟研究所于 1987～1989 年连续三年利用葛洲坝下游捕捞的成熟亲鱼进行人工繁殖，均获得成功，并培育出一批鱼种。

11.2　人 工 繁 殖

11.2.1　亲鱼培育

1. 亲鱼的选择

根据胭脂鱼繁殖习性，在其自然产卵场选择成熟亲鱼。每年立春前后胭脂鱼开始洄游到长江上游，陆续进入岷江等支流。繁殖季节之初，进入产卵场的鱼不多，以雄鱼为主，随着水温上升，鱼群逐步集中、扩大，3 月中下旬大多数亲鱼溯江到上游，雌鱼增多。当水温上升到 13℃以上，其他外界条件适合，大部分亲鱼就在水流湍急的砾石滩上产卵受精。此时可以捕到成熟亲鱼。在长江捕获的小型性成熟亲鱼为：雌鱼体长 82cm，体重 9.2kg，7 龄；雄鱼体长 76.5cm，体重 8kg，5 龄。繁殖用的亲鱼也可通过子一代或子二代苗种在池塘培育，再从中挑选优质个体培育亲鱼，但选择的亲鱼为：雄鱼 5 龄，雌鱼 6 龄以上，体型丰满健壮，体表光滑，具光泽，无病伤，体重在 7～8kg 及以上为佳。

2. 亲鱼的培育

培育优良的亲鱼，是人工繁殖的重要工作。有了成熟的优良种鱼，才能顺利诱导产卵，提高受精率、孵化率，减少育苗过程中的死亡率。首先，要提供亲鱼充足、适口的优质饵料，以满足性腺发育的营养需要。一般投喂含粗蛋白 35%以上的颗粒饲料，冰鲜鱼浆或冰鲜鱼浆拌鳗鱼饲料，以团块状投喂。但实践表明，胭脂鱼最喜欢吃水蚯蚓，所以，亲鱼培育应以投喂水蚯蚓为主，少量补充冰鲜鱼浆或鳗鱼饲料，或颗粒饲料。但投喂饲料时应根据季节变化和亲鱼性腺发育特点，正确掌握日投饵数量，一般 4～5 月日投饵率为 3%（按体重，下同），6～8 月为 4%～5%，9～10 月为 3%～4%，11～12 月为 1%～2%，1～3 月少量投喂。特别注意产卵前的 30 天左右控制投饵量，避免亲鱼过肥，并采取流水或冲水，每 5 天一次，刺激性腺发育成熟。此外，亲鱼培育期间，加强池塘水质管理和病害的防治，创造亲鱼培育的优良生态环境。

11.2.2　诱导产卵

1. 雌雄鱼区别与成熟度鉴别

性成熟的胭脂鱼，繁殖季节出现副性征，并伴有明显的婚姻色。雄鱼体侧为胭脂红色，雌鱼体侧为青紫色，背鳍、尾鳍均呈淡红色。同时雌鱼均有大小不等的颗粒状灰白色珠星出现，主要分布在臀鳍和尾鳍下叶，其次在头部、胸鳍、腹鳍与臀鳍之间的腹部鳞片上。通常雌鱼珠星粗大而突起，手触有刺手感，很粗糙；雌鱼珠星较小，不突起。繁殖后雌、雄鱼的珠星消失。在自然界，雌雄比为 1∶1.27，雄鱼略多于雌性。成熟雄鱼要求副性特征明显，轻压腹部，有乳白色精液流出，且精液入水即散。性成熟雌鱼腹部膨大，挖卵镜检，成熟的卵子大小整齐，卵粒饱满，呈分散状，直径超过 2mm。

2. 催产期和催产水温

胭脂鱼催产的最佳时期应是惊蛰到清明的 30 天左右的时间里。清明后性腺开始退化，在自然界桃花开放的时候，正是胭脂鱼催产的佳期，但这只是湖北的天气条件，各地因地制宜地选择胭脂鱼催产的佳期。胭脂鱼催产水温是 15～21℃，最好为 16～20℃。

3. 诱导产卵的激素和剂量

诱导胭脂鱼产卵的激素有高效鱼类催产合剂 3 号（由 DOM 和 SGnRH 组成）、鱼类雌性特异蛋白-FSP、LRH-A_2、HCG、鲤鱼脑垂体。

选择胭脂鱼催产剂的高低，应根据其性腺发育的成熟度而灵活掌握。对性腺成熟好的（能挤出卵粒），剂量可适当偏低（剂量不可太低，太低了不起作用）。对性腺或成熟度差的，只能挖出卵粒，剂量可适当偏高（但不可太高，太高了反而起抑制作用，甚至引起难产或死亡）。

雌胭脂鱼的催产剂量按每千克体重用 DOM 2.5～5mg 加 SGnRH-A_1 10～50μg、LRH-A_2 10～70mg、HCG（500～2000IU），加鲤鱼垂体少量，采用多种激素混合使用效果较好。FSP 与 LRH-A_2 配合使用能够促使亲鱼性腺成熟。雄胭脂鱼的催产剂量可按雌鱼催产剂量的 1/2（成熟度差）或 1/4（成熟度好）注射。

4. 注射部位和注射次数

采用体腔或肌肉注射均可。对于个体较大的胭脂鱼，由背鳍基部进针安全些。对性腺发育好的雌胭脂鱼，可采用低剂量一次注射。性腺发育差的（指挤不出卵粒而能挖出卵粒），可采取 2～3 次注射（先用低剂量催熟，后用高剂量催产），每次注射可以相隔 1～3 天，性腺发育差的（挖不出卵粒）雌胭脂鱼，可以采取 4～5 次注射，剂量由低逐渐增高，给胭脂鱼较长时间（由不成熟逐渐发育到成熟）的转变过程。因此，每次注射的相隔时间可长些，可相隔 3～4 天。

5. 产卵效应时间

性腺成熟度差的雌胭脂鱼，采取多次注射法。其效应时间从最末一次注射完毕开始计时，发情产卵的效应时间为 22～26h，水温 13～14℃时需 2～5 天。

6. 人工授精、孵化

人工授精的成败，关键在于能否准确地掌握采卵时间，如果采卵时间提前了，用力将未成熟的卵粒挤出来，其受精率极低，如果采卵时间推后了，卵粒已过熟，其受精率也极低，甚至不能受精。为了准确掌握采卵时间，从注射最末次开始计时，产卵池水温保持在 16.5～17.5℃，待到 20h 后，每隔 0.5～1h 查一次雌胭脂鱼自动流卵的情况。

在第一批卵采完以后（第一批卵分三次采完，每次间隔 2h），再每隔 24h 可以采一批卵。一尾 10kg 以上的雌胭脂鱼，一般可采三批卵。每批卵采完后，应给每尾雌胭脂鱼注入葡萄糖和氨基酸各 10mL。如果是受了伤的个体，每尾还要注入青霉素 10 万单位，并在伤口涂擦上土霉素或金霉素软膏，以预防伤口发炎溃烂和发生水霉病。

胭脂鱼人工授精卵可用黄泥浆水、滑石粉、奶粉进行脱黏。用奶粉脱黏比较理想。用奶粉脱黏的胭脂鱼卵，其色橙黄色而具有光泽，卵膜虽厚，但晶莹透明，可以观察卵内胚胎发育全过程，这是奶粉脱黏的一个优点。

受精卵经脱黏后，移入孵化器、环道等孵化设施进行流水孵化。胚胎发育速度缓慢，在 13～17℃水温下 229h 孵出，23±1℃条件下也需 102h。受精卵在原肠期死亡率高达 50%以上。胭脂鱼仔鱼具有丰富的卵黄，早期阶段静卧减少了能量的消耗，仔鱼即使在卵黄吸尽后饥饿数日才投喂食物仍能恢复摄食、生长。孵出后的静卧阶段也是发生大量死亡的时期，受精卵孵化前期要经常消毒，以防受精卵霉变。

11.3　养 殖 技 术

胭脂鱼的游泳能力强，代谢较高，饲养需要较宽裕的水体，同时保证水的高流速和高容氧。水温控制在 15～20℃为宜，过高则容易导致烧尾。胭脂鱼是底栖性鱼类，对食物的接受能力极强。

11.3.1　鱼种培育

鱼种培育应在 3 月前完成，放养鱼种规格在 50g 以上，并尽可能同池鱼种大小均匀。每亩放养大规格鱼种 400～600 尾，另外搭配 100～200 尾白鲢和少量的草鱼、鲂鱼等。还可视情况，再套养 800～1000 尾胭脂鱼夏花鱼种。混养时，以其他鱼类做主体鱼，胭脂鱼作为一种底层搭配鱼，每亩放 100～200 尾大规格胭脂鱼种。由于胭脂鱼性温和、营底栖和肉食性等特性，养殖时注意不宜与鲤、鲫或其他凶猛食肉性鱼类同池混养。

1. 早期鱼苗培育

1）内源性营养阶段

在水温 18～21℃条件下，受精卵 6 天可脱膜出苗。刚孵出的鱼苗，身体透明细长。全长为 9.5～11mm，平卧在水底。全长增至 13mm 时，口已形成，但不摄食。鱼苗此时靠身体摆动作垂直游动。脱膜 6～7 天，开始作水平游动，但靠卵黄囊供给营养，鳔已可见。脱膜后第 11 天左右卵黄囊消失，开始摄食外源性饵料。此阶段管理的重心工作是水质管理与防止敌害生物，鱼苗平游之前在孵化槽里进行管理，鱼苗平游之后出槽入网箱（60～80 目）内培育。

2）开口阶段管理

鱼苗在脱膜后的第 11 天开始摄食外源性饵料。饵料选用熟蛋黄，每万尾鱼苗每天 1 个，每隔 3～4h 喂一次。吃不完的要用橡皮管吸出，保持水质清新。连续喂 2～3 天转入水泥池或在网箱内继续下阶段培育。水温控制在 20℃左右。

2. 中期鱼苗培育

1）鱼苗池

室内水泥池，进排水方便。每口池面积不宜过大，10～20m^{2}最好。

2）放养密度

开口以后鱼苗放养密度 300～500 尾/m^2。

3）饵料投喂

前期投喂轮虫、卤虫等小型浮游动物，每日 4 次。随着鱼苗逐步生长，逐步投喂中、小型枝角类、大枝角类及桡足类。此时鱼体表有横线纹出现。再经 10～15 天培育，即可达到 25～28mm 体长。

4）饲养管理

此阶段管理重点是投喂适口饵料和水质管理，防病防逃。活饵一定要消毒、过筛后再投喂。

3. 后期培育管理

1）25～40mm 阶段管理

在原池培育，适当降低放养密度，即 200 尾/m^{2}左右。投喂饵料以水蚯蚓和枝角类、桡足类为主。管理方法基本与中期管理一致。待鱼苗长到 40mm 后出池放入大塘培育。

2）鱼苗池

面积不宜过大，1～2 亩为宜。池塘要清整消毒，清除敌害生物。待毒性消失后，再放入鱼苗。池塘水质一定要清新。

3）放养密度

不能太大，一般 10000 尾/亩。

4）投饵

虽然鱼苗以浮游动物为食，但该鱼苗要求有较好的水质。池塘内最好少施肥或少量泼洒豆浆，避免水质恶化。应从周围池塘捞出一定数量浮游动物投喂，并投喂充足水蚯蚓。后期可吊篮投喂鳗料或颗粒饵料。为防止缺氧，池塘内应备一台增氧设备。

5）饲养管理

（1）坚持每天早、中、晚巡塘。

（2）经常注入新水，用水要求严格过滤，防止敌害生物进入。

（3）及时清除水面黑色浮膜，防止青苔丛生。

（4）定期杀菌消毒，预防烂鳃、肠炎、指环虫、气泡病等发生。

（5）定期检测池塘水质和鱼类生长情况，及时改变投饵种类与数量。

11.3.2 成鱼养殖

1. 池塘条件

池塘是胭脂鱼养殖的物质条件，要有一定的条件基础。除肥水塘和旱涝不保收的池塘外，一般养殖池均可用来养殖胭脂鱼。放养鱼种前须对池塘进行清整，清除过多淤泥，留20～25cm 即可；加固池坡、池埂、填堵漏洞；完善进排水系统，池塘进排水口要求有牢固可靠的防逃设施，可有效防止养殖鱼外逃和野杂鱼进入。另外，在养殖过程中，要求水源充足，水质清新，最好配备增氧和灌溉等机械设备。

1）水源和水质

胭脂鱼成鱼塘，要求水源充足，水质良好，不含对鱼类有害的物质，注、排水方便。池塘的高密度精养，常常使池水溶氧量偏低，水质容易恶化，引起鱼浮头。如不及时加注新水，会造成泛池现象，引起鱼类的大批死亡。虽然各地都已普遍使用增氧机增氧，但对改良水质仍有局限性。如有条件，能经常加注含氧量丰富的新水，就可改善池塘水质，有利于鱼类天然饵料的繁殖和鱼类的生长。

2）面积、水深和底质

（1）胭脂鱼成鱼面积要求不严格，常规的鱼池都可用于养殖成鱼，但是面积最好不要小于 2 亩。如果面积太小，水质容易恶化，水体稳定性、缓冲性较差，不利于成鱼的生长。如果面积太大，在 8 亩以上，将会产生摄食不均匀现象，最终出现成鱼规格大小不整齐，死亡率高，对胭脂鱼的生长和精养不利。根据目前生产水平，面积 5～8 亩较为适合。

（2）池塘水较深、单位面积的水量较大，可增加鱼种放养量，提高鱼产量。但如水过深，则下层水中光照度弱，浮游植物量少，光合作用差，产生的氧量少，底泥中有机物进行氧气分解产生各种有害物质，不利于鱼类的生长和生存，并会使池塘的生产力降低。因此，池水也不可过深。生产实践证明，饲养胭脂鱼成鱼塘，水深以 1.5～2m 为宜。

（3）池塘底质以沙土最好，黏土次之，黑色泥土最差。沙质土具有黏度大和透气性适中、保水及保肥力较强、有机物质分解较好、池水容易培肥等优点。

3）池形和环境

（1）池形应规则整齐，以东西向的长方形（长∶宽为 3∶2）为好，以利于操作与管理。这种排列的池塘可相对延长日照时间，阳光能提高池水温度，又有利于浮游植物进行光合作用和增加水中的溶氧量。但在具体生产中，个别池塘不太整齐，这也并不是养殖该品种的限制因素。

（2）池塘周围不应有高大的树木和房屋，以免遮挡阳光和风力。堤坝要坚固，不漏水，堤面要宽。

2. 池塘的清理

清理池塘是改善胭脂鱼生活环境的重要环节。应将池塘底部整平，便于胭脂鱼摄食和人工捕捞，并将池塘的杂草等清除干净。一般在投放鱼种前 15～20 天，将池塘用生石灰、漂白粉等消毒。待池塘水体中大量的浮游动物出现后再投放鱼种。常用清塘药物如下：

（1）生石灰。干池清塘，一般用生石灰 50～75kg/亩。若带水清塘（水深 1m），用生石灰 125～150kg/亩。毒性消失时间 7～10 天。

（2）茶饼。平均水深 1m 时，茶饼用量为 40～50kg/亩。捣碎加水浸泡即可使用，浸泡后连渣带汁加水全池泼洒。毒性消失时间为 1 周左右。

（3）漂白粉。漂白粉用量为水深 1m 的池塘 13.5kg/亩，即每立方米水体用 20g。如池水排至水深 5～10cm，5～10kg/亩。

（4）鱼藤酮。鱼藤酮清塘的有效浓度为 2mg/L，即 1m 水深的池塘需投鱼藤酮 1.3kg/亩左右。毒性 7 天左右才能消失。

不论用何种清塘药物清理池塘，经 7 天后检查清塘及药性消失情况。可用“放试水鱼”方法检验，如药性完全消失，便可安全投放苗种，减少不必要的损失。

3. 放养密度

放养密度根据养殖方式的不同而有差异。

1）池塘主养胭脂鱼

每亩放养规格为 10cm 左右的胭脂鱼鱼种 800～1000 尾，并且每亩分别搭配鲢、鳙 250～300 尾、鳊 40～50 尾，以控制水质和杂草。在饲料充足的情况下，养到当年年底或次年 5 月，个体体重可达 0.5～0.8kg。产量可达 600kg/亩。

2）池塘混养胭脂鱼

根据胭脂鱼性情温顺、喜爱底栖、喜食肉食性饵料等特点，养殖方式也可采用混养方式。方式有两种：一种是以胭脂鱼为主，搭配鲢等鱼种；另一种以常规鱼类为主，除不放养鲤、鲫及罗非鱼和淡水白鲳等鱼外，搭配少量胭脂鱼。其方法为：以胭脂鱼为主搭配鲢、鳙 350 尾/亩，主养其他鱼类搭配胭脂鱼 50 尾/亩。

3）网箱养殖胭脂鱼

设置网箱的水库要求水深 10m 以上，网箱规格 5m×6m，网箱深度 3m，放养密度为 100 尾/m^2。

4. 饵料投喂

胭脂鱼在自然环境中主食底栖无脊椎动物，在人工饲养条件下喜食鲜活水蚯蚓。但为了生长快，饵料一定要注意量足、质鲜、样多。投喂饲料以水蛆蜕饲养效果最佳。实际生产上，可根据饲料来源，主投当地易获得的螺蚌肉、小鱼虾、畜禽内脏或人工培育陆生蚯蚓、蝇蛆等鲜活饵料，降低成本。大规模养殖时，可驯化摄食人工配合饲料。根据其对粗蛋白和粗脂肪要求均较高的特点，人工配合饲料可自行配制。有的单位将动物肉糜与麸皮、豆粉、米糠等来源较广的饲料拌在一起长期投喂，效果也比较理想。

投喂量根据季节、水温、摄食及生长情况作适当调整。通常水温 8～12℃，投饵率为 3%～4%（按体重，下同）；12～15℃为 4%～6%；15～25℃为 6%～8%；25～32℃为 3%～4%。饵料投喂尽量均匀。池中搭建饵料台 1～2 个，或采用投饵机投喂。投饵时间定为上午 9：00～10：00，下午 3：00～4：00 即可。日投饲率根据季节不同而有所差异。一般 4～5 月日投饲量为体重的 3%～5%，6～8 月为 5%～8%，9～10 月为 3%～5%，11～12 月为 1%～2%，1～3 月少量投喂。如投给的饲料为鲜湿饲料，则相应提高 2%～3%。在实际操作中，每日投饲量还应根据天气、水温、溶氧及池鱼摄食情况灵活掌握，依照“四定”原则（定时、定量、定质、定点），保证吃匀、吃好、吃饱。

5. 饲养管理

饲养的各种物质条件及技术措施，只有通过加强池塘的管理才能充分发挥出其增产效能。要做好池塘管理工作，必须充分发挥人的主观能动作用，精心细致，持之以恒。管理范围主要是投饲管理、水质管理、日常管理及鱼病防治措施管理。

1）投饲管理

日常投喂必须做到匀、足、好。

2）水质管理

对池塘养殖胭脂鱼来说，最重要的就是水质问题。水质状况是不断变化的，主要随以下因素的变化而变化：季节、气候、水源、土壤类型、温度、放养密度、投饲率、药物处理。保持池水“活、嫩、爽”，应做好下列工作：

（1）定期加注新水，保持优良水质。

（2）设置增氧机泵，增加水中溶氧。

（3）合理放养密度，科学搭配品种。

（4）培植益藻种群，释放溶氧水中。

（5）定期泼洒石灰，改善水质条件。

3）日常管理

（1）勤巡塘。一般每天早、中、晚各巡塘一次。黎明时观察池鱼有无浮头现象，浮头程度如何。午后 2：00～3：00，结合投饲检查鱼的活动情况及吃食情况，傍晚检查全天吃食情况，观察有无浮头预兆。酷暑季节，天气突变时，还要增加夜间巡塘次数，或安排值夜班管理，以便采取措施，防止意外。每天至少 3 次，观察其摄食、游动和池水变化情况，检查进排水设施，尤其在天气骤变和暴风雨来临之际，要加强巡视，发现问题及时处理。勤洗饵料台，每天捞出水中残饵、污物及死鱼，防止水体污染。

（2）勤除草去污。勤清除鱼池周围的杂草，以及食台上的残饵和其他鱼类不能摄食的杂物，以免影响胭脂鱼的摄食活动和污染水质。

（3）勤捞病鱼死鱼。可以起到减少鱼病传染和避免恶化水质的作用。

（4）勤做记录。将有关养殖的措施、每天饲养管理和巡塘情况，逐日记下来，成为完整的池塘日记，这是实行科学养殖最基本的工作。一定要由专人负责，持之以恒。从长远的观点看，通过连续多年的记录，可积累丰富而完整的第一手资料，再通过科学的分析和整理，便于总结提高养殖经验。

（5）水质管理。做到勤换水，正常情况下每周可一小换，换注 3/10；半月一大换，换注 2/3。随着鱼体长大，水质渐肥，适当增加换水次数，高温季节更应每天进行换水，并定时开动增氧机，保持池水溶氧丰富，透明度在 40cm 以上，从而促进饲养鱼食欲和减少疾病发生。此外，有条件的养殖者在定期泼洒生石灰、漂白粉等消毒药物调节水体的同时，也不妨向池塘施用光合细菌、EM 菌液等改良剂，这对改善池塘底层供氧和改良水体环境十分奏效。

11.4 病害防治

胭脂鱼在自然条件下，抗病能力较强，一般不易患病。在人工饲养环境中，各阶段的胭脂鱼均有患病现象发生，有时可导致大量死鱼现象。应采取综合防治措施有效地控制疾病发生。其具体做法是在做好“种、饵、密、管”的基础上，坚持常规消毒，每月泼洒一次杀菌、杀虫药物，发病季节（4～6 月和 9～10 月）每月消毒 2 次，并投喂一个疗程药饵预防疾病发生。

胭脂鱼的常见疾病有：烂鳃病、肠炎病及营养性不良、泛池和寄生虫病等。

1. 烂鳃病

烂鳃病在胭脂鱼成鱼和幼鱼阶段均有发生。由于胭脂鱼有集群习性，故该病一旦发生，即迅速感染，有时可导致大量死鱼现象。

【防治方法】一是大量换注水，改善池塘水质状况；二是鱼种放养前彻底清塘，养殖过程中定期对水体和采食场消毒。当鱼病发生时，用 1mg/L 漂白粉全池泼洒，连续 2～3 天；同时拌饵内服鱼服康（100kg 鱼用量为 50～100g），1 天 1 次，3 天为一个疗程。

2. 肠炎病

肠炎病是胭脂鱼苗种及低龄鱼种的主要疾病。在饲料及环境条件差的情况下易发生。流行季节为 6～9 月。

【防治方法】一是坚持不喂变质腐败饲料；二是加强水体消毒工作。在疾病发生时，全池泼洒漂白粉或 0.3～0.4mg/L 强氯精；同时，内服土霉素药饵，每 50 千克鱼第一天用药 5g，第二天开始减半，连用 6 天，为一个疗程，可有效治愈肠炎病症。

3. 萎瘪病

萎瘪病是一种营养不良症。在胭脂鱼苗种培育中，高密度或饵料跟不上鱼的需要时易发生。

【防治方法】平时应加强饲养管理，合理放养鱼种，保证鱼苗、鱼种有足够的优良饲料供应。发生萎瘪症状时，可将病鱼分隔饲养，投喂营养价值高的水蚯蚓，可缓解病情。

主要参考文献

丁德明. 2013. 胭脂鱼. 湖南农业，8：19.
樊启学. 2002. 胭脂鱼养殖技术. 养殖与饲料，4：22～24.
何金宝，石义付. 2009. 长江胭脂鱼实用健康养殖技术（一）. 渔业致富指南，7：41～43.
何金宝，石义付. 2009. 长江胭脂鱼实用健康养殖技术（二）. 渔业致富指南，8：29.
何金宝，石义付. 2009. 长江胭脂鱼实用健康养殖技术（三）. 渔业致富指南，9：40～41.
何金宝，石义付. 2009. 长江胭脂鱼实用健康养殖技术（四）. 渔业致富指南，10：36～38.
贾博. 2013. 胭脂鱼流水池塘养殖高产技术. 农业科技与信息，1：64.

李桂华，张劲松，孟凡义，等. 2010. 胭脂鱼水库网箱养殖试验. 渔业致富指南，15：60～61.
林郁葱，龚媛，龚世园，等. 2011. 野生和人工养殖胭脂鱼肌肉营养成分的比较. 淡水渔业，6：70～75 .
刘胜林，刘远豪. 2008. 胭脂鱼的实用养殖技术. 渔业致富指南，6：42～44 .
罗燕，孙翰昌，陈丽娟，等. 2009. 长江胭脂鱼的池塘成鱼养殖与病虫害防治. 农技服务，3：118～119.
马金刚，何晏开，万建业，等. 2010. 鱼池套养胭脂鱼技术研究. 现代农业科技，8：334.
任卫东. 2000. 胭脂鱼成鱼养殖及病害防治. 北京水产，6：49.
万松良. 2004. 胭脂鱼的生物学特性及养殖技术. 农村养殖技术，1：20～22.
王学功，陆华洲，王洪举. 2010. 胭脂鱼的人工繁殖及养殖技术. 养殖与饲料，5：14～15.
吴明传，曾斐，谢义元，等. 2014. 水库天然养殖长江胭脂鱼商品鱼关键技术研究. 科学养鱼，5：34～35.
肖华根，周贺民. 2013. 胭脂鱼山塘水库高效养殖技术. 江西水产科技，1：31～32.
杨迎军，李欣. 2014. 胭脂鱼无公害养殖技术. 河南水产，4：15～16.
张浩川. 2013. 大型观赏鱼. 北京：化学工业出版社.
周剑光，杨德国，吴国犀，等. 1996. 胭脂鱼成鱼池塘养殖技术. 淡水渔业，4：36～40.
周学金，颜慧，李萍. 2015. 胭脂鱼人工养殖技术. 科学养鱼，3：35.
朱云生. 2013. 长江子二代胭脂鱼苗种培育技术. 科学养鱼，4：10～11.

第十二章　中华倒刺鲃

中华倒刺鲃，属于淡水温水性鱼类，是我国长江流域水体中一种淡水优质经济鱼类，其肉质肥美、细嫩多脂、味道鲜美、营养丰富，为主产区上佳食用鱼，是广大消费者喜爱的名贵鱼类。中华倒刺鲃的个体大，生长较快，杂食性，饵料来源范围广，病害少和适应性广。清江流域原为中华倒刺鲃栖息、育肥、生长的支流水域，由于水利设施发电厂的建设阻隔中华倒刺鲃洄游通道，以及库区过度捕捞、水体生态环境的污染严重等，野生资源日益枯竭，处于濒危。要恢复清江梯级发电库区水域的中华倒刺鲃的鱼类资源量，必须采取鱼类资源增殖放流方式保护高坝洲库区鱼类资源量。

12.1　生物学特征

12.1.1　形态特征

中华倒刺鲃（图 12-1）体延长而侧扁，背腹缘均为弧形，头锥形，眼居头部中前，侧上位，眼间头背呈弧形，而眼间隔较宽。吻圆钝而突出，吻皮止于上唇基部，与上唇分离，吻长显著较眼后头长短。口亚下位，腹视呈马蹄形，口裂止于鼻孔垂直线上。上下唇稍肥厚，包在颌外表，在口角处相连，唇后沟在中部隔断，下唇与下颌之间有浅缢痕。颌角达鼻孔后缘的下方，上下颌盖以轻角质。触须 2 对，较发达，吻须达眼前缘，口角须略长于吻须，后伸达眼后缘。鳃盖膜于眼后缘的垂线下方与峡部相连。鳞片较大。侧线完全，前段略下弯后径直伸入尾鳍基部中央。背鳍与臀鳍基部具有鳞鞘，腹鳍基部外侧具有一狭长的腋鳞。背鳍不分枝鳍条为强大硬刺，其后缘有锯齿，起点处向前伸一根平卧倒刺，埋于皮内。背鳍起点距吻端小于距尾基的距离，胸鳍末端接近背鳍起点的下方，腹鳍起点位于背鳍第 1～3 根分枝鳍条的下方，腹鳍末端达肛门，肛门紧靠臀鳍起点，臀鳍末端接近尾鳍基部，尾鳍分叉。身体背部青黑色，腹部灰白色，体侧鳞片有明显的黑色边缘。尾鳍基部有一黑色斑点（鱼苗在体长 1cm 时出现）。各鳍条青灰色，后缘为黑色（上述黑色斑点幼鱼明显，成鱼不明显）。

图 12-1　中华倒刺鲃

背鳍条Ⅳ：8～9；臀鳍Ⅲ：5～6；胸鳍条Ⅰ：16～17；腹鳍条Ⅱ：9～10；侧线鳞 29～34；背鳍前鳞 9～12；围尾柄鳞 14～16。下咽齿 3 行，2.3.5/5.3.2。第一鳃弓外鳃耙 11～12，内侧鳃耙 17～18。脊椎骨 34～37。体长为体高的 2.72～3.53 倍，为头长的 4.04～5.14 倍，为尾柄长的 4.53～5.64 倍，为尾柄高的 7.65～8.89 倍。头长为吻长的 2.95～4.27 倍，为眼径的 4.68～5.98 倍，为眼间距的 1.93～2.96 倍。

12.1.2　地理分布

中华倒刺鲃，属于淡水温水性鱼类，在鱼分类学上属于鲤形目、鲤科、鲃亚科、倒刺鲃属，地方名有乌鳞、青波、青板、青鱼、青鲩。其主要分布于我国长江水系中上游的干、支流流域的水体中，是长江流域干、支流水域中重要的经济鱼类；在清江、嘉陵江、岷江、沱江、渠江、酉水和赤水河等地均有分布。

12.1.3　生活习性与环境

中华倒刺鲃属于广温性鱼类，适应温度为 0～36℃，最适摄食生长温度 20～28℃，水温在 10℃以上时开始摄食，水温 30～30.5℃食欲减弱，水温超过 34.5℃时基本停食。在溶氧为 2.5～2.85mg/L 时仍能正常生活，最佳摄食生长溶氧量为 3.89mg/L 以上，当水体中溶氧低于 1.22mg/L 时开始浮头，低于 0.79mg/L 死亡。正常摄食生长的 pH 为 6.5～8.5，有机物耗氧量小于 8.5mg/L，总氮不超过 0.48mg/L，亚硝酸盐在 0.018mg/L 以下。

中华倒刺鲃在天然水体中主要生活在水流较急而底质乱石或沙质、硬底的河流中，喜欢成群栖息于底层流水中，属于底栖性鱼类。每年 11 月下旬进入长江干流的湾沱中越冬，成群栖于底部的岩洞、石穴、乱石间等处，并在越冬期间摄食周围的天然饵料和沉入水底部的菜叶及谷物等食物；至第二年 2～3 月水位升高时溯河上游进入长江干、支流或至上游，溯河索食、肥育和繁殖，从而形成干、支流间的短距离洄游。渔民称这种现象为“七上八下”，即农历七月以前是由干流进入支流时期，八月以后是由支流退到干流的时期。渔民就是利用这种干、支流洄游习性进行捕捞。该鱼白天在深水处活动，夜间游至乱石滩及近岸摄食。

12.1.4　食性与生长

中华倒刺鲃为杂食性鱼类。鳃耙锥形，排列稀疏。第一鳃弓外鳃耙 11～12，内侧鳃耙 17～18。下咽齿 3 行，2.3.5/5.3.2，下咽齿稍侧扁，末端尖而稍弯曲。肠为体长的 3.11～4.92 倍，平均值为 4.03 倍。其主要摄食的食物为高等植物碎片、丛生藻类、水生昆虫、淡水壳菜等；人工饲养条件下的鱼摄食以人工配合饵料（含蛋白质为 34%～37%）及各种菜叶为主，同时摄食饲养水体中的天然饵料，如藻类、水生昆虫、软体动物等。从幼苗至成鱼阶段的食物有所变化，其过程为 6～7cm 的幼苗主要摄食水体中浮游动物（枝角类和桡足类）；8～11cm 以枝角类、桡足类为主，同时摄食少量的丛生藻类和浮萍等；12cm 以上食性逐渐转变，以植物性食物（高等植物碎片）为主，同时摄食水生昆虫、软体动物等动物性饵料。冬天不摄食，摄食强度以春季为最高，通常肠道的充盈度为4～5级。中华倒刺鲃最低摄食温度为10℃，最佳摄食温度为15～28℃。冬季在南方不停食而华中地区停食，但南方冬季摄食量明显减弱。

中华倒刺鲃属于生长速度中等的鱼类。体长增长以2～4龄鱼为最，体重为429～1490g；5～6龄鱼为最，体重为2762～3467g；5龄鱼以前体重增长无减缓的趋势。中华倒刺鲃是倒刺鲃属中一种生长较快的鱼类品种之一，在4龄以前生长较快，在5龄以后其生长速度有所下降。

12.1.5　繁殖生物学

中华倒刺鲃的初次性成熟年龄，雄鱼3～4龄，雌鱼3～5龄，5龄雌鱼大部分亲鱼成熟，个别雌鱼6龄才能性成熟。雄鱼3龄少数鱼性腺发育成熟，4龄鱼基本上全部成熟。

在不同生态环境水域条件下，雌、雄鱼比例有所不同，如在集约化的网箱与池塘养殖及长江支流的鱼类群体中，一般雌性多于雄性，常见的比例为3∶2.3；而在生殖的鱼群中，天然与人工饲养水体中产生雌、雄比例则相反，为1∶1.86。

中华倒刺鲃亲鱼的雌雄鉴别，在非生殖季节时雌雄鱼的区别不明显，不易鉴别。在生殖季节性腺成熟的亲鱼雌雄较易区别，雄鱼体色灰青色较深（有明显的婚装），上颌前缘和鳃盖两侧等头部及臀鳍隐约可见成行珠星，用手摸有粗糙感，腹部不膨大，用手挤压腹部可有少量的精液流出，精液入水易散；雌鱼体青黄色，较浅，上颌缘和鳃盖两侧无珠星，较光滑，腹部稍有些膨大，生殖孔微红。

中华倒刺鲃在长江流域水体中的产卵场大多分布于支流及其上游水流湍急的江段，于石质或沙砾质河床流水处产卵。产卵处的流速常见为0.6～0.8m/s。产卵期较长，前后延续的时间长达4个月之久。在长江的干流及嘉陵江、岷江、沱江、渠江、酉水和赤水河等支流的产卵时间为3～6月。产卵盛期为5～6月。产卵水温为19.5～28℃，最佳产卵水温为22～26℃。水温超过28℃出现畸形胚胎或发育停止而死亡。

根据各地的季节不同其产卵时间有较明显差异。华南地区为4月中旬至5月底，华中地区为5月底至6月底，华北地区为6月初至7月底。通常性成熟雌鱼卵巢以Ⅲ期越冬，第Ⅳ期卵巢呈橙黄色，卵的发育具有非同步性，卵径分别为1.06～1.24mm和1.73～1.88mm。经过多年对亲鱼的人工催产实践证明，中华倒刺鲃属于多次产卵类型的鱼类，3.5～5kg体重亲鱼产卵7万～9万粒。性成熟的亲鱼怀卵量随着个体增长有所差异，绝对怀卵量为每克体重12～14粒，相对怀卵量为每克体重10.9～39.8粒。通常2～2.5kg怀卵量为2.0万～3.5万粒，2.5～3kg体重亲鱼为3.0万～5.0万粒。

受精卵具较弱的黏性（如用水流冲洗无黏性），附于石块或下沉于砾石缝间发育，卵膜间隙较小，吸水较慢，吸水膨胀系数较低，吸水膨胀后卵膜的直径为1.84～2.13mm。水温19.5～22℃时从受精卵到仔鱼出膜时间为43～48h，水温23～26℃时孵化出膜时间为38～40h。刚出膜的仔鱼全长5.5mm，体色为粉红色，鳃弧形成，眼内有色斑。孵化出膜后2天，全长7.4～7.8mm，体表开始出现色素细胞。孵化出膜后4天，全长8.3～8.5mm，鳔出现。孵化出膜后 5 天，全长 9.2～9.6mm，卵黄囊消失。孵化出膜后 15 天，全长 18～20mm，尾鳍基部出现黑斑。孵化出膜后 35～40 天，全长 32～35mm，全身披鳞，各鳍发育完善，具有成鱼的特征。

12.2 中华倒刺鲃亲鱼来源、培育、繁殖技术

12.2.1 亲鱼的来源与雌雄鉴别

中华倒刺鲃亲鱼品质的选择与人工亲鱼培育是人工繁殖的重要环节，中华倒刺鲃亲鱼的选择较为重要。但繁育的亲鱼必须根据生物学特征与经济性状的要求进行亲鱼的选择，亲鱼的选择直接关系到种质是否纯正，对于天然水域鱼类资源增殖放流与种质保护至关重要。

1. 亲鱼的来源与选择

中华倒刺鲃的亲鱼主要来源于长江流域干、支流水体中收集的野生亲鱼或商品鱼进行人工培育成的性成熟亲鱼，以及从天然水体中收集野生苗种经过池塘人工培育成性成熟的亲鱼。繁育的亲鱼必须经过生物特征筛选后才能作为繁育苗种的亲鱼使用，并且对繁育的亲鱼必须进行标记防止近亲交配。中华倒刺鲃亲鱼筛选的基本特征如下。

亲鱼性成熟年龄在Ⅳ龄以上，体外形观察无病、无伤、无畸形，体质健壮，体型正常达到性腺成熟。

可数形状：背鳍条Ⅳ：8～9；臀鳍条Ⅲ：5～6；胸鳍条Ⅰ：16～17；腹鳍条Ⅱ：9～10；侧线鳞 29～34。

可测性状：体长为体高的 2.72～3.53 倍，为头长的 4.04～5.14 倍，为尾柄长的 4.53～5.64 倍，为尾柄高的 7.65～8.89 倍。头长为吻长的 2.95～4.27 倍，为眼径的 4.68～5.98 倍，为眼间距的 1.93～2.96 倍。

外部形态：体形延长而侧扁，背腹缘均为弧形。头部锥形，吻长显著较眼后头长短。鳃盖膜于眼后缘的垂线下方与峡部相连。背鳍不分枝鳍条为强大硬刺，其后缘有锯齿，起点处向前伸一根平卧倒刺，埋于皮内。身体背部青黑色，腹部灰白色，体侧鳞片有明显的黑色边缘。

2. 亲鱼的雌雄鉴别与比例

中华倒刺鲃雌雄的鉴别在非生殖季节及未成熟的亲鱼中不易区别，通常采用鱼体的形态及体色来区别。雌鱼体为青黑色，其体型背部比雄鱼高而体长稍微短些，生殖器部位两侧有两瓣覆盖的鳞鞘；雄鱼体为灰青色，较深，体型的背部比雌鱼矮一些而体长比雌鱼长。池塘放养亲鱼时雌雄比例为 1∶1 为宜。

12.2.2 亲鱼培育

中华倒刺鲃亲鱼池塘培育极为重要，亲鱼培育的好坏直接关系到亲鱼性腺发育的成熟

度，以及亲鱼人工繁殖成功与否，其影响到催产率、产卵率及孵化率等的高低。

1. 亲鱼培育池及生态环境

亲鱼培育池面积 3～4 亩，池塘条件为水深 1.5m 以上，水源充足，进、排水方便，池底平整，少泥或埂质底，挖除池底过多的淤泥，维修和加固塘埂，割除杂草，在亲鱼放养池塘前，应对池塘进行严格的清塘消毒和清除杂草。每亩用生石灰 120～150kg 干池泼洒消毒。池塘生态环境需溶氧 5mg/L，pH7.2～8.5，水体透明度 50cm 以上，要保持池水为中等肥度，亲鱼培育所用水源水质应符合淡水渔业水质标准的要求，并定期加注新水。

2. 亲鱼放养密度

根据亲鱼不同年龄其放养密度有所不同，3 龄左右的后备亲鱼每亩放养 250～350 尾，体重为 300～350kg；4 龄的亲鱼每亩放养 180～200 尾，体重为 300～350kg；5 龄的亲鱼每亩放养 160～180 尾，体重为 320～350kg。同时在亲鱼培育池中混养 20cm 左右的花鲢每亩 35～40 尾、白鲢 150 尾，以控制池塘的水质；但不能放养草鱼、鲤、鲫，因它们与中华倒刺鲃争食影响亲鱼的性腺发育。雌雄比例为 1∶1～1∶1.2。

亲鱼在放养前要用 3%～5%的食盐溶液浸浴鱼体 10～15min，进行消毒处理，使亲鱼产生应激反应，增加黏液分泌，防止疾病发生。

3. 亲鱼饵料及投喂

根据亲鱼培育中所需求的营养量，配制以含粗蛋白质 36%～38%人工配合颗粒饵料为主，适当补充青绿菜叶及动物性的水蚯蚓、螺、蚌肉与动物内脏等。根据不同水温投喂量有所不同：水温 10～15℃投喂量占体重的 0.8%～1%；水温 15～20℃为 1.5%～2%；水温 20～25℃为 2.5%～3%；水温 25～30℃为 3%～4%。其投喂方法为每天上午 8：00、下午 4：00 时各投喂一次，根据中华倒刺鲃在水体表面下约 50cm 摄食的特点，首先在饵料投喂点用少量的饵料诱导鱼集中摄食后再投喂，待摄食鱼群集减少不抢食时不再投喂，然后在池塘投框架中投喂青绿菜叶。在第二年春天亲鱼正常摄食后，必须适当投喂莴苣叶及较嫩的麦芽等青饲料以减少亲鱼体内积累的脂肪，促进亲鱼正常产卵。

4. 亲鱼的培育管理

中华倒刺鲃亲鱼培育管理较为重要，必须加强池塘管理。在日常管理中，要注意调节池塘水质，并视天气、水温和亲鱼的摄食状况等情况适当调节投喂量。首先用生石灰进行池塘消毒除野，将选择好的后备亲鱼经过严格的消毒处理后放入池塘单养。每半个月给培育池塘冲新水一次，尤其在亲鱼繁殖前一个半月每 6～7 天冲水一次，以促进亲鱼性腺的发育。每半个月用生石灰、二氧化氯、杀虫剂等药物消毒一次，防止病害发生。春季随着水温上升并稳定在 10℃以上时，应及时投饵，并将池塘内越冬的老水换掉一半，然后加注新水至 1m 水深，以改善水质，提高水温，促进亲鱼的生长。随着水温的上升，亲鱼的摄食量逐渐加大，此时，要注意投足饵料，并应加喂一些植物性饵料，以减少亲鱼体内的脂肪积累和影响亲鱼性腺发育。待亲鱼临产前少投喂饵料或停止投饵。

12.2.3 人工繁殖

1. 催产的亲鱼选择

中华倒刺鲃人工催产的成败关键是亲鱼的选择。在生殖季节性腺成熟的亲鱼雌雄及成熟度较易区别和选择，雄鱼体呈灰青色，上颌前缘和鳃盖两侧的头部可见成行珠星，用手摸有粗糙感，体呈圆长形，腹部不膨大，用手挤压腹部有精液流出，入水后立即散开而形成雾，生殖孔的末端微红。雌鱼体呈青黄色，上颌前缘和鳃盖两侧无珠星，头部较光滑，体背部较高，腹部较膨大，卵巢轮廓较明显，有流动感，腹鳍至臀鳍的腹部较软有弹性，用手轻压腹部生殖孔抬起有流动感，生殖孔肿胀微红。选择亲鱼的年龄时，雄鱼在 4 龄，雌鱼在 5 龄以上均可进行人工催产。

2. 人工催产设施

流水水泥地、四大家鱼常用的产卵池两种作为中华倒刺鲃的人工催产池较为适宜。中华倒刺鲃是一种喜欢跳跃的鱼，通常要在产卵池上口用网盖好，防止亲鱼跳出池外受伤而影响产卵。催产池的水深应保持在 1m 左右，池底光滑。

3. 催产药物种类及使用剂量

根据 2006～2012 年对 3000 多组亲鱼人工催产的结果证实，对中华倒刺鲃人工催产的有效药物有：鲤脑垂体(PG)，用量为每千克体重 2～3mg；促黄体释放激素类药物($LRH-A_2$)，每千克体重 10～15ug；绒毛膜促性腺激素（HCG），用量为每千克体重 800～1200IU；地欧酮（DOM），用量为每千克体重 5～10mg。必须将 3 种药物同时混合使用，每种药物单独使用的效果较差或不产卵，其方法是 $PG+LRH-A_2+HCG$ 或 $DOM+LRH-A_2+HCG$。

4. 催产注射及效应时间

放入产卵池中催产的中华倒刺鲃亲鱼雌雄比例以（1∶1）～（1.5∶1）为佳。亲鱼采用胸鳍基部注射，雌鱼分两次注射，第一次为总剂量的 1/10～1/8，雄鱼一次注射，剂量为雌鱼的 1/2 或 3/5。雌鱼第一次与第二次注射间距的时间根据不同水温而定，水温 19～21℃为 12～14h；22～25℃为 12～13h；26～28℃为 10～12h。产卵效应时间通常控制在第二天早上 4：00～6：00 进行产卵受精，第二次注射至产卵效应时间根据水温不同有所差异：水温 19～21℃第二次注射至产卵效应时间为 14～16h；22～25℃为 10～12h；26～28℃为 8～10h。

5. 多次人工催产

中华倒刺鲃人工催产能获得良好的产卵效果，选择体质好、无伤、无病的亲鱼进行强化培育后可催产成功。多次催产方法是：第一次催情产卵后的亲鱼体外严格消毒，然后放入提先消毒好的专用池塘中经过 16 天左右强化培育，再进行第二次催产。亲鱼强化培育时采用含蛋白质 37%～38%的人工配合饵料、适当补充部分动物性饵料（水蚯蚓、螺肉）

及植物性莴苣叶等。并加强池塘管理，必须保持池塘溶氧在6mg/L以上，每2～3天冲水一次促进性腺发育（或采用微流水）。第2～3次催产的亲鱼选择方法比较简单，只要经过再次强化培育（约20天）的雌亲鱼的腹鳍至臀鳍的腹部比较软时即可进行催产。其催产率可高达100%，受精率高达85%～90%，甚至以上。

6. 人工授精

中华倒刺鲃进行干法、半干法、湿法的人工授精结果表明，其效果最佳的为干法受精。当到达催产亲鱼的效应时间，催产的雄鱼开始追逐雌鱼，同时亲鱼开始在水体表面游动时即可进行人工授精。首先将亲鱼用网捞起，将其放入小型担架中，鱼体表水擦干，轻压亲鱼腹部，将卵子与精子同时挤入干净无毒的容器中，用鸡毛轻轻搅动1～2min，使精、卵充分混合均匀后，加入少量清水再拌半分钟后，再徐徐加入清水，边搅拌边加水1～2min，再将受精卵放入孵化桶及孵化环道中进行微流水孵化。中华倒刺鲃的受精卵呈弱黏性，放入孵化容器中立即粘在桶壁上，在30～60min后鱼卵的黏性。

7. 自然受精

自然产卵受精时成熟的亲鱼在注射第二针激素后，将雌雄亲鱼按1∶1比例放入产卵池中，在催产池内悬挂网片、棕片等产卵物产卵受精。待亲鱼产完卵后，首先将粘有受精卵的物体轻轻取出来放入孵化器中进行流水孵化，待受精卵从网片或棕片上全部脱落后，再将网片、棕片取出孵化器，受精卵直接进行孵化。自然受精优缺点：优点是亲鱼受伤程度轻，较易恢复；缺点是受精率偏低。

12.2.4　人工孵化与管理

1. 人工孵化

中华倒刺鲃可在孵化桶、流水水泥地、孵化槽、环道等孵化设施进行受精卵的孵化。孵化桶与环道为最佳孵化设施，因为在流水较大状态时有利于受精卵胚胎发育。经过多年孵化观察，孵化桶的孵化率最高。

中华倒刺鲃受精卵呈橘黄色，弱黏性，在流水冲洗下会很快脱黏，适合于在孵化桶、孵化环道中流水冲击孵化。具体方法为，使孵化设备的流水量加大，直接将受精卵倒入孵化器中，待受精卵的黏性脱落后，慢慢降低水的流速，保持使受精卵能在孵化器水体中飘动孵化的微流水即可。在整个孵化过程中要保持微流水状态，流水冲击力过大会影响受精卵的胚胎正常发育，在鱼苗出膜后稍稍加大流水量，不宜过大。在水温19～21℃的条件下，受精卵孵化仔鱼出膜时间为48～55h；水温21～24℃的条件下，需42～48h仔鱼才能出膜；水温24～26℃的条件下，需40～42h仔鱼才能出膜。最适孵化水温为21～26℃；水温超过28℃时，孵化的受精卵会出现死亡及仔鱼产生畸形或死亡。

中华倒刺鲃的受精卵刚孵化出膜的仔鱼透明，呈橘红色或淡黄红色，腹部的卵黄囊较大，体长6～7mm，不能平游，伏于池底，在避光处集群活动。因此，刚孵出的仔鱼必须进行暂养后方可放入池塘进行苗种培育。

2. 孵化管理

中华倒刺鲃的受精卵人工孵化管理极为重要，在孵化过程中环境条件管理不妥可导致孵化率下降或孵化失败。

孵化水质：必须保持水质清新，无泥沙及污染物，无敌害生物；保持水质溶氧在6mg/L以上，如遇水体溶氧不足时采用增氧机增氧；pH为7.2～8.5，如超过此范围用水水质必须调节pH；孵化必须在流水冲击条件下进行。

光照因素：中华倒刺鲃受精卵在流水暗光中孵化，因此受精卵孵化过程必须在室内而且避光条件下进行，光照强度影响受精卵正常发育。

适宜水温条件：孵化用水的水温要保持恒定，适宜孵化的温度为16～28℃，水温低于16℃孵出时间长或停止发育而死亡，高于30℃较易产生畸形或胚体死亡。水体温差不能超过3℃。

水霉病防治：中华倒刺鲃受精卵在孵化过程中要及时用药物预防水霉病，经过多年的观察，中华倒刺鲃受精卵较易发生水霉病，在鱼苗出膜前每天应用预防药物消毒一次。中华倒刺鲃受精卵出膜后其卵膜不易溶解，较易使过滤纱网孔封塞，应及时清理，防止满水鱼苗外逃。

孵化水流量：自然产卵受精黏附于网片、棕片等物体，在产卵后及时将鱼巢取出产卵池，以免时间过久受精卵脱落于产卵池中，鱼巢放入孵化池后必须加大流水量，使其有利于受精卵从鱼巢上脱落及受精卵在孵化器水体中漂流孵化。如果流量过小，受精卵将沉于孵化器底而缺氧死亡。

12.2.5　鱼苗培育

中华倒刺鲃在长江流域水体中资源极少，除亲鱼数量有限外，主要原因是苗种的成活率极低。因为鱼苗出膜后对水域的生态环境要求较高，如环境条件差较易引起激烈活动导致死亡，温差反应也可引起苗种批量死亡。中华倒刺鲃的幼苗培育（带卵黄囊仔鱼至3.5cm）是整个苗种培育过程中最关键的环节，直接影响到苗种培育成活率。中华倒刺鲃的苗种培育要经过仔鱼期暂养、鱼苗培育、鱼种培育三个阶段。

1. 仔鱼暂养

1）暂养生态环境条件

幼苗暂养对生态环境要求较高，其主要是水质清新，必须符合无公害淡水水质标准，无泥沙，无污染源，无敌害生物，溶氧保持在6mg/L以上，pH为6.8～8.5，无悬浮物等。

2）暂养设施与方法

（1）流水水泥池暂养。幼苗暂养池采用流水水泥地为佳，流水池规格为8～10m²，水深为60～70cm，暂养池要求池底部及池壁光滑。暂养池在室内不能直接照射的流水池内。首先将水泥池消毒，池底清洗干净，灌入清新透明的水，池底无泥沙。消毒清洗方法为放鱼苗前水泥池用二氧化氯等消毒药物彻底消毒后，再清洗干净，排水口用 50 目左右纱布拦好注入清新水后即可投放幼苗暂养。放仔鱼后流水池不间断微流水，放养时温差不能超过 3℃。

（2）鱼苗框暂养。用高度 25～30cm 木板制 1m²鱼苗框，底部用 50 目的网布封闭，放入暂养的水体中浸泡 2～3 天后使用。将带卵黄囊的鱼苗放入育苗框内，在鱼苗框暂养的过程中不断喷水增氧，鱼苗开食可投喂浮游动物和人工配合饵料，但要注意经常清理鱼苗框底部的网布，以防止框内的杂物与粪便过多而影响鱼苗的正常发育生长。

3）放养密度

流水池暂养从幼苗培育至 1.5cm 鱼苗后进入池塘培育苗种，其每平方米放养幼苗为 8000～10000 尾；鱼苗暂养框按照暂养水体的水质条件而定，通常每个鱼苗暂养框放养幼苗 4088～6000 尾，暂养鱼苗规格为 0.8～1.2cm 为宜。

4）投喂方法

中华倒刺鲃刚孵化出膜的仔鱼体呈橘黄色，卵黄囊较大，呈球形或椭圆形，占体长的 1/4.2～1/3.8，不能平游，沉入底部，必须在孵化设备中继续孵化 1～2 天后待鱼苗能开始游动方可出孵化桶。放入流水水泥池中暂养 8～10 天后，待鱼苗体长为 10～12mm，在流水池中开始投放天然的饵料生物，如小型枝角类、桡足类无节幼体及轮虫，投喂量根据放养鱼苗的数量而定，再放入池塘进行鱼苗培育。

幼苗暂养箱幼苗投喂方法是开始两天投喂蛋黄浆，每天 3 或 4 次，第 3 天开始投喂浮游动物等饵料。

2. 鱼苗培育

中华倒刺鲃通过暂养再进行池塘苗种培育，是苗种培育的第二个饲养过程。苗种（夏花）培育时池塘生态条件必须符合鱼苗生长要求。苗种培育一般采用池塘与流水水泥池两种方式饲养。

1）鱼苗培育池条件

鱼苗培育池场地环境应符合“农产品安全质量无公害水产品产地环境要求、地表水环境质量标准”。鱼苗培育池面积 750～1500m²较为适宜，池塘水深为 0.8～1.2m，靠近水源，水源充足，水质清新，水源水质符合无公害食品淡水养殖用水水质的要求。另外要求水体无污染物，环境安静，进、排水与交通方便等。

鱼苗培育池生态环境水体的理化因素：水温 23～30℃，溶氧 6mg/L 以上，pH6.8～8.5，透明度为 40～45cm，硬度为每升 70～600mg 碳酸钙，悬浮物不得超过 10mg/L，生物耗氧量不得超过 5mg/L。

池塘底平整，少泥（少于 10cm）或埂质底、砂底为佳，进排水口做好拦鱼措施。在鱼苗放养前，应对池塘底部淤泥暴晒后严格进行清塘消毒和清除杂草。

流水水泥池面积为 20～100m²，水深 0.8～1.0m，水源充足，水质清新，无污染物、泥沙及不混浊，进排水方便，出水口设栏栅，以防止鱼苗逃逸。首先将水泥池清洗干净，用药物消毒，然后加入清新水，水深为 0.8～1.0m 时即可投放鱼苗培育。

2）鱼池清塘与消毒

放养鱼苗前，池塘必须干池、暴晒，清除池塘底部的淤泥，平整池底部，整理好池坝和进、排水系统。鱼苗放养前 10～15 天用生石灰清塘，每亩用生石灰 120～150kg 清塘消毒，然后将消毒好的池塘注水 50cm 深。有机粪肥法，鱼苗下塘前 7 天施入，每亩 150～200kg，新塘多施，老塘少施；大草沤肥法，鱼苗下塘前 9 天堆沤，每亩 200～300kg。待池塘中的浮游生物大量繁殖，水质清新透明约 50cm 后投放鱼苗。

中华倒刺鲃鱼苗下塘时全长 5～6cm，摄食食物变化规律是：轮虫和无节幼体—小型枝角类—大型枝角类和桡足类。这种变化与池塘浮游动物的繁殖顺序基本是一致的。鱼苗培育的关键是，掌握好施肥的时机，即施肥后浮游动物的繁殖正好适合下塘鱼苗摄食的需要。而鱼苗刚下塘时，它们主要摄食轮虫，因此，塘中轮虫多少，直接关系到鱼苗下塘后的成活率和以后的出塘率，因此必须在轮虫数量最多时下塘。根据几年对中华倒刺鲃苗种培育的经验，池塘从施肥到轮虫大量繁殖水质变清需 10 天左右，因此要在鱼苗下塘前 10 天施肥，而在池中轮虫的繁殖数量达到高峰的时间投放鱼苗进行培育。

3）鱼苗放养规格和密度

将中华倒刺鲃刚孵化出膜后在流水池暂养培育至 1.5cm 的鱼苗放入池塘培育苗种，出池苗种规格 5.0～6.0cm 时，其放养密度为每亩 2.5 万～3 万尾；8.0～10.0cm 时每亩放养 1.5 万～2 万尾，且不宜搭养其他鱼类，以单养为好。

流水水泥池放养密度为每平方米 3000～4000 尾，鱼苗在运输与放养时注意水温差不能超过 2℃。鱼苗放养后，以微流水方式逐日向水泥池中注加水。每天投饵 3 次以上，前 5 天以投喂浮游动物和蛋黄为主，第 6～10 天投喂水蚤和粉状饲料，第 11～30 天以投喂含粗蛋白质 36%～38%的微型颗粒饵料为主。

鱼苗放养应注意事项：鱼苗必须在能够正常水平游动和主动摄取外界食物时方可下塘。下塘规格为出膜后 7～8 天，此时体长 10.0～11.0mm。鱼苗下塘时，应在池塘上风口，将鱼苗放在开放性水体过渡后，慢慢入池，切勿倾倒。

4）饵料投喂方法

鱼苗池塘培育投喂饵料通常采用的方法是鱼苗下池后，首先主要摄食池塘中浮游动物，鱼苗下塘后 1～5 天主要以轮虫为食。为维持池内轮虫数量，鱼苗下塘第一天就应泼洒豆浆，每天上午、下午各 1 次，每次每亩全池泼洒 15～17kg，豆浆一部分供鱼苗摄食，一部分培养浮游动物。鱼苗下塘后 6～15 天，主要以水蚤等枝角类为食。每天要求泼浆两次（时间分别为上午 8：00～9：00，下午 1：00～2：00），每次数量可增加为 30～40kg。鱼苗下塘后 15 天至夏花阶段大型浮游动物已剩下不多，不能满足鱼苗生长需要，在离池塘底部 35～40cm 处搭设饵料台，每亩面积搭设 2～3m²的饵料台 2 个。此时投喂含粗蛋白质 36%～38%人工配合微型颗粒饵料或粉状饵料，用水搅拌成块状，直接投喂到饵料台上，每万尾鱼苗每天饵料投喂量为 2～3kg，上午和下午各 1 次，以满足鱼苗生长需要，随着鱼苗的生长逐渐以投喂浮性饵料为主及增加投喂饵料量。

5）日常管理

中华倒刺鲃的饲养管理与其他鲤科鱼类的方法基本上相同。鱼苗下塘时注意温差不能超过 2℃，池塘水深 70～80cm，并分期注水提高鱼苗的生长率和成活率。其方法为鱼苗下塘时水深 70～80cm，以后每隔 3～5 天注水一次，每次注水 15cm 左右。注水口要用密网拦阻以防野杂鱼和敌害进入。如在池塘网箱中暂养仔鱼时应注意网内鱼苗浮头与待鱼苗能自由游动时及时将鱼苗放入池塘中。一般在鱼苗下塘后约一星期时在池中投喂以人工配合颗粒饵料为主的饵料。

每天早晨坚持巡塘，观察水色和鱼苗动态，透明度一般掌握在 50cm 左右。若浮游生物过多，水质不良，则应适当换水，降低饵料生物的密度，保持水质清新。随时清除池边杂草，捞掉蛙卵等。经过 30 天左右的培育，鱼苗一般体长为 5～6cm 规格，这时可进行大规格鱼种培育。

鱼苗经过 30～40 天的培育，体长生长为 5～6cm 时，可以分塘培育大规格鱼种或出售。分塘前要进行适当的鱼体拉网锻炼，出塘时将鱼种放入网箱中暂养，以增强鱼种体质，提高出池和运输成活率。特别在运输前一定要经过 1 或 2 次锻炼。其方法是：选晴天下午 6：00 左右，用夏花网将池鱼拉入固定在池边的网箱中或临时将渔网做成网箱。拉网动作要轻缓，鱼入网箱时不要让污物进入，鱼全部进入网箱后，要及时清除箱中的污物，并给予一定水流，使鱼顶流活动，排出体内的脏物，经过 3～4h 后，将鱼放回原池，第二天照前法继续锻炼。经这样锻炼后的鱼可以分塘和出售，分塘鱼种用 3%的食盐溶液消毒。

12.3　中华倒刺鲃放流大规格鱼种培育

中华倒刺鲃放流苗种要考虑放流鱼种对天然水域的适应性，同时要注意避免敌害生物并考虑经济成本等诸多因素。根据近几年中华倒刺鲃苗种放流的经验与放流后追踪调查结果表明，适合在天然水域进行增殖放流中华倒刺鲃苗种的规格为 8～10cm 甚至以上，体重在 5g 以上为宜。外观形态特征符合中华倒刺鲃生物学经济性状的要求（中华倒刺鲃种质标准），鱼体活泼，游动能力强，鱼体完整无损伤，无病原体，体形基本与成鱼类似。

12.3.1　鱼种培育方式

1. 池塘培育鱼种

鱼种培育池面积以 1200～2000m²为宜，水深 1.5～2m。背风向阳地，水源稳定，水质清新无污染，水源充足，进排水方便，池形整齐，池埂坚实，不漏水。池底平坦，硬底或淤泥少，无杂草。放苗种前 10～15 天池塘用生石灰彻底清塘消毒，每亩用生石灰 100～120kg 带水 10～15cm 消毒除野，培育池清塘消毒后第 2～3 天，每亩施放熟化无污染的有机肥 100～150kg，作为池塘培育水质的基肥，但以后不再施追肥。待池塘水体中大量繁殖浮游植物与浮游动物，水质开始转茶褐色，水体透明度 40cm 左右后投放鱼苗。

2. 网箱培育鱼种

网箱培育中华倒刺鲃大规格鱼种主要是在放流水域中设置网箱进行鱼种培育，以便于放流与确保放流鱼的成活率。培育鱼种网箱面积 16～20m²为宜，深度 2.5～3.0m。网箱设置地点应选择水质好、透明度较大、水体中有微流水条件、水深不小于 7m、避风浪较小的水域池。溶氧在 6mg/L 以上，pH7.2～8.5，网箱用养殖常用网即可，网目大小根据投放鱼种的规格而定（4～5cm 鱼种的网目为 0.5cm，6～7cm 鱼种的网目为 1～1.2cm）。在投放鱼种前 5～7 天将网箱在水体浸泡消毒后再放养鱼种。

12.3.2 鱼种培育方法

用于放流的大规格鱼种应选择体质健壮、种质纯正、无病无伤、规格较整齐、4cm 以上的鱼苗。鱼苗下池前用 2.5%～3%的食盐溶液浸泡鱼种 5～6min 或用 120mg/L 的高锰酸钾溶液浸泡鱼种 10～15min。鱼种放池时温差不能超过 2℃。每亩面积水体投放 4cm 以上的苗种 6000～8000 尾，培育成 12～15cm 的大规格鱼种。

除上述要求外，必须是苗种规格整齐，最小苗种不能小于 4cm，而且必须在池塘中驯化摄食人工配合饵料，以便苗种进箱后能摄食人工配合饵料。苗种进箱时必须用 2.5%～3%的食盐溶液浸泡鱼种 5min 左右或用 20mL/L 高锰酸钾浸洗 5～10min，并且在网箱中用二氧化氯、漂白粉挂袋鱼体表消毒 3 天。鱼种放箱时水温差不能超过 2℃。每平方米水体投放 4cm 以上的苗种 600～800 尾，培育成 12～15cm 的大规格鱼种。

12.3.3 饵料投喂

鱼种培育主要投喂含粗蛋白质 36%～38%的人工配合饵料，鱼种下池后的第 3 天开始进行驯食，初期吃食较少，宜少量多次投喂，5 天后，随着鱼种吃食逐渐正常，投喂次数要适当减少，每天上午、下午各投一次，根据不同水温其投喂量有所不同：水温 15～20℃投喂量占鱼体重的 1.5%～2.5%；水温 20～25℃投喂量占鱼体重的 2.5%～3.0%；水温 25～30℃投喂量占鱼体重的 3.0%～3.5%。10 天后，鱼体体长为 6cm 以上时，投喂量则为 80%的鱼吃饱离去为准。网箱的投喂方法与池塘基本相同，投喂次数每天上午、下午及晚上 3 次，所用饵料以浮性饵料为佳。因中华倒刺鲃具有一定的植物食性，应定时投喂少量鲜嫩的青菜叶等，以补充部分维生素，有利于鱼种生长。

12.3.4 苗种期鱼病防治

1. 细菌性烂鳃病

细菌性烂鳃病流行于 5～6 月和 9～10 月，水质差的池塘易患此病。病鱼体色变黑，鳃丝黏液增多，末端腐烂缺损。防治方法如下：①控制养殖密度，改善水质可有效预防此病。②用二氧化氯 0.5mg/L 或溴氯海因 0.3mg/L，全池泼洒，连用 2～3 天。③在外用药物的同时，每 50kg 饲料拌 200g 鱼餐宁投喂，连服 5～7 天为一疗程。

2. 车轮虫病

车轮虫病原体主要是小车轮虫和显著车轮虫，为倒刺鲃主要病害之一。病鱼无食欲，在水面快速游动。鳃丝呈淡红色，镜检时可见车轮虫，流行于 5～10 月。防治方法如下：①改善环境，疏稀密度，培肥水质可预防此病。②用鱼虫净或敌鱼虫 5mg/L，用热水浸泡

1h 后全池泼洒。

3. 小瓜虫病

小瓜虫病原体为多子小瓜虫，水泥池饲养易患此病。病鱼群集浮游于水面窜游。肉眼可见 1mm 左右的白色状孢囊，鳃小片坏死呈糜烂状，最后呼吸功能受阻而死。流行于 3～6 月和 9～10 月。防治方法如下：①甲醛 30ml/L 全池泼洒，隔天 1 次，连用 3 次，用后需大量换水。②甲基蓝 4～5mg/L，加食盐 15mg/L 全池泼洒，连续 3 天。③小瓜敌杀或敌瓜虫 5～8mg/L，用热水浸泡 1h 后全池泼洒，连续 3 天。

4. 指环虫病

指环虫病病原虫为指环虫，寄生于鱼体鳃部而引发。病鱼体色加深，食欲减退，体瘦弱。鳃丝黏液增多，呈暗灰色或淡红色，鳃丝浮肿，局部坏死，溃烂，末端黏附有污物，常与烂鳃病并发。流行于 4～10 月。防治方法如下：①用 90%晶体敌百虫 0.5mg/L，全池泼洒，隔天再用 1 次。②强效灭虫灵 0.15mg/L，全池泼洒，隔天再用 1 次。

12.3.5　苗种培育日常管理

中华倒刺鲃喜生长于水质清新、溶解氧含量高的水环境中，可根据鱼池大小，每个培育池配备增氧设施。遇闷热、阴雨天气，要特别注意观察鱼种的活动情况，发现缺氧迹象时应及时打开增氧机增氧或加注清新水。正常情况下，每天早晨及中午开增氧机 1～2h。每半月用生石灰化成浆对鱼种池进行消毒，用量为每亩 15～20kg，以抑制有害细菌的生长和有机底质的分解，防止鱼种的病害发生，保证鱼种在良好的水环境下生长，要定期更换池水，每天换 1/3，水源须清新。网箱中经常用消毒药物挂袋，以及在饵料中添加抗生素类药物以防止细菌性的病害。做好日常的水温、摄食、病害、水质等记录。经过 90～100 天的精心饲养，鱼种的体长可达 15～18cm，饲养成活率可高达 90%以上。

12.4　中华倒刺鲃苗种放流技术

12.4.1　中华倒刺鲃资源保护

中华倒刺鲃是长江流域的一种名贵土著鱼类，主要栖息于长江干、支流急流与生长着生藻类较多的水体中。长江干、支流水电建设阻隔鱼类原有天然摄食生长水域活动范围，以及产卵场淹没破坏了原有产卵生态环境条件。恢复长江干、支流水域的中华倒刺鲃的资源种群，必须采取增殖放流的方式来恢复土著鱼类的种群数量。

12.4.2　放流苗种检疫及报备

苗种放流前，向省级渔业行政主管部门提出放流及苗种检疫申请，并配合检疫人员提供饲养日常管理及用药记录，检查苗种饲养生态环境与池塘条件，提供放流的中华倒刺鲃苗种，进行临床检疫，为确保检疫的效果。临床检疫最好安排在运抵放流水域苗种放流地点后进行检疫，避免苗种在运输过程中染病。

放流苗种检疫方法以一个放流验收批次作为一个检验检疫组批。在进行苗种检验项目时任一项未达要求，则判定该批次苗种不合格。若对判定结果有异议，可复查，并以复检结果为准。检疫部门由主管渔政机构指定的具备水生生物检验检疫资质的单位进行抽样和检验。等检疫部门出具有效的苗种质量检验检疫报告后再进行苗种放流。

12.4.3　放流苗种运输预处理与数量计量

中华倒刺鲃苗种长途运输前，水温、个体与种群质量、数量计量、天气、水质、拉网驯化、运输前苗种停食等因素均能影响苗种运输的成败，通常一般在运输前将少量的苗种用氧气袋装苗种进行水温、时间、尾数、氧气等运输试验，根据运输试验的时间、数量等结果调整苗种长途运输方案。

从饲养池塘取适量的中华倒刺鲃苗种置于同一容器中，从该容器中随机取样不少于 50 尾，用精度 1mm 直板尺和精度 0.1g 电子天平测量体长和体重，并计算平均体长、平均体重和规格合格率。用肉眼观察感官质量并统计可数指标，确认全部合格后方可进行计数。体长和体重的测定按 GB/T18654.3——2008 的规定操作。根据苗种规格、装苗种器具的体积和数量决定用数量法或质量法进行计数。数量法：将苗种均匀地装入同样大小的氧气袋中，随机取其中 5 袋以上进行全部计数，计算每袋中苗种的平均数量，根据氧气袋数量和每袋中平均苗种数量计算整个放流批次的总数量。质量法：将放流苗种进行全部称湿重（沥干至滴水后的湿重），每次称量毛重应控制在 8～10kg，除去皮湿重后得到该批次的总湿重，每批次放流苗种取样 3 次以上样品，每个样品取 1kg 以上，计数得到单位质量苗种尾数，根据总质量和单位质量尾数计算整个批次总苗种数量。

12.4.4　苗种运输

中华倒刺鲃苗种采用氧气袋密封充氧气汽车运输，大规格苗种（7cm 以上）和标记苗种采用充氧不密封的活鱼车运输。运输车辆装苗种密度，根据运输距离长短和鱼苗规格大小，按表 12-1 执行。

表 12-1　苗种运输密度

运输时间/h	＜3	3～6	6～12
5cm 苗装运输密度（$\times10^4$ind/m³）	1.5～2.5	1.0～1.5	0.8～1.0
12cm 标志苗运输密度（$\times10^4$ind/m³）	0.4～0.6	0.3～0.5	0.2～0.3

主要参考文献

蔡焰值，蔡烨强，何长仁，等. 2005. 中华倒刺鲃人工繁殖技术研究. 淡水渔业，35（1）：31～32.
蔡焰值，蔡煜，雷晓中，等. 2014. 岩原鲤、白甲鱼与中华倒刺鲃增殖放流技术手册. 北京：科学出版社.
蔡焰值，何长仁，蔡烨强，等. 2003. 中华倒刺鲃生物学初步研究. 淡水渔业，25（1）：30～32.
湖北省水产研究所鱼类研究室. 1980. 长江鱼类. 北京：科学出版社.
林小植，谢小军，罗毅平. 中华倒刺鲃幼鱼饵料蛋白需求量的研究. 水生生物学报，33（4）：674～682.

第十三章　鲟　　鱼

鲟鱼隶属于硬骨鱼纲、辐鳍亚纲、硬鳞总目、鲟形目（本书中的鲟鱼系指鲟形目鲟科鱼类）。鲟鱼是起源于2亿年前的古老硬骨鱼类。是现在存活最原始的一个目，其化石始于中生代三叠纪初。近50年来，世界鲟鱼类年产量变化范围为2万～5万吨。目前所有的鲟鱼种类都已于1997年被列为《濒危野生动植物种国际贸易公约》即：华盛顿公约（CITES）的保护物种。现存鲟鱼共有27个种和亚种。鲟鱼类主要分布于北半球北部，自然分布在中国的鲟鱼有8种，分别是长江水系和珠江水系的中华鲟、长江水系的达氏鲟和白鲟，黑龙江水系的施氏鲟和达氏鳇，新疆水系的西伯利亚鲟、小体鲟和裸腹鲟。

鲟鱼作为古老的食用和游钓鱼类，经济价值远高于其他渔业，加之自然资源下降，所以，早在100多年前，苏联就进行了鲟鱼人工养殖和放养。我国对鲟鱼的养殖与研究始于20世纪50年代，至20世纪90年代仍处于科研阶段。从1995年开始，随着鲟鱼工厂化养殖的成功，我国鲟鱼养殖逐渐成为热潮。早在1957年，黑龙江水产研究所的科技人员在黑龙江萝北江段捕获到成熟的史氏鲟亲鱼并经人工催产，首次获得成熟的鱼卵。此后湖北的宜昌、仙桃、大连瓦房店、北京小汤山等地相继建立了鲟鱼养殖基地。目前，鲟鱼养殖产业已逐渐占据了我国水产养殖业的重要地位，成为我国淡水养殖业中的一个新的增长点、渔业产业结构调整和渔民转产转业的一个主攻方向。发展鲟鱼养殖对促进我国水产养殖业的发展具有十分重要的意义。可以说，我国鲟鱼养殖业正在逐步形成有规划发展的、与相关加工企业有机结合的、与国内外市场相衔接的养殖产业带。

除了鲟鱼养殖相关技术外，本章还将介绍以下内容：世界鲟鱼资源及保护状况、中国鲟鱼养殖产业的发展历程、中国鲟鱼养殖产业现状、中国鲟鱼养殖产业存在的主要问题分析、中国鲟鱼养殖产业可持续发展的对策与建议、总结与展望等。

13.1　世界鲟鱼概况

13.1.1　现存鲟鱼类的种类和分布

鲟鱼类（即鲟形目鱼类）是起源最早的脊椎动物类群之一。通过化石推断，至少在早侏罗纪鲟鱼类就已经存在，距今已有约2亿年的历史。从起源的地理分布来看，所有已知化石种和现生种均来自于全北区。采用生物地理学的分析方法表明（基于最新的系统发育研究，包括化石种），鲟鱼类发源于欧洲，而早期的分化则发生于亚洲。

鲟形目隶属于脊索动物门、脊椎动物亚门、有颌上纲、硬骨鱼纲、辐鳍亚纲、软骨硬鳞下纲，是软骨硬鳞下纲中的唯一现存目。鲟形目鱼类背鳍与臀鳍的鳍条数多于支鳍骨数目，故亦称古鳍鱼类。由于鲟类在天然条件下容易产生杂交种，所以鲟形目鱼类分类系统和有效种问题历来较为混乱。一般认为，现存鲟形目鱼类共有2科6属共27个种(表13-1)，其中白鲟科有2属2种，鲟科有4属25种，而其中又以鲟属的种类最多（17种）。在鲟属中，西伯利亚鲟和大西洋鲟还具有亚种，分别为3个和2个亚种。

鲟形目鱼类是偏冷水性鱼类，现存种类全部分布于北半球，确切地说，除中华鲟珠江种群向南越过了北回归线外，其他鲟形目鱼类产卵的河流全都位于北半球北回归线以北，但在北回归线以南可以捕获到鲟鱼的成体。从世界范围来看，现存鲟形目鱼类主要有3个密集分布区（图13-1)：一半的种分布在欧洲，其中绝大部分分布在东欧里海区域；1/3的种分布在北美洲地区；其余的种分布在东亚和西伯利亚地区。

表13-1　现存鲟形目鱼类及其濒危状况（自陈细华，2007）

分类	中文名	拉丁学名	濒危等级（评估年份）
鲟科 Acipenseridae			
鳇属 *Huso*	达乌尔鳇	*H. dauricus*	EN（1996）
	欧洲鳇	*H. huso*	EN（1996）
鲟属 *Acipenser*	裸腹鲟	*A. nudiventris*	EN（1996）
	施氏鲟	*A. schrenckii*	EN（1996）
	西伯利亚鲟	*A. baerii*	VU（1996）
	小体鲟	*A. ruthenus*	VU（1996）
	高首鲟	*A.transmontanus*	LC（2004）
	闪光鲟	*A. stellatus*	EN（1996）
	欧洲鲟	*A. sturio*	CR（1996）
	大西洋鲟、美洲鲟	*A. oxyrhinchus*	NT（2005）
	波斯鲟	*A. persicus*	EN（1996）
	库页岛鲟	*A. mikadoi*	EN（1996）
	中吻鲟	*A. medirostris*	NT（2005）
	短吻鲟	*A. brevirostrum*	VU（2004）
	纳氏鲟	*A. naccarii*	VU（1996）
	湖鲟	*A. fulvescenus*	LC（2004）
	俄罗斯鲟	*A. gueldenstaedtii*	EN（1996）
	达氏鲟、长江鲟	*A. dabryanus*	CR（1996）
	中华鲟	*A. sinensis*	EN（1996）
铲鲟属 *Scaphirhynchus*	密苏里铲鲟	*S. albus*	EN（2004）
	密西西比铲鲟	*S. platorhynchus*	VU（2004）
	阿拉巴马铲鲟	*S. suttkusi*	CR（2004）
拟铲鲟属 *Pseudoscaphirhynchus*	锡尔河拟铲鲟	*P. fedtschenkoi*	CR（1996）
	阿姆河大拟铲鲟	*P. kaufmanni*	EN（1996）
	阿姆河小拟铲鲟	*P. hermanni*	CR（1996）

续表

分类	中文名	拉丁学名	濒危等级（评估年份）
白鲟科（匙吻鲟科）Polyodontidae			
白鲟属 *Psephurus*	白鲟	*P. gladius*	CR（1996）
匙吻鲟属 *Polyodon*	匙吻鲟	*P. spathula*	VU（2004）

注：濒危等级引自 IUCN2006 年网上发布的资料。EX—灭绝，CR—极危，EN—濒危，VU—易危，NT—近危，LC—无危。

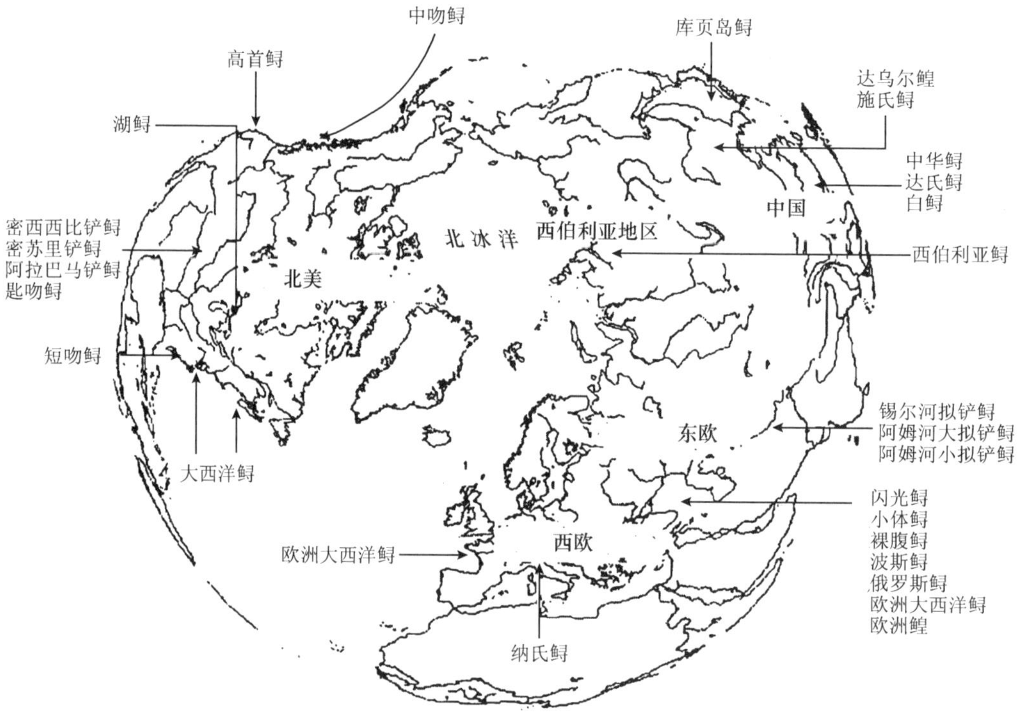

图 13-1　全球现存 27 种鲟形目鱼类地理分布示意图
（自 Billard 和 Lecointre，2001）

13.1.2　鲟鱼类资源概况

历史上，鲟鱼主要集中在里海、亚速海、大西洋西海岸、Erie 湖和 Columbia 河，这些地区鲟鱼产量占世界鲟鱼总产量的 90%以上（图 13-2）。在国际鲟鱼鱼子酱贸易中，里海和黑海地区占主导地位。里海/黑海分布四种，包括欧洲鳇、闪光鲟、俄罗斯鲟和波斯鲟，在国际鲟鱼子酱中的贸易份额占 95%以上（2003 年：94.8%；2004 年：99.6%）。其他比较重要的经济种类包括小体鲟、达乌尔鳇、史氏鲟、西伯利亚鲟、高首鲟、大西洋鲟、湖鲟、匙吻鲟、密西西比铲鲟和中吻鲟。

对捕捞产量的统计，可以大致反映鲟鱼的资源状态。在过去的 200 年间，世界鲟鱼的年总产量波动在 1.5 万～4.0 万吨。世界鲟鱼的捕捞产量自 20 世纪 70 年代末开始大幅度下跌，到 90 年代中期，野生捕捞产量和养殖产量的总和跌到最低水平，而后野生捕捞产量继续下降，而养殖产量逐渐超过野生捕捞产量（图 13-3）。野生捕捞产量的下降导致鱼子酱产量下跌，虽然养殖产量有所增加，但由于鲟鱼的性成熟迟，所以，养殖产量的增加主要是鲟肉产品的增加。

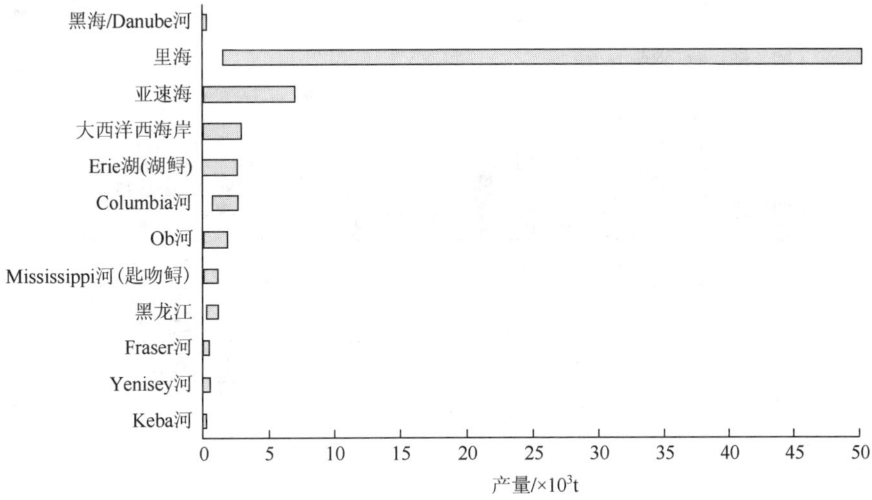

图 13-2　世界主要产鲟区鲟鱼捕捞产量的变化

（自 Pikitch 等，2005）

注：左侧较小值为目前产量，右侧较大值为历史最高产量。

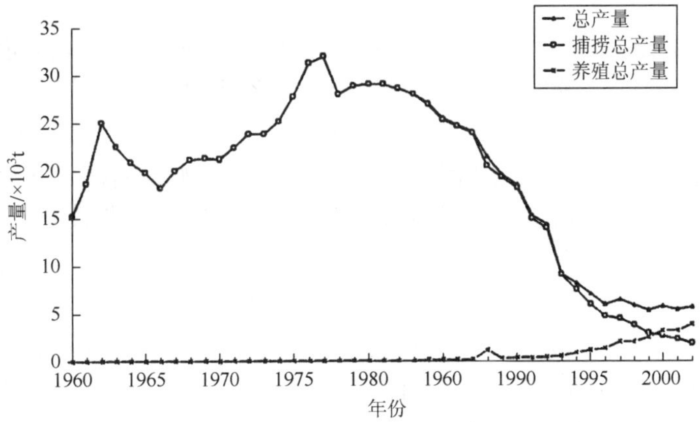

图 13-3　近 40 年来世界鲟鱼总产量变化

（自 Pikitch 等，2005）

虽然鲟鱼类资源匮乏的状况得到了普遍共识，但在全球 27 种鲟形目鱼类中，目前仍有 15 种鲟类仍然保留着商业捕捞。自北美和欧洲的鲟鱼资源耗尽以后，鲟鱼类商业捕捞地理分布中心转移至了里海地区。目前，所有主要产鲟区捕捞产量均低于历史最高产量的 40%，其中 70%的鲟鱼种群的捕捞产量低于历史最高产量的 15%。里海鲟鱼目前的捕捞产量虽然在绝对值上仍占优势，但已低于其历史最高产量的 10%（图 13-4）。

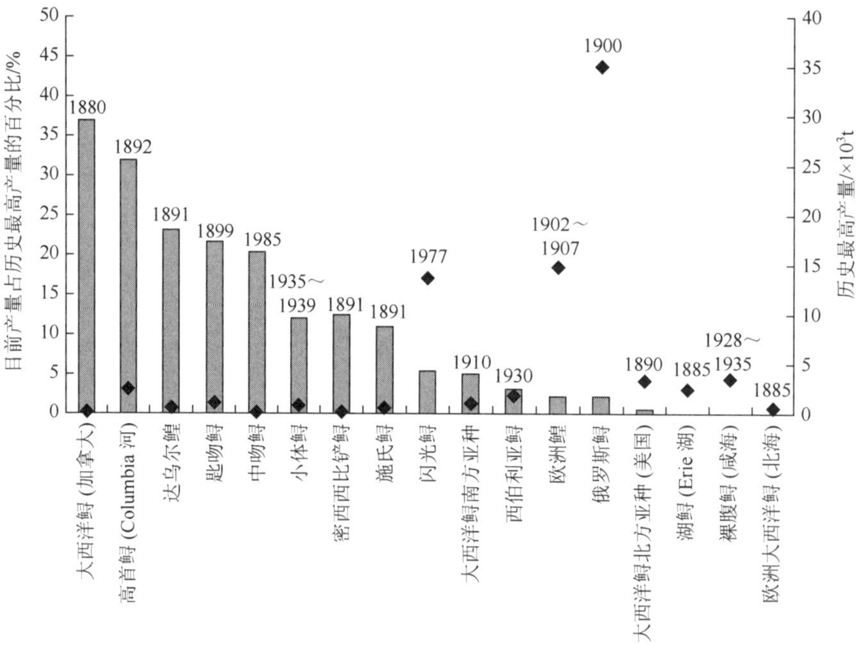

图 13-4　不同鲟种的捕捞产量（自 Pikitch 等，2005）

注：条形柱标示目前产量（或商业禁捕前的产量）占历史最高产量的百分比，棱形标示历史最高产量和其时间。

13.1.3　鲟鱼类的开发利用

鲟鱼类是一群极具经济价值的大型鱼类，其肉食用价值很高，其皮可做成优质皮革，鱼肚、鱼鼻、鱼筋、鱼骨等能制作出独具风格的各式名菜，特别是由其卵加工成的鱼子酱，在国际上享有“黑色黄金”“黑珍珠”之称。鲟鱼肉的蛋白质含量高达 20%，脂肪含量只有 3%，蛋白质中含有 20%的氨基酸，是其他鱼类或动物产品难以比拟的。鲟鱼肉不仅营养高，而且口味好，肉厚而无刺，新鲜的、腌制的、熏制的肉都很受欢迎。此外，鲟鱼在观赏、垂钓等休闲渔业领域也大受欢迎。

鲟鱼历来就是人类的高档食品和保健品，而鲟鱼的鱼子酱是世界上最昂贵的奢侈食品之一，品尝鲟鱼鱼子酱历来就是高贵和财富的象征。鱼子酱约占鲟鱼体重的 7.5%，就大多数鲟种而言，目前的或潜在的经济价值仍体现在其鱼肉和鱼子酱方面。鱼子酱国际贸易一直是利润较高的行业，目前国际出口市场对鲟鱼鱼子酱的年需求量估计在 500 吨。优质欧洲鳇鱼子酱的价格更高，每千克达到 5000 美元。由于野生资源稀少，而且养殖鲟鱼鱼子酱在口味和质量上已改善，因此无论野生鲟鱼还是养殖鲟鱼的鱼子酱，价格都有上涨的趋势。但鲟鱼产品的保健作用还有待进一步的研究和开发。

13.1.4　鲟鱼类的致危因素

鲟鱼类性成熟晚，寿命长，其生活史在时间上和空间上跨度较大，资源一旦遭到破坏，其恢复过程相对缓慢。但鲟鱼在生活史上的特性不是鲟鱼资源濒危的唯一原因，目前普遍认为，致使所有鲟鱼类资源量急剧下降的主要因素是全球范围内对鲟鱼的过度捕捞、水电工程建设和环境污染等人为因素。

1. 过度捕捞

鲟鱼易被捕捞，对鲟鱼成体和幼体的过度捕捞是一个从古至今一直存在的现象，误捕、偷捕目前仍然存在。许多濒危鲟种栖息在涉及多个国家的海域、河流中，一些国家为管理和保护鲟鱼资源而签署的多边或双边协定并未发挥应有的作用；在欧亚一些地区，鲟鱼的濒危状况已被专家学者重视，但政府部门并未采取适当的措施予以保护，仍然允许商业捕捞；濒临灭绝的锡尔河拟铲鲟和阿姆河小拟铲鲟甚至根本没有受到保护。鲟鱼类是K～型种群，其种群的稳定性比其他许多鱼类更容易受到过度捕捞的影响。

2. 水电工程建设

在鲟鱼产卵的河流中，除少数河流（如里海地区 Ural 河、北美 Fraser 河和黑龙江）外，多数河流都已修建了数量不等的大坝。大坝阻断了鲟鱼正常产卵的洄游路线，因而影响了鲟鱼的自然繁衍。河流建坝后，坝上的水环境由河流型变为水库型，坝下的水文节律也会发生改变，从而可能导致产卵场面积缩小，受精卵密度增大，胚胎死亡率升高。河流建坝还导致鲟鱼种群的遗传多样性降低。此外，河道改造还将导致大型无脊椎动物群落以及自然河漫滩的消失或改变，从而对鲟鱼的栖息和繁殖产生影响。

3. 环境污染

鲟形目鱼类另一个主要致危因素是环境污染。河流和海域中的有害污染物能引起鲟鱼特别是鲟鱼亲体生理的变化，包括性腺发育和卵巢结构的变化、肌肉萎缩、肝中毒等。水质污染还将引起鲟鱼类的饵料——浮游生物和底栖生物的生物量下降。有学者指出，里海、Volga 河和 Ural 河的水质恶化影响幼鲟的成活，是导致里海地区鲟鱼资源在 20 世纪 70 年代以后急剧下降的第一原因。

13.1.5 鲟鱼类的保护

针对鲟鱼自然资源日益枯竭的状况，世界各国特别是产鲟大国相继采取了一系列的保护措施，包括控制捕捞、人工增殖放流、保护和恢复产卵场、改善育肥场的饵料环境、种群异地重建、对鲟鱼进行规模化人工养殖及全人工繁殖等。在细胞和分子水平上保存鲟鱼的种质资源也正在研究探索之中，鲟类精液超低温保存技术已成为国际鲟鱼界中的热门课题之一。但这些保护措施在各国并非同步进行。

1. 渔业管理

渔业管理主要包括禁止在公海捕捞、捕捞配额、季节性禁渔、渔具控制等。1996 年，鲟形目所有种类（包括亚种）都被列入《濒危野生动植物种国际贸易公约》的保护物种，短吻鲟和欧洲大西洋鲟被列为附录 I 保护物种，其他鲟种被列为附录 II 保护物种。该公约 1998 年正式生效，按照该公约的管理办法，鲟鱼鱼子酱的生产和进出口采取许可制和配额制，从 2001 年开始，所有鲟鱼产品实行进出口标记管理。

2. 人工养殖食用鱼

进行鲟鱼的人工养殖，可以减轻人类捕捞对鲟鱼自然种群的压力。商品鱼的生产最先是通过利用个体较小、纯淡水生活的鲟种如小体鲟和西伯利亚鲟获得成功的。到 20 世纪 70 年代，西伯利亚鲟的繁育技术在苏联已完全建立，而后扩大到法国、美国、意大利、日本、德国和波兰等国。苏联解决食用鲟鱼生产的另一种办法是利用鲟鱼杂交种。例如杂交鲟（Bester），它是淡水生活的小体鲟（♂）与生长快、体型大的欧洲鳇（♀）的属间杂交种，这样的子代生长速度快而且能达到较大的个体。此杂交种于 1952 年由 Nikoljukin 制成，而后迅速得以推广养殖。2000 年俄罗斯的鲟鱼养殖产量约 1650 吨，超过了野生捕捞量（2000 年官方公布的资料为 1500 吨）。

3. 人工增殖放流

对鲟鱼大规模地进行人工增殖放流，是里海地区对鲟鱼采取的主要保护措施。20 世纪中叶，苏联的各主要河流开始建设大坝，阻隔了鲟鱼的溯河产卵洄游，于是，苏联开始大规模建设人工繁育基地，生产供增殖放流的幼鲟，达到了工厂化的规模。到 20 世纪 80 年代，每年从野生亲鱼中人工繁殖 1～3g 的幼鲟 1.3 亿条以上，现在仍有 1.0 亿条的规模。1991～1995 年，人工放流对里海欧洲鳇、俄罗斯鲟和闪光鲟的捕捞贡献率分别达到 98%、55%和 41%。在亚速海盆地，所有河流都建有大坝，没有鲟鱼的自然补充，鲟鱼资源完全依靠人工增殖放流补充。在俄罗斯，除河流放流外，俄罗斯鲟和闪光鲟还曾被大规模放流到水库中，以建立可育的陆封型淡水种群。

4. 鲟鱼恢复计划

北美地区在进行鲟鱼人工增殖放流的同时，更注重捕捞控制和栖息地恢复，建立鲟鱼种群的综合恢复计划。在美国濒危物种法的支持下，经过 20 多年的调查研究，获得了大多数北美鲟鱼及其种群的生物学和生态学基础资料，包括洄游、栖息地条件、种群动态和遗传多样性等。通过栖息地恢复、人工繁殖放流和公益性宣传等方面的努力，北美大多数鲟种都成功地实施了种群恢复计划，该地区鲟鱼的整体状况要优于世界其他地区的鲟鱼状况。

13.1.6　中国鲟鱼养殖产业的发展历程

1. 1950～1972 年产业的胚胎期（资源调查及人工繁殖试验阶段）

我国分别于 20 世纪 50 年代和 20 世纪 70 年代，对黑龙江流域的鲟鱼资源及长江 3 种鲟鱼资源进行调查，并实现了施氏鲟野生亲鱼的人工繁殖，这是我国鲟鱼人工繁殖试验的首次成功。

2. 1972～1991 年产业的培育期（苗种培育及人工放流阶段）

在这个阶段，我国先后突破了中华鲟和达氏鲟的人工繁殖技术，并进行了长江中华鲟、黑龙江施氏鲟和达氏鳇的人工增殖放流，同时开展了施氏鲟大规模人工繁殖和人工养殖试验研究，为鲟鱼人工养殖的推广提供了苗种来源和技术保障。

3. 1991～2006 年产业的成长期（集约化养殖与资源增殖阶段）

1992 年，我国在大连瓦房店建成第一个鲟鱼养殖场，开创了我国鲟鱼养殖的先河，而后，在其他科研单位和企业的共同努力下，先后从俄罗斯、德国、法国引进其他养殖鲟鱼种类及孵化和养殖设备，进行集约化育苗和养殖生产。从此，鲟鱼养殖在我国拉开了序幕。

4. 2006～至今产业的成熟期（养、加、销一体化龙头企业出现）

这个阶段在产业的构成方面，出现了集亲鱼培养、苗种繁育、商品鱼养殖、开发加工、销售各种鲟鱼制品的大型鲟鱼龙头企业。并从 2006 年开始出口养殖鲟鱼鱼子酱。近几年，我国先后突破了施氏鲟、西伯利亚鲟及达氏鳇等鲟鱼的全人工繁殖，为鱼苗来源及鲟鱼产业发展提供了保障。

13.1.7　中国鲟鱼养殖产业发展现状

在养殖品种方面。国产的主养品种有施氏鲟、达氏鳇及鲟鳇杂交（大杂交与小杂交）。从国外引进的鲟鱼种类有西伯利亚鲟、匙吻鲟、俄罗斯鲟、欧洲鳇及俄罗斯杂交鲟（欧洲鳇与小体鲟杂交）等十多个品种。从 2002 年开始，西伯利亚鲟因生长速度快、耐运输、抗病能力强等优点而受到养殖者的青睐，已成为我国鲟鱼的主导养殖品种，其次为杂交鲟。目前我国主养的各种类所占比例（按重量）见图 13-5。

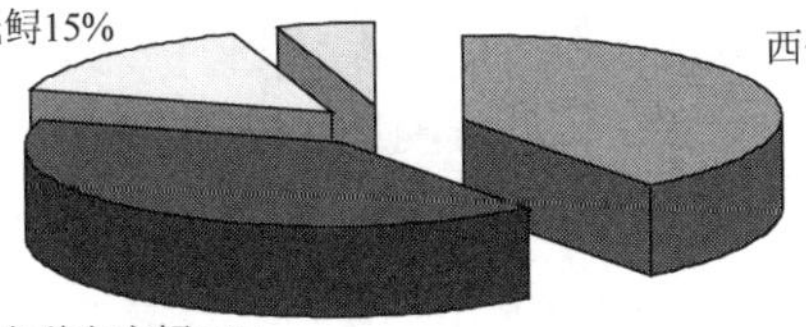

图 13-5　2008～2009 年我国各种鲟鱼所占养殖比例（按重量）

在鲟鱼商品鱼养殖产量方面。从 1998 年到 2006 年我国鲟鱼养殖产量逐年增加，2006 年我国鲟鱼养殖总产量已达 17424t，世界鲟鱼养殖总产量为 21319t（图 13-6）。目前我国实际产量基本稳定在 21000t 左右，占世界养殖总产量的 80%以上，我国已成为世界养殖鲟鱼产量第一大国。

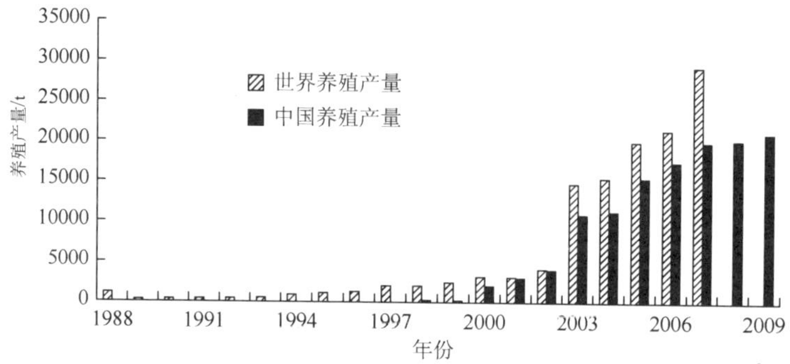

图 13-6　1998～2008 年我国及世界的鲟鱼养殖产量

从苗种来源情况来看，因为黑龙江野生鲟鱼资源逐年下降，目前野生鲟鱼受精卵量不超过 1000×10^4 粒，仅占我国苗种总量的 1/4 左右。近两年随着大量后备亲鱼的成熟，加上我国分别于 2002 年、2004 年、2008 年突破了施氏鲟、西伯利亚鲟及达氏鳇等鲟鱼的全人工繁殖，为鲟鱼苗种的供应提供了保障，目前，我国仅在反季节从德国进口少量的西伯利亚鲟受精卵（800×10^4～1500×10^4 粒），我国人工繁殖的受精卵已达到 5400×10^4 粒（图 13-7）。

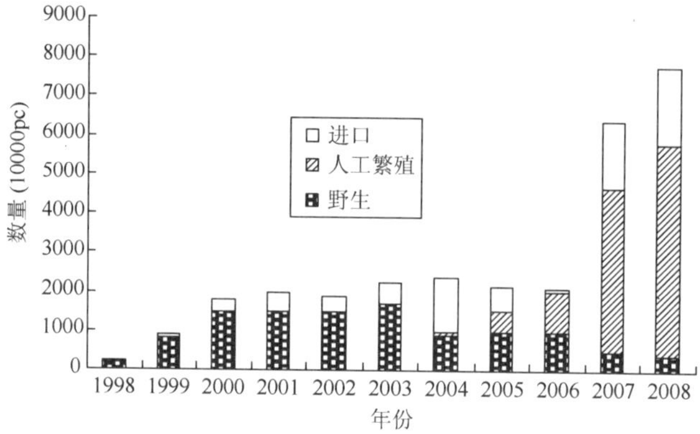

图 13-7　1998～2008 年我国鲟鱼苗种数量和来源情况

随着鲟鱼养殖业的迅速发展，养殖区域不断扩大，加上鲟鱼适应性比较强，适温范围比较广，这使得其养殖地域从最初的黑龙江、辽宁、北京等省市向南方的省份逐年扩展，目前除了西藏、内蒙古自治区外，其余各省几乎都有养殖。主要养殖区域集中在在四川、北京、湖北、山东和湖南等地，其养殖量（按重量）所占比例见图 13-8（2009 年调查所得）。

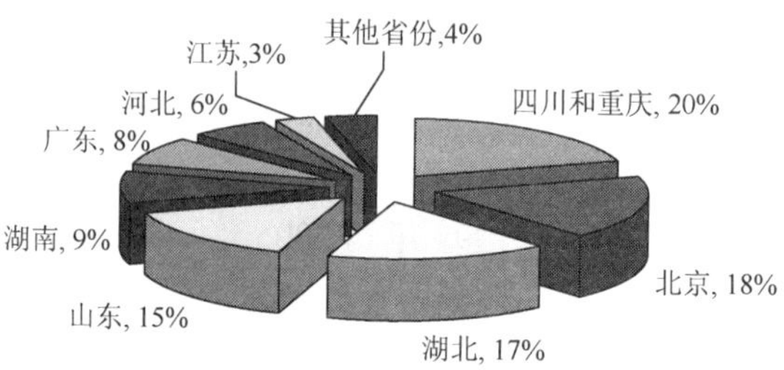

图 13-8　2008～2009 年我国鲟鱼养殖产量分布情况

（5）养殖方式。目前采用较多的养殖方式有工厂化养殖、网箱养殖、水泥池养殖等养殖模式和成套养殖技术。各地的育苗场基本都是采用水泥池育苗，而在商品鱼养殖阶段，湖北和四川的网箱养殖量超过水泥池养殖，这是因为当地的适合网箱养殖的大型水面比较多。广东的网箱养殖数量也不小。而北京、山东等地则以水泥池流水养殖为主。我国鲟鱼主养区网箱和水泥池养殖分布面积见图 13-9。在实际生产中各种养殖方式均可取得较好经济效益。

（6）加工贸易方面。自 2003 年起，湖北天峡鲟业公司研发的鲟鱼罐头批量上市，2006 年起杭州千岛湖鲟龙科技发展公司首次出口养殖鲟鱼鱼子酱，2006～2008 年我国生产出口养殖鱼子酱分别为 1t、2t 和 5t。此外，鲟鱼肉制品（半成品、成品、熏制品）、药用和保健品、化妆、工业用骨胶、鱼体各部位分割制品及鲟鱼皮制革等深加工产品均相继问世。目前，我国人工养殖鲟鱼鱼子酱出口量逐渐增大，预期在未来五年内，人工养殖鲟鱼鱼子酱产量将达到 200t。

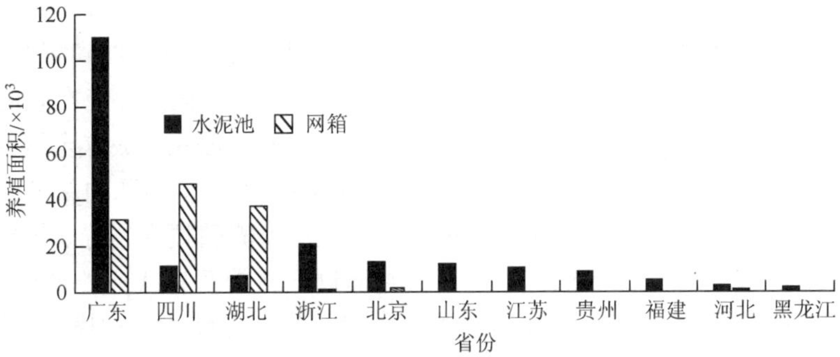

图 13-9　我国鲟鱼主养区网箱和水泥池养殖分布面积

13.1.8　中国鲟鱼产业发展前景

经过了产业胚胎期、培育期、成长期和成熟期这 4 个阶段的发展，我国鲟鱼产业已进入产业和技术稳定发展的时期，今后鲟鱼的产业化可朝以下几个方向进行拓展。

1. 充分利用资源，降低养殖成本

目前，鲟鱼的商品鱼市场已进入相对微利阶段。要选择高效、低耗的养殖方式，以节约生产成本。在养殖方式上，应尽可能采用低成本的池塘养殖、水库养殖、大水体网箱养殖等方式，避免使用人工加温、降温、增氧、流水等设施设备；并建立大水面鲟鱼放养有效的管理体制，使大水面鲟鱼放养形成渔业新的增长点，甚至步入规模化、产业化。

2. 加强产业的各级管理，打造“鲟鱼绿色产业”

加强水库网箱养殖技术的升级换代；加强鲟投入品（饲料、药物）质量的管理和研究，研发适合我国鲟鱼养殖的全价配合饲料配方，并规范国家标准和行业标准。加强鲟鱼类病害防治研究，在防病治病过程中，坚决遵守无公害生产标准，不使用违禁药物，尽量使用中草药和绿色生物制剂，认真执行停药期的有关规定。保护鲟鱼养殖产业健康发展。加强养殖鲟鱼产品安全卫生管理，努力推动我国鲟鱼无公害养殖，实现食品安全与环境保护“双赢”。对养殖用水、养殖生产、苗种、饲料、药物使用、产品净化等养殖行为进行规范管理，推广无公害鲟鱼产品产地认证，打造“鲟鱼绿色产业”。

3. 实施鲟鱼养殖的标志管理

其主要意义包括三个方面：①防止养殖鲟鱼逃逸，有效保护野生鲟鱼资源；②符合CITES公约的要求，符合国际保护鲟鱼资源的发展趋势，为突破CITES技术壁垒，开拓国际市场打下基础；③实现对水产品全链条的追溯，符合我国即将实施的水产品追溯制度的要求。同时实施标志管理，有利于规范鲟鱼养殖、加工和流通管理，有利于鲟鱼的可持续发展。

4. 成立全国鲟鱼行业协会

我国从苗种繁育企业，到养殖龙头企业和加工企业，都已经发展到相对集中的阶段，比较容易协调起来，建立鲟鱼行业协会的条件已经基本成熟。因此，应在政府宏观调控和政策法规指导下，鼓励鲟鱼相关产业的从事者，加强彼此间联系，成立全国鲟鱼协会。通过行业协会的形式，把分散的千家万户的小规模养殖和未来即将出现的新型鲟鱼养殖专业合作社，一起纳入产业化的链条之中，实现从良种供应、养殖技术指导、饲料选购、病害防治、产品加工营销等专业化的服务；真正做到通过严格的质量认证（如HACCP认证），创建出具有我国特色的品牌，以精化养殖加工技术，扩大养殖加工规模，疏通流通渠道，提高经济效益，促进鲟鱼养殖的产业化发展。

5. 加强鲟鱼产品的深加工开发，扩大消费市场

目前开发鲟鱼深加工产品的时机已经成熟，因此必须重视鲟鱼产品的深加工开发。虽然目前我国已开始鲟产品的深加工，但总体看来，规模还不大，加工的深度还不够。加强鲟鱼产品的深加工开发不仅使鲟鱼资源得到充分、合理利用，增加了产品经济价值，为企业创造更大经济效益；同时也可丰富水产品市场的内涵，满足人们生活的追求。另一方面，鲟鱼产品多样化的市场需求量增加，必然带动鲟鱼养殖业的进一步兴旺和发展。

13.2　生物学特征

13.2.1　形态特征

鲟体形延长呈圆锥形，躯干部有排列成行的大型骨板，背部1列，左右体侧和腹部分别各1列，横断面近五角形；腹部扁平；吻长；歪形尾或呈鞭状；口大、横列呈半月形，位于头部腹面，一般通过伸缩来吞食；鳃部有细小或不明显的喷水孔；眼小；外鼻孔2对；鳃盖骨1～3对，鳃丝部分外漏或全部被发达的假鳃盖遮；在背鳍、臀鳍、腹鳍后各

有 1～2 块小古板，有的分裂成对；全鳃一般有四对鳃瓣，鳃间隔发达。鲟鱼的体色一般是背部为棕灰色或灰黄色，而人工养殖的个体较多呈黑色；腹部为银白色或乳白色。骨骼大部分是软骨，有发达的脊索，脊索一直延伸到尾鳍上叶的终点（图 13-10 和图 13-11）。

图 13-10　施氏鲟

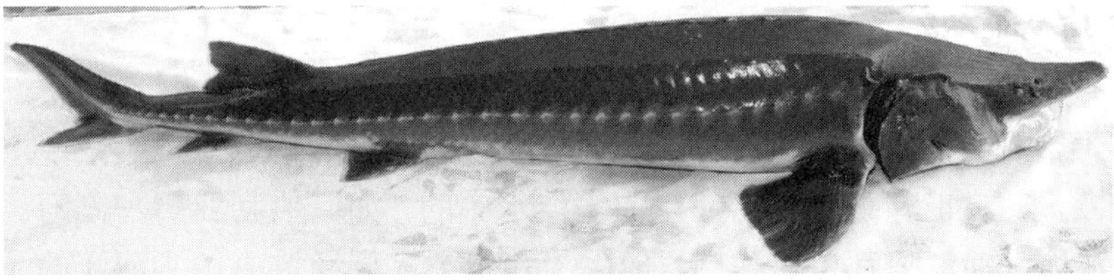

图 13-11　达氏鲟

13.2.2　生活习性

鲟鱼生活在水体的中下层，有海洋洄游性和江河定居性种类，产卵期均向河道上游移动。除中华鲟、达氏鲟和长江白鲟外，大多数鲟鱼类为介于温水性鱼类和冷水性鱼类之间的亚冷水性鱼类。一般认为，鲟形目鱼类起源于俄罗斯北部和东西伯利亚一带的北极浅海区，除中华鲟、达氏鲟和长江白鲟外，大多为亚冷水性鱼类，存活水温为 1～30℃，最适水温为 20～22℃。匙吻鲟在 2～37℃的水体中均能生存，适宜生长温度在 21℃左右。俄罗斯鲟生长的最适水温为 20～22℃。长江白鲟属温水性鱼类，存活水温与鲤科鱼类相近。鲟鱼类对水体的 pH 要求在 7.0 左右。如匙吻鲟的 pH 适宜范围为 6.5～8.0；养殖施氏鲟水体的 pH 应在 6.5～9.0。鲟鱼类对水体溶氧量要求较高，不同的种类有一定的差别，匙吻鲟要求溶氧量在 3mg/L 以上；施氏鲟对溶氧量的要求为不低于 6mg/L。所以在进行鲟鱼养殖时，应合理安排放养密度，注意池水溶氧状况，以免池水缺氧造成鲟鱼死亡。施氏鲟对非离子氨的敏感性高于一般淡水鱼类，其晚期仔鱼的 96h LC50 为 0.17mg/L，早期仔鱼对非离子氨的敏感性低于晚期仔鱼，96h LC50 为 0.63mg/L。非离子氨对短吻鲟鱼种 96h LC50 为 0.55mg/L，水中溶氧＞6mg/L 时生长最快，达氏鳇鱼种可在 4‰半咸水中饲养。

13.2.3　食性与生长

鲟鱼是以动物为食的鱼类。幼鱼以底栖无脊椎动物、水生昆虫为主要食物，如甲壳动物、摇蚊类和毛翅目幼虫及水蚯蚓等；成鱼多以小鱼、底栖动物为食。有的种类也食某些高等植物的碎屑、藻类和泥沙中的有机物质。除成体匙吻鲟的口不能伸缩，以浮游生物为食外，大部分鲟鱼靠口膜的伸缩吸吮来捕食动物性为主的食物。有的种类，如中华鲟在生殖期间多停食或仅摄食少量食物，有的种类（如白鲟）为凶猛的食鱼虾蟹鱼类，匙吻鲟则终生以浮游动物为食。根据鲟鱼类的摄食方式，一般认为它们是依靠触须觅食的。中华鲟主要依靠吻部腹面靠近中央区域的电觉器官罗伦氏囊来觅食，而中华鲟触须、味觉在觅食中作用不大。通过人工驯化后可以摄食人工配合饲料。

鲟鱼生长较快，且有较大的生长潜力。如 3～4 月孵化的长江白鲟仔鱼，长至 7 月，全长可达 33cm，至 10 月全长可达 53～61cm。匙吻鲟在池养条件下，当年可长到 670g；2 龄能达 3～4kg；5 龄 7～8kg。鲟鱼的寿命是鱼类中最长的，可达 200 多年。同龄个体，雌鱼一般较雄鱼大，最大的个体长度达 8m，重 1.2t。

13.2.4 生殖与洄游

鲟鱼类半数种为溯河洄游产卵鱼类，即在海洋里成长到性成熟再返回到淡水里繁殖，如中华鲟和欧洲鳇；也有终生生活在江河等淡水中的，如西伯利亚鲟和湖鲟。而高首鲟在海洋、河口和淡水河流里都可以生活，但因为繁殖不需要经过海洋到河流的洄游过程，所以并不被归为洄游性鱼类。

这里仅举施氏鲟的繁殖为例：雌鱼第一次性成熟年龄为 9～13 龄，雄鱼 6～7 龄，生殖周期为 2～4 年。繁殖群体分春季洄游型和秋季洄游型。春季洄游型的性成熟个体在春季 5～6 月游往产卵场进行产卵繁殖，秋季洄游型的性成熟个体在 8～9 月游往产卵场，在产卵场徘徊越冬至翌年春进行繁殖。当水温为 17～20℃时，施氏鲟在水流平稳、水深 2～3m 的沙砾底质江段中产沉黏性卵。雌雄性比为 1∶1.67。施氏鲟雌体怀卵量一般为 3 万～160 万粒，最高可达 280 万粒。雌体怀卵重量占体重的 10%～42%，平均为 25%。成熟的卵粒呈椭圆形，呈灰绿色或黑绿色，有光泽和弹性。卵径为 2.5～3.5mm，1g 重的成熟卵巢平均有 44 粒卵。受精卵在水温 17～21℃时经 1800～1980（℃·h）积温孵化出仔鱼，刚孵出的仔鱼由于带有较大的卵黄囊，不能平衡运动，只在水中作不停地垂直运动。

鲟鱼性成熟所需时间较长，在天然水域中雌鱼需 10～18 年，雄鱼需 6～12 年。多数种类并非每年产卵，而是间隔 2～4 年。繁殖季节一般在秋冬季节。鲟鱼个体大，寿命长，性成熟晚，性成熟雌体间隔 2～6 年产卵 1 次。鲟鱼一般春季（3～6 月）产卵，产卵水温为 10～17℃；有的（如中华鲟）秋季（9 月下旬至 11 月上旬）繁殖，产卵水温为 20～29℃。产卵场通常位于砂石底质、河床地形复杂、有洄流水，且水较深的河段。例如，西江中华鲟柳江下游的横古才和黔江上游的产卵场表层水流速为 0.53～1.50m/s，平均 0.98m/s，溶解氧 7.28～8.71mg/L，透明度 20～158cm。鱼卵黏附在砂石上发育，但黏性不强，卵径较大（2.0～4.8mm）。在适温范围内，孵化期随水温升高而缩短。

雌雄鉴别：鲟鱼的鉴别方法与其他鱼类不同，雌、雄鱼的外部形态基本相似，无婚姻色和珠星等第二性征。但性成熟个体，在体长、体重和体高上有明显差异。雌鱼一般个体较大，腹部浑圆、皮包且柔软，生殖孔外突且红润。体长相同的个体，雌鱼较重，且体周较粗；成熟欲产的雌性腹壁薄而软，腹部膨大而富有弹性，为了判断准确无误，应当取卵检查卵细胞的发育程度，并以此作为选择雌鱼的标准。成熟的卵细胞直径为3.0～3.6mm，重量16～28mg，形状似椭球形，大小均匀、形状规则，卵体灰绿色或黑绿色，有光泽和弹性，两极分化明显，动物极极端出现白色的极斑。而雄鱼体重较轻，个体也较小，其腹面平整、狭小、纵长，中间凹陷呈沟状，两肋较高，生殖孔较紧不外突，雄性个体体色、体形无明显变化，一般体重在20kg以上的个体大多已成熟。用手轻压生殖孔有精液流出。即为Ⅴ期性腺雄鱼，此时的雄鱼即可作繁殖用亲鱼。精液的精子密度为300万～500万/mL，寿命为5～8min，其中剧烈运动时间在2min左右。亲鱼的成熟度鉴别方法是取卵观察，根据卵的大小、色泽、极斑是否明显、极点的大小形状、卵细胞核偏移状况，确定卵的成熟度。

鲟鱼类繁殖生物学较为特殊，主要表现在：①性成熟晚、生殖周期长。鲟鱼类自然种群一般需要8龄（年）以上才能性成熟。虽然鲟鱼属于多次产卵鱼类，但是雌性不能每年繁殖，间隔时间为1～6年；②绝对怀卵量较大。成熟鲟鱼性腺物质较多，雌鲟成熟系数一般可以达到20%。鲟鱼一般怀卵量在几十万粒以上，最高可以达到570万粒（欧洲鳇）；③雌雄存在差异。一般而言，鲟鱼雌性个体大，且初次性成熟时间和重复繁殖间隔时间都较雄鲟长；④精子、卵子离体存活时间长。试验证实，鲟鱼的精子和卵子在离体条件下可以存活数小时。

中华鲟在每年的10月回溯至长江产卵。在回溯过程中，其忍受饥饿的能力达到不可思议的程度。在其洄游繁殖过程，以及产卵后降河游向东海中的近两年时间里，往返行程二万里，居然不进食，全靠消耗身体内营养储备。这在硬骨鱼类中极为罕见。

13.3　人工繁殖

13.3.1　亲鱼来源与成熟度鉴定

鲟亲鱼一般选自人工捕捞的野生个体或人工饲养的成熟个体，体表无伤或轻伤，体重和年龄符合技术规程。收集亲鱼的季节为鲟溯河洄游的春季或秋季。亲鱼的成熟度与收集地点有关，愈靠近产卵场，其成熟度愈好。收集施氏鲟在每年的5～7月份，这时的鲟性腺大多数发育至Ⅳ期。亲鱼个体重量以雌鱼10～40kg、雄鱼7～30kg为宜。捕捞鲟亲鱼的工具为三层流刺网。捕捉的方法是将尼龙绳的一端从亲鱼的口部穿入并从鳃孔穿出，打牢结节拴好，另一半端固定在船上，暂养一段时间，使其恢复体力后方可进行运输。收集到的亲鱼可进行短途或长途运输至繁殖场暂养。但暂养时间不宜过长，一般在12h以内进行催产为最佳时期。暂养池以圆形或椭圆形为好，以免死角，也有利于亲鱼弯道环游。暂养池要求注水、排水方便，保持流水状态并具备增氧设施。面积可大可小，水深1.0～1.2m，以每尾亲鱼约10m^{2}为宜，水的流速控制在2m/s。要求水质清澈无污染，并有遮光设施。如果亲鱼因个体或其他原因而不能运输和暂养，可用绳索将其拴在江边浅水区，要求水深1.2～1.5m，流速1.0～1.5m/s，水质清澈，沙砾底质，即可进行就地催产。

13.3.2 催产与孵化

1. 药物催产

在亲鱼性腺已成熟并达到第Ⅳ期的情况下，进行人工催产才可以获得最佳效果。催产剂可用鲟的脑垂体（PG）和促黄体素释放激素类似物（LRH-A）。催产剂剂量根据亲鱼性腺的发育程度而定，一般雌鱼使用 PG，每千克鱼体重为 2～6mg，或者 LRH-A，每千克鱼体重为 40～100ug；雄鱼剂量减半或不用催产剂。采用一针注射。催产剂的用量与水温有关，水温在 16～24℃时，对成熟的亲鱼进行人工催产效果最佳。催产剂的剂量在很大程度上决定了卵子和精子的质量，影响受精率、孵化率和苗种成活率

注射方法采用背部肌肉注射或胸鳍基部注射。背部肌肉注射的缺点是药物易从针孔溢出，效应时间也略长。注射操作应当谨慎细心，用帆布担架将鱼抬出，并始终保持鱼鳃部浸在水中。注射前要仔细检查亲鱼的腹部及生殖孔情况。注射后雌雄分养，加注适量的水流刺激并保持环境安静，在有效应时间到来时这一点显得尤其重要。

2. 人工授精

1）效应时间

效应时间是指给亲鱼最后一次注射催产剂到亲鱼发情产卵的时间。效应时间的长短取决于催产剂的种类、剂量、水温、亲鱼年龄及性腺成熟度等。当水温在 16～17.5℃时，效应时间约 20 h；当水温 19～20.5℃时，效应时间为 12～24h；当水温在 22～24℃时，效应时间为 6～10h；催产剂注射 4h 后，应每隔 1h 检查亲鱼一次，当接近效应时间时每隔 30min 检查一次。

2）精液的采集与储存

当雄亲鱼出现频繁撞击水面时可起捕采精。具体方法是，将成熟的亲鱼腹部洗净并用毛巾擦干生殖孔，随后将鱼体腹部朝外弯成弓形，即有精液流出，此时可用事先准备好的干燥洁净的容器收集，可取精液 300mL 左右。优质精液呈纯牛乳状，稍稠，遇水即散开。采用避光冷藏低温保存，温度在 2～4℃，可储存 70h，不降低精子活力。

3）成熟卵子的采集

在掌握效应时间的基础上，可对亲鱼进行适时采卵。当亲鱼出现排卵时，表现出游动活跃，不时用尾部撞击水面，观察卵巢有明显的流动现象，轻压其腹部即有卵粒流出，此时即可进行采卵。

目前采卵的方法分挤压法、剖腹取卵法，活体手术取卵法三种。①鲟鱼的生殖器官与硬骨鱼类的有所不同，成熟的卵排在腹腔内，在自然状态下，由于雌鲟的生殖行为，成熟的卵会通过输卵管前端的喇叭口进入输卵管，再排出体外。喇叭口位于腹腔的中部，所以人工挤压法是很难将达部分成熟的卵挤出的，但能有效地保护亲鱼，对于人工养殖的亲鱼或低龄亲鱼适用这种方法。②剖腹取卵法是目前使用较多的方法，取卵前先切断雌鱼的鳃动脉或尾动脉放出血液，然后再剖开腹腔取卵，这种方法可取出全部成熟的卵，但会致死

亲鱼，不利于保护鲟鱼。③活体手术取卵巢，将鱼腹面向上放在手术台上，用一根胶管通入口中供水，保证鳃部有水通过，在腹腔中后部，腹中线与骨板之间，开一个 7～8cm 小口的，将成熟的分离的鱼卵取出，手术不可能百分之百成功，但大多数亲鱼都能被保存下来，再次参加生殖活动。这种方法对于资源量很少或是人工养成的鲟鱼来讲，是很合适的，也是目前普遍采用的方法。

4）人工授精

目前主要采用半干法受精，即先将卵置于干净的盆中，每盆 4 万～7 万粒卵，加入 10mL 精液。精液用无菌水稀释至精水比为 1∶200，按精原液与卵的重量比为 1∶100，将稀释后的精液立即倒入盛卵的盆中，用羽毛搅拌约 5min，倒掉上面的体腔液和多余的精液，漂洗 2～3 次，即可完成人工授精。鲟鱼的精子个体比较大，而且激活后的寿命也较长，因此采用现加水后激活精子，再立即倒入盛卵盆中的授精方法能有效提高授精效率。

3. 人工孵化

1）受精卵脱黏

鲟鱼卵受精后 4～6min 出现黏性，16～18min 黏性最强。在流水中孵化时，这种黏性可使卵子之间相互粘连，造成缺氧，滋生真菌，导致受精卵死亡。因此，人工脱黏的好坏决定人工孵化的成败。目前，在鲟鱼人工繁殖中，使用的脱黏剂主要是滑石粉或黄泥浆。具体方法是，在盆中注入清洁的水，加入 20%的滑石粉悬浮液或经 80 目的筛绢过滤的 10%的黄泥浆水溶液，慢慢搅动鱼卵，如果有卵粘连现象可用羽毛轻轻拨开，每 10min 换一次洗液，弃去旧的溶液，加入新水和滑石粉或黄泥浆。重复这项工作至卵完全不黏手为止，脱黏时间一般为 30～50min，用水冲洗干净为止，放入孵化器重孵化。

2）孵化方法

孵化设备一般选用塑料玻璃钢制孵化器，为流水孵化，使孵化器中的鱼卵不停地翻动。受精卵孵化最适水温 18～20℃，孵化时间为 5～7d。通常开始出苗较少，每批都会有一个出苗较多的高峰期。高峰期过后，绝大多数卵已破膜，仅有少数发育晚的卵或畸形的鱼苗沉在水底。体质较好的仔鱼会在上层浮游。

13.4　鲟鱼苗种培育

13.4.1　鱼苗暂养

鲟鱼的暂养是指鱼苗孵出后到卵黄囊完全吸收、开始摄食外界食物前这一阶段的培育管理，要依次经历浮游、低栖聚团、散开、着底寻食 4 个阶段。暂养水池目前主要有圆形水泥池、玻璃钢水槽，要求内壁光滑，有较好的注、排水系统，便于增氧、水交换和排污。

刚孵出的鲟鱼仔鱼状似小蝌蚪，有一大卵黄囊，体长为 8～11mm，体重为 10～30mg。水温应控制在 15～22℃，pH6.5～8.0，溶解氧在 8～11mg/L 以上。此阶段鱼苗生长快，暂养需要 7～10 天。暂养期间要根据鲟鱼仔鱼的生长速度，及时分池培育。调整密度主要是以鱼苗的体重为依据，一般在仔鱼的暂养初期，放养密度控制在5000～7000尾/m^2，至开口时可调整到2000～3000尾/m^2。鲟鱼仔鱼逐步吸收完卵黄囊，并将在其后肠形成的色素栓排出体外。当色素栓完全排出体外时，鱼苗即开口摄取外界食物。至此，暂养宣告结束。当鱼苗种有50%左右个体色素栓排出时，就应该开始进行投喂。

13.4.2　稚鱼培育

稚鱼培育是指将能开口摄食的鲟鱼苗培育成3～5cm幼鱼的过程。当鲟鱼苗已经完全由内源性营养阶段过渡到外源性营养阶段时，它即开始摄食外界食物来满足生长发育所需的营养。开口期是鲟鱼整个生命周期中最为敏感的时期，此时鱼苗体质最为娇嫩，外界环境的突变或恶化、食物的不足或不适口，都会引起鱼苗的大批量死亡。培育水温应控制在18～21℃，溶解氧在6mg/L以上。此时开口食物为卤虫、水蚤和蚯蚓等生物饵料，也可以直接用人工配合饲料进行驯养。鲟鱼的开口饵料不仅要具有适口性，还要具有易得性，且营养全面。为保证其能够在开口时得到充足的饵料，必须保证水体中有足够的饵料密度。在用生物饵料进行投喂时，生物饵料应以鲜活为主，日投6次，日投饵率为15%～35%（按体重，下同）；用人工配合饲料进行投喂时，应少量多次，泼洒均匀，以先浮后沉为佳，每2h投喂一次，每次投喂约30min，日投饵率为20%，并添加15%的生物饵料进行补充。

驯化的方法有以下几种：

（1）直接用颗粒饲料投喂，此法驯化时间1～2周，成活率35%～40%。

（2）活饵和颗粒饲料交替投喂，成活率可达40%～50%及以上，但所需时间在8周以上。

（3）饲料中加入一定比例的活饵制成软颗粒投喂，只需3周即可完成驯化，成活率在60%以上。

（4）将活饵搅碎成浆浸泡干颗粒饲料，晾晒至半干后投喂，成活率可超75%，时间需2周。

可以看出，上述后两种方法效果较好，驯化时间短，成活率高。鲟幼鱼经驯化完全接受配合饲料后，继续饲养的成活率高，较少患病死亡，在养殖水温和在饲养条件适宜的情况下，生长速度很快。

鲟鱼在稚鱼期需保持池内清洁，及时清除残饵和死鱼，防止水质恶化，预防疾病；还要定期对鱼体进行消毒处理，一般用1%～2%的食盐水洗浴3～5min即可，7天左右一次。对投喂的活饵用2%的盐水进行消毒，防止病菌带入。

13.4.3　鱼种的培育

鱼种培育是指把3～5cm的幼鱼培育成15～40cm的大规格鱼种的过程。此阶段鱼体本身各个器官已发育完善，骨板形成，形态已具成鱼形，摄食旺，生长迅速，抵抗病害能力强，即可移入鱼种池进行培育。

鲟幼鱼期适宜水温为18～20℃，最高水温不宜超过26℃，最低不宜低于15℃，此温度区间幼鱼摄食旺盛，生长迅速。昼夜温度变化应在5℃以内。pH为6.5～8，水中溶解氧在 6mg/L 以上，当水温达到 25℃时，水中溶解氧应在 7mg/L 以上。

幼鱼的培育大多选择水泥池培育，分为静水培育和流水培育。水泥池规格一般为 20～40m^2，池深 0.6m，池底光滑，均有增氧设施。流水池一般采用喷淋式圆形流水池和长方形流水池，圆形流水池直径为 2.5～3.0m，深为 0.7m。长方形流水池以 2m×8m 为好，水深为 0.5m。长方形流水池注水一端有一横笛式注水管，与池外相通，有控制阀控制水的流量；在池的另一端底部有排水管，位于池端中部最低处，以利于排干池水。池壁光滑，并配有充氧汞用于充氧。

幼鱼在放养前，应对水池和鱼体进行消毒，并检查注、排水是否畅通，通常采用 2% 的食盐水浸泡 5min 左右对鱼体进行消毒。一般每 100m^2 水池放养 30g 的幼鱼 150 尾左右。随着幼鱼个体长大，应及时分池稀养，从而提高鱼种的生长速度。

鲟幼鱼阶段摄食能力很强，且经常在池边游动找食，在人工环境下，通过驯化完全可以主动摄食人工配合饲料。目前多采用把鲟鱼专用硬颗粒饲料在工艺上改编制成微颗粒的方法驯化，效果较好。一种方法是在这种鲟鱼硬颗粒饲料中加入一定比例的鳗饲料、5% 左右的豆油、20%～30%的鲜猪肝，混匀后制成较大规格的软颗粒，再经 16 目筛绢搓制成微颗粒，晾至半干后即可投喂；另一种方法是将硬颗粒饲料在活饵浆（如蚯蚓）内浸泡成软颗粒，晾晒至半干后再投喂。用这些方法制成的软颗粒饲料，鱼苗较易适应，驯化效果好。

13.5 食用鱼饲养

食用鲟饲养，是把规格为 15～40cm 的鱼种，经 5～6 个月的人工饲养，养成体重达到 1.0～1.5kg 的商品鱼的过程。目前，食用鲟的饲养方式主要有池塘饲养和网箱养鱼两种。池塘养鱼又可分为水泥池流水饲养（即工厂化饲养）和静水、微流水或流水土池塘饲养。

13.5.1 池塘养殖

1. 工厂化饲养

利用水泥池塘养殖鲟鱼是目前国内外最普遍的一种方法。水泥池有利于观察鲟的活动情况，且占地面积小、产量高、管理方便，并可以使鱼在人工控制的环境下生长。目前，有些地区利用过去的养鳗池、养鳟池进行鲟鱼的饲养，经济适用，效果也好，也可用特制水泥池饲养。

1）水源及鱼池条件

（1）水源条件。水质符合《无公害食品—淡水养殖用水水质标准》（NY5051—2001），水量充足、水温适宜，江河、水库、山泉、深井等水源均可。同时，供水应便利，如设计合理的落差，采用自然流水的水源等，降低能耗和养殖成本。

（2）鱼池要求。圆形、方形的水泥池、塑料或玻璃钢池均可，面积 10～150m^2，水深 80～150cm。要求水源充足、注排水方便，若是静水池还需要配备增氧设备。使用前用 2%～

4%的食盐水或 30mg/L 的高锰酸钾溶液对水池进行消毒。

2）鱼种放养

鲟鱼种规格以 30cm 左右、体重约 100g 为宜。放养密度为：流水池 50～100 尾/m^2；静水池 10～30 尾/m^2。苗种放养前也要用 2%～4%的食盐水溶液浸洗 5～10min。放养的苗种要求体质健壮，规格整齐，体表无病无伤。

3）饲料投喂

成鱼饲养宜采用鲟鱼专用配合饲料，并以沉性颗粒饲料为佳。其主要原料以鱼粉、蚕蛹、肉骨粉、酶化血粉等动物性饲料为主，并适当增加鱼油含量，添加维生素。粗蛋白质含量为 37%～43%，粗脂肪为 8%～10%。饲料要新鲜、营养均衡、粒径适口，以 3.0～4.5 为宜。日投饵率为 2.5%～4.5%，每日投喂 4 次，每次投喂 40～60min 吃完。投饵时应降低水流量，沿池壁四周均匀投撒。

4）饲养管理

（1）水质调节。流水养鲟鱼每天要排一次污水，及时排掉残饵及粪便；静水池每天换 1～2 次水，每次换掉池水的 50%～100%，并及时开动增氧设施。流水池确保池水溶氧在 6mg/L 以上。

（2）水温控制。鲟鱼适宜生长的水温为 14～25℃，最适生长水温 18～21℃，因而水温调控尤为重要。饲养期间，尽量使水温控制在 18～21℃，水温超过 25℃要及时采取降温措施，并根据水温变换情况、鱼体重量及鱼的吃食情况及时调整日投饵料。

（3）注意避光。鲟鱼有明显的畏光性，因此整个饲养期间，池上要有避光设施，避免阳光直射。

（4）及时分池。每隔 20 天，要把池鱼分筛一次，大小分养，确保鱼池规格整齐、密度适合，达到商品鱼规格时要及时上市。

（5）疾病预防。每 10～15 天用二氧化氯全池泼洒消毒，使水体浓度呈 0.35～0.45mg/L，每天一次，连续用 1～2 天，可预防细菌性鱼病的爆发。饲养期间，每日注意观察鱼的吃食及活动情况，发现异常及时采取措施。

2. 土池饲养

1）鱼池条件

（1）鱼池的面积。精养池塘 0.3～0.7 亩，粗养池塘 1～2 亩，水深 2.0～2.5m，供、排水系统完善，有增氧设备。

（2）水交换量。4～5 天交换一次，供水可灵活掌握，白天阳关充足可适当减少供水量；夜间或阴天应加大供水量，保证足够的溶氧量。

（3）地质条件。以沙泥为好。泥土底质的鱼池必须设置固定的饲料台，约 500m^2 水面设一个，设置在距池边 3～4m、水深 2m 左右的位置。饲料台是在池底用混凝土做的一个 15～20m^2 的平面，表面压光即可。

2）放样密度

鱼种的规格为尾重 50～100g。配养品种以滤食性鱼类为主，如鲢、鳙等，不可搭配与鲟鱼食性相同的鱼。

（1）粗养池塘。单养，放养量为1000尾/亩；混养，放养量为800～900尾/亩。

（2）精养池塘。单养，放养量为300尾/亩；混养，放养量为200尾/亩。

3）投饲管理

（1）粗养池塘应每天注意检查水色水质，定期检测水中饵料生物。当生物量低于5g/m^3，应及时施肥。

（2）精养池塘应每天投喂人工配合饲料，每天三次，每次1h左右；根据鱼的体重、天气、水温、水质情况制定投饵率，一般日饵率为3%～5%（按体重），保证饵料的质量，粗蛋白质30%～45%，粗脂肪5%～8%。定期调节水质，经常加注新水，保持透明度在30cm以上；开动增氧机，保证溶氧量在5mg/L以上。定期消毒防病，每半月泼洒生石灰一次，每月用量为300kg/亩。

13.5.2 网箱养殖

1. 养殖条件

1）水域选择

无论是在湖泊、水库还是溪流，设置网箱都应该在相对开阔、避风、向阳、有一定风浪或有缓流水通过，水深在3m以上，透明度1m左右，溶解氧高于6mg/L，pH为7～8，全年18℃以上的水温有4～5个月，且水体水质清新无污染、含氧量高、水质适宜的区域。

2）网箱设置

网箱设置主要根据放养鱼种的规格来决定。一般放养全长30～35cm、体重100～150g的鲟鱼种，可选用网目为3cm的聚乙烯网箱，网目为4cm的网箱为外箱，双层使用，规格一般为20cm^{2}左右，深度应大于2m。外箱的网目，箱高一般在3m以上。

3）鱼种放养

网箱养殖鲟鱼适宜入箱时的水温应该在15℃左右，放养密度为：50～100g的鱼种放养量为30～50尾/m^2；鱼种进箱前要用2%～4%的食盐水浸泡5～10min，以对鱼体消毒。

2. 饲养投喂

鲟鱼网箱饲养所用人工配合饲料的营养成分和水流池成鱼饲养的饲料相同，粗蛋白质为37%～42%，饲料为沉性，所用黏合剂黏性要强，以减少饲料在水中的散失，粒径为2.0～6.0mm。每箱设置沉性饲料台1个，面积为2～4m^2。投喂时，根据与的生长、吃食及水温情况，随时调整日投饵率及饲料粒径，一般每日投喂3～5次。当水温14～17℃时，日投饵率为2%～3%（按体重，下同）；当水温17～26℃时，日投饵率为4%～6%；当水温26～28℃时，日投饵率为2%，每次投喂以30min吃完为宜。

3. 日常管理

（1）网箱入水前要用生石灰浸泡杀菌，并提前7～10天下池，让藻类附在网箱上，以免擦伤进箱鱼种的吻和皮肤。鱼种进箱时要用2%～4%的食盐水浸洗消毒，刷箱时操作要轻，避免鱼体受伤。饲养期间要经常检查箱体有无破损，防止网破鱼逃。

（2）定期洗刷网衣，清除污物，每1～2天刷洗网箱1次，保证箱体清洁和箱内外水体交换畅通无阻。

（3）每天7：00和15：00都要测量水温一次，测量深度一般为2.0m，并认真检查鱼的吃食情况，做好日常记录。

（4）经常清洗饵料台，及时清除饵料台上残留腐败食物。

13.6　鲟鱼病害防治

我国鲟鱼养殖已经有20余年的历史。与初期养殖鲟鱼几乎不发病相比，现在我国鲟鱼从发眼卵孵化、鱼种培育到商品鱼养殖，都比较容易暴发一些具有致命性、传染性的综合性疾病，并且一旦发生，治疗十分困难，需要辅助几种药物进行治疗，发病率也比较高。在我国鲟鱼养殖最初时，疾病比较单一。由于鲟鱼肠道结构比较简单，比较常见的疾病主要为肠炎，发病率也较低。经过长时间养殖后，鲟鱼所发生的疾病开始增多，根据病因可分为细菌性、真菌性、寄生虫以及生物敌害，其中以寄生虫病居多。细菌性病主要包括出血症、肠炎症、疥疮症等；真菌性病主要包括卵霉病、水霉病等；寄生虫病主要包括锥虫病、小瓜虫病、三代虫病、斜管虫病、车轮虫病等；生物敌害主要包括水生植物、水生昆虫、甲壳动物等。鲟鱼苗种发病高峰集中在仔鱼进入稚鱼的敏感期，主要防治措施是在敏感期用药物预防，开口饵料严格消毒，加大换水量，经常吸污，定期清洗培育池等。

这些疾病的发生，主要原因还是长期养殖造成环境污染和水质恶化，片面追求单产而提高养殖密度，以及为节约成本而投喂劣质饲料等。不解决这些原因，仅仅依靠药物来控制，还是无法根本治疗这些疾病。鲟鱼养殖过程中常见疾病及防治方法如下。

1. 出血病

【病原】气单胞菌。

【症状及危害】口腔、眼睛、腹部、硬鳞基部出血，个别病鱼尾柄、硬鳞基部有突出体外的充血泡，花鲟、肛门红肿、腹水、肝大，呈土黄色，个别病鱼肝有灰白色点状弥散坏死病灶；肠系膜及腹腔壁有出血斑点；肠内无食物，肠壁及中肠以后部位螺旋瓣充血，后肠充满泡沫状黏液物质。

【流行】出血病是鲟鱼的一种常见病，鱼种和成鱼均可感染，其发病率和病死率均较高。该病主要发生于施氏鲟，中华鲟也偶有发生。主要危害幼鱼，患病个体一般体长为10～70cm，发病率为5%～6.7%，死亡率为2.5%～3.0%。主要流行季节为8～9月，流行温度为28℃左右。当水质恶化、饵料变质、水温过高时易爆发此病。

【防治方法】

（1）换水消毒用“碘仿”“复方三氧碘”或“菌毒清3号”+“暴发停”全池泼洒；然后排水、注水。24h后第二次水体消毒。3天后再重复一次。

（2）内服治疗“暴血停+电解维他”拌饵，一天分4次投喂，6天为一个疗程。

（3）完成第一疗程后，再用“肝康+电解维他+菌毒克星散”一个疗程6天，增强鲟鱼体质，增强其免疫力，能有效地预防此病的再发生。

2. 烂鳃病

【病原】柱状杆菌。

【症状及危害】鳃丝发白发黑，体色发黑，易浮头，常游向岸边，易继发细菌性出血病。

【流行】该病在水温 15℃以上开始发生和流行。发病时间南方在 4～10 月，北方在 5～9 月，7～8 月为发病高峰期。危害品种主要有草鱼、青鱼等。目前鲟鱼此病发生率也很高，主要由嗜水气单胞菌、爱德华氏菌引起。

【防治方法】

（1）细菌及真菌性烂鳃病的防治：

①富氯或二溴海因 0.3ppm 全池泼洒，重症隔日再用一次。

②同时配合用鱼复宁、大蒜素、鱼血停按 0.2%的比例拌饲投喂 3～6 天。

（2）寄生虫引起的烂鳃病的防治：

①强效杀虫灵或菌虫杀手泼洒，其浓度为 0.01～0.02ppm。

②内服渔经虫克，连喂 2 次。每百斤饲料配药 200g。

③用复方增效敌百虫每亩 150g 泼洒。

3. 细菌性肠炎病

【病原】肠型点状气单胞菌。该病从 3cm 仔鱼到商品鱼都有发生，是鲟鱼养殖过程中的常见病，主要原因是天然饵料清洗不净，外界水环境发生改变，养殖过程中投饵量过大。

【症状及危害】发病初期，病鱼体表无明显症状。外观病鱼行动缓慢，摄食少，腹部膨胀，肛门红肿。轻压腹部，有淡黄色混杂红色黏液从肛门流出。解剖发现肠道充血发炎呈紫红色，肠壁弹性较差，肠道内无食物，内有大量黄色黏液。

【流行】本病是养殖鱼中最严重的疾病之一，我国各养殖地区均有发生。草鱼、青鱼最易发病但目前鲟鱼此病发生率也较高。流行时间为 4～10 月，水温在 18℃以上开始流行，流行高峰水温为 25～30℃，全国各养鱼地区均有发生。此病常和细菌性烂鳃病、赤皮病并发。

【防治方法】

（1）口服土霉素、大蒜素等抗菌药饵，土霉素用量为每千克饲料 3～5g，疗程 3～7 天；大蒜素用量为每千克 2～3g，疗程 5～7d。

（2）用 2%～3%的食盐水浸泡 0.5h。

4. 细菌性败血综合征

【病原】气单胞菌。鲟鱼养殖中放养密度过大，流水养殖当中水流量过小，水质交换不充分，或者饲料质量不好，造成鱼体免疫力下降，这些情况都能导致鲟鱼感染此病。

【症状及危害】病鱼体色发白，腹部膨大水肿，腹骨板充血，鳍条出血，肛门红肿，常有黄色或血色黏液流出。病鱼少数下潜困难，死鱼多数仰卧或侧卧，部分漂浮水面。肝细胞发生了空泡变性、慢性炎症，最后导致肝细胞坏死，肾小管出现坏死，为炎症的早中期变化，心脏的主要病变是心肌坏死，为炎症的早中期变化，心脏的主要病变是肌坏死，心内膜炎。

【流行】细菌性败血综合征在华南地区大面积暴发，高密度养殖鱼池占发病池塘的95%以上。时间从 4 月初至 12 月底，水温 9～34℃。

【防治方法】

（1）配制中药药饵，茵陈 3g，板蓝根 2g，鱼腥草 2g，穿心莲 2g，大黄 2g，煎汁后拌料 1kg，连用 10 天。

（2）3mg/L 二氧化氯浸洗 1h，连用 3 天。

（3）借助于一定经验判断，有目的性地取病灶组织液，涂布或画线于选择性培养基上，经一两天培养断定病原菌，继而进行药敏实验，选择对该病敏感的抗生素进行治疗。

（4）用 50mL/m^3 甲醛浸泡 2～3h。

5. 弧菌病

【病原】弧菌。鲟鱼养殖密度大，水环境条件较差，水中的溶氧不足可导致该病。

【症状及危害】发病初期体表有淤点、淤斑、不规则红斑，多见于腹部及尾部。严重时吻端充血、鳍基充血发红，尾柄肌肉腐烂，形成出血性溃疡。肝、脾、肾、肠均充血，肝脏肿大呈土黄色，肠道内有淡黄色溶液。镜检病灶处组织可见微弯曲的细菌。

【流行】弧菌病是由弧菌属引起的一类疾病，为海水鱼类最常发生的细菌性疾病。弧菌是典型的条件致病菌，弧菌病害的发生，往往是外界环境条件的恶化，致病弧菌达到一定数量，同时因各种因素造成水生动物抵抗力下降等多方面相互作用的结构。在水温 15～25℃是的 5 月底至 7 月初和 9～10 月是发病高峰期。

【防治方法】

（1）用 3g/m^3 苦参末药浴 0.5h，内服恩诺类抗菌饵，每千克饲料添加 2～4g，疗程 3～7 天。

（2）甲醛 50mL/m^3 浸泡 2～3h。

（3）聚维酮碘 3mg/m^3 浸泡 0.5h。

13.7　结　　语

针对鲟鱼养殖过程中出现的病害，应从我国基本国情出发，建议我国鲟鱼疾病防治的基本思路是：坚持以“预防为主、防治结合”的方针，以保持优良养殖生态环境为基础，以实现产品质量安全为目标，重点加强病原监测工作，突出重点疫病管理，以生态、免疫防控为主导，免疫、药物和生态防控相结合的疾病防控技术路线，并积极探索养殖小区标准化生产的有效模式。

1. 加快鲟鱼疾病防治相关技术研发和设施配套

（1）积极争取财政补贴，加速鲟鱼疾病快速诊断技术产品和渔药研发进程。当前应重点解决如下问题：①以孔雀石绿为突破口，加快禁用渔药替代产品研发；②加大生态、免疫技术及其产品研发力度；③积极推动鲟鱼类疫苗研发基础性工作；④对目前允许使用的渔药进一步筛选，并开展药代动力学研究，分批确立最低残留限量、合理休药期及产品质量检测标准，为修改完善规范用药方法提供科学依据。

(2)加快鲟鱼疾病防治关键设施和资质认证配套：①加强鲟鱼病原库等基础平台建设；②加快国家级鲟鱼疫病预防控制中心建设；③落实国家鲟鱼保护工程建设规划，逐步改善鲟鱼防疫基础设施，提高基层监测水平。

2. 以生态、免疫预防为重点，大力推进鲟鱼健康养殖技术的应用

（1）要大力宣传养鱼就是养水的理念，加强健康养殖技术培训；

（2）以规模化鲟鱼养殖为重点，形成以微生态制剂为主体调控养殖生态的鲟鱼健康养殖技术，逐步淘汰以化学品为主要成分的水质净化消毒剂；

（3）以鲟鱼肠炎病灭活疫苗为重点，通过财政补贴方式开展鲟鱼免疫预防试点、推广和普及工作；

（4）以产品出口基地为重点，建设标准化养殖示范区，全面提高鲟鱼出口产品的养殖技术水平。

3. 善鲟鱼疫情测报体系，强化疫情测报工作

目前我国已建立起30个省（区、市）参加、由近3000个测报点、3万测报员组成的水产养殖病害测报体系，初步形成了从中央到地方、覆盖全国的病害测报网络。当前及今后的工作重点为：

（1）继续开展重点疫病专项监测。

(2)要求国家和省一级水生动物疫病预防控制机构每年定期或不定期开展重大鲟鱼疾病流行病学调查与实验室监测，准确分析评估疫情发生发展的趋势，科学指导重大鲟鱼疫病的防控工作。

(3)逐步引导各级水产技术推广和病害防治部门积极向鲟鱼疫病预防控制机构的职能方向转变，同时还要吸纳相关科研单位积极参与疫情监测，多方面汇总疫情情况。

4. 以《水生动物疫病应急预案》颁布为契机，突出重点，狠抓鲟鱼重大疫病管理

5. 进一步加强鲟鱼养殖安全用药的监管和指导

主要参考文献

艾晓辉，陈正望，张春光. 2003. 喹乙醇在鲤体内的药物代谢动力学及组织浓度. 水生生物学报，27（3）：273～277.

曹朝清. 2007. 渔业资源衰退原因和可持续发展对策. 河北渔业，（2）：4.

曹德福. 2000. 俄罗斯鲟苗种培育技术. 科学养鱼，（1）：22～23.

曹德福. 2000. 用配合饲料饲养达氏鳇仔鱼试验. 淡水渔业，30（1）：32～32.

曹双俊，张振旗，杨思华，等. 2000. 鲟鱼生物学及营养需要. 广东饲料，（1）：40～41.

陈刚，陈卫忠. 2002. 对美国渔业管理模式的初步探讨. 上海水产大学学报，11（3）：237～241.

陈金牛，余志堂，唐会元. 1996. 匙吻鲟及其在水库渔业中的养殖前景. 水利渔业，（1）：12～14.

陈金生. 1996. 长江三峡工程与白鲟的资源保护. 水利渔业，（6）：7～8.

陈声栋. 1992. 施氏鲟人工繁殖技术的研究. 黑龙江水产，49（4）：8～12.

陈细华. 2007. 鲟形目鱼类生物学与资源现状. 北京：海洋出版社.
陈新军，周应祺. 2002. 渔业资源可持续利用的灰色相对关联评价. 水产学报，26（4）：331～336.
陈新军，周应祺. 2003. 渔业资源可持续利用系统化评价方法的应用研究. 上海水产大学学报，12（1）：29～34.
陈新军. 2001. 海洋渔业资源可持续利用评价. 南京：南京农业大学，77～79.
陈曾龙，罗相忠. 1999. 世界鲟形目主要种类生物学. 浙江海洋学院学报，18（3）：238～242.
陈曾龙. 1992. 前苏联鲟渔业资源状况概述. 淡水渔业，22（5）：42～46.
陈曾龙. 1998. 长江鲟鱼资源保护与利用. 湖北农学院学报，18（4）：333～336.
陈曾龙. 1998. 我国鲟鱼类苗种培育技术研究现状. 淡水渔业，28（5）：26～28.
陈杖榴，杨桂香，孙永学. 2001. 兽药和饲料添加剂残留的毒性与生态毒理研究进展. 广东饲料，10（1）：24～26.
崔禾，何建湘，郑维中. 2006. 我国鲟鱼产业现状分析及发展建议. 中国水产，（6）：8～15.
樊伟，程炎宏，沈新强. 2001. 全球环境变化与人类活动对渔业资源的影响. 中国水产科学，8（4）：91～94.
范明生. 2002. 水利渔业可持续发展战略对策. 水利渔业，22（1）：52.
冯广朋，平庄，章龙珍，等. 2004. 我国鲟鱼类养殖现状及发展前景. 海洋渔业，26（4）：317～319.
高云祥，殷海龙，张树贵. 2000. 施氏鲟养殖业的兴起及发展预测. 黑龙江水产，（3）：22～23.
耿毅. 2003. 水产养殖中的药物残留的危害和控制. 科学养鱼，（7）：38.
国际自然与自然资源保护联合会[瑞士]. http：//www.iucn.org/.
何力，张真. 2000. 鲟鱼人工养殖的水质调控. 科学养鱼，（4）：19.
胡传林，刘家寿，李钟杰. 1999. 大水面渔业资源可持续利用与保护. 水利渔业，19（5）：50～53.
黄祥祺. 2001. 我国水产品产量增长速度简析. 中国渔业经济研究，（6）：18～19.
姜礼燔. 1998. 世界鲟鱼资源及养殖前景. 中国渔业经济研究，（2）：33～35.
柯定. 1999. 可持续发展（sustainable development）的基本定义. 现代渔业信息，14（1）：26.
柯福恩，胡德高，张国良. 1983. 葛洲坝水利枢纽对中华鲟的影响——数量变动调查报告. 淡水渔业，（8）：16～19.
柯福恩. 1999. 论中华鲟的保护与开发. 淡水渔业，29（9）：4～7.
李广联. 2002. 鲟鱼池塘养殖试验. 内陆水产，（1）：23.
李明锋. 2006. 关于渔业可持续发展的初步研究. 现代渔业信息，21（1）：8～10.
李睿. 2006. 发展农业行业协会的思考与建议. 中共太原市委党校学报，（3）：22～24.
李晓明. 2006. 如何规范农民专业合作社建设. 金融经济，（16）：127～128.
李云，刁晓明. 1997. 长江上游白鲟幼鱼形态发育和产卵场的调查研究. 西南农业大学学报，（5）：447～450.
李正友，罗永成，杨兴，等. 2005. 贵州山区鲟鱼养殖现状、问题及对策. 贵州农业科学，33：105～106.
联合国. 2007. 联合国可持续发展二十一世纪议程：7～15.
林金忠，王军，苏永全. 1999. 中华鲟于闽江的人工放流试验. 台湾海峡，18（4）：378～381.
凌剑，陈华芬. 2002. 鲟鱼网箱快速养成新技术. 淡水渔业，32（4）：22～23.
尼科尔斯基 Г В. 1960. 黑龙江流域鱼类. 高岫，译. 北京：科学出版社，1960.
聂湘平，王翔，陈菊芳. 2007. 水产养殖与有毒有害污染物残留及其环境影响. 环境科学与技术，30（4）：106～109.
农业部渔业局. 2004. 中国渔业统计年鉴 2004（内部资料）.
农业部渔业局. 2005. 中国渔业统计年鉴 2005（内部资料）.
农业部渔业局. 2006. 中国渔业年鉴 2006（内部资料）.
农业部渔业局. 中国渔业年鉴 2005. 北京：中国农业出版社，2005.
潘连德，陈辉，许平. 2000. 施氏鲟幼鱼肝性脑病组织学研究与细胞病理学研究. 水产学报，24（1）：56～60.
庞景贵，刘丽杰，陈力景. 2002. 世界鲟鱼类资源及其养殖前景. 淡水渔业，32（1）：53～55.

钱长根. 2006. 农民专业合作社发展中的问题与对策研究. 农业经济，(8)：63～65.
曲福田. 2000. 可持续发展的理论与政策选择. 北京：中国经济出版社.
曲秋芝，孙大江，许平. 1994. 施氏鲟、达氏鲟的资源现状与研究进展. 水产学杂志，7（2）：62～67.
曲秋芝，马国军，孙大江. 1996. 鲟鱼类及我国对鲟鱼类研究的发展概况. 水产学杂志，9（2）：78～84.
曲秋芝，孙大江，宋苏祥. 1997. 人工养殖施氏鲟仔鱼和幼鱼的试验. 水产学杂志，10（2）：72～75.
曲秋芝，王斌，李莹，孙大江. 2004. 用配合饲料驯饲施氏鲟幼鱼的初步研究. 大连水产学院学报，(4)：297-300.
任慕莲. 1981. 黑龙江鱼类. 哈尔滨：黑龙江人民出版社.
邵建刚，岳永瑞. 2002. 鲟鱼的工厂化养殖初探. 渔业现代化，(5)：6～8.
石振广，王云山，李文龙，等. 2002. 我国鲟类资源状况及保护利用. 上海水产大学学报，11 (4)：317～323.
舒廷飞，温琰茂，贾后磊. 2001. 我国水产养殖业可持续发展的对策. 水产科技情报，28（4)：150～152.
四川省长江水产资源调查组. 1988. 长江鲟鱼类生物学及人工繁殖研究. 成都：四川科学技术出版社.
宋迁红. 2005. 我国鲟鱼养殖的现状与未来. 科学养鱼，(1)：11～12.
孙宝强. 2005. 国外农业行业协会的成功经验. 农村科技，(2)：55～56.
孙大江，曲秋芝，马国军. 2003. 中国鲟鱼养殖概况. 大连水产学院报，18（3)：216～220.
谭征，周雍萱，苏军. 2005. 中华鲟之美. 北京：海洋出版社.
檀学文，杜志雄. 2006. 我国渔业可持续发展问题研究. 经济研究参考，(35)：42～44.
万自明，尹峰. 2005. 国内外野生动物进出口贸易的标记管理现状. 野生动物，(26)：4.
王海华，徐厚民，黄江峰，等. 2003. 我国水产养殖业现状与发展对策. 江西水产科技，(1)：10～11.
王军. 1997. 可持续发展. 北京：中国发展出版社.
王世权. 1999. 鲟鱼常见病的治疗. 中国水产，(10)：32～33.
王有基，胡梦红. 2004. 鲟鱼增养殖产业化初步探讨. 水产科技情报，31（4)：147～149.
王玉堂. 1999. 鲟鱼资源现状. 中国水产，(9)：16～18.
王云山. 2007. 我国鲟鱼业现状与可持续发展问题的探讨. 黑龙江水产，(1)：35～37.
王云山，王金. 2000. 施氏鲟的生物学特性及其繁殖技术（一）.内陆水产，(4)：35.
王云山，石振广，王绍棠. 1998. 黑龙江鲟渔业资源保护和利用.淡水渔业，28（6)：26～28.
危起伟. 2002. 论我国鲟鱼产业发展方向. 科学养鱼，(5)：3～4.
危起伟. 2003. 长江中华鲟繁殖行为生态学与资源评估. 武汉：中国科学院水生生物研究所博士学位论文.
危起伟，柯福恩. 1994. 论长江口中华鲟幼鱼的保护. 北京：中国环境科学出版社.
危起伟，杨德国. 1998. 中华鲟超声波遥测技术. 水产学报，(3)：211～217.
危起伟，杨德国. 2000. 世界鲟鱼资源概况——并论中华鲟的保护与发展. 中华鲟保护学术和政策研讨会.
危起伟，杨德国. 2003. 中国鲟鱼的保护、管理与产业化. 淡水渔业，33（3)：3～7.
危起伟，陈细华，杨德国，等. 2005. 葛洲坝截流 24 年来中华鲟产卵群体结构的变化. 中国水产科学，12（4)：452～457.
吴庆龙. 2001. 东太湖养殖渔业可持续发展的思考. 湖泊科学，13（4)：338～346.
肖慧. 2004. 试论我国鲟鱼业的产业化开发. 北京水产，5：4～7.
肖景伟. 2004. “公司+农户”产业化模式的探讨. 饲料博览，(7)：21～22.
谢君，肖磊. 2005. 推进农民专业合作经济组织发展的对策. 农村经济，(7)：122～123.
谢忠明，孙大江，王京树. 2002. 鲟鱼养殖技术. 北京：中国农业出版社.
辛玉文. 鲟 2005. 鱼产业现状及其对策. 北京农业，(1)：7～8.
徐爱华，葛光华. 2000. 试论渔业可持续发展中的技术创新问题. 江苏渔业，(2)：2～3.
许行贯. 2003. 发展农业行业协会的探索与思考. 农村经济导刊，(1)：11～13.
鲟鱼大观. 2007-7-18. http：//www.xunyu.com/html/lsjz/zyzk～1.htm.
杨福亿. 1997. 我国鲟鱼类资源及其保护与发展途径. 资源开发与保护，13（5)：195～199.

叶继丹，孙大江，曲秋芝. 1999. 用配合饲料驯养中华鲟仔鱼研究初报. 饲料博览，11（5）：36.
易继舫，唐大明，刘灯红，等. 1999. 长江中华鲟繁殖群体资源现状的初步研究. 水生生物学报，23（6）：554～669.
于斌. 2004. 我国水产食品安全问题简析. 科学养鱼，（10）：64～65.
袁惠民，刘继红，刘洋. 2005. 发展农民专业合作创新农村经营体制. 华中农业大学学报，（4）：4～7.
张福绥. 2003. 近现代中国水产养殖业发展回顾与展望. 世界科技发展与展望，（6）：5～13.
张胜宇，强晓刚. 2001. 我国鲟鱼的养殖现状、发展前景与对策. 科学养鱼，（2）：3～4.
赵晓宏，李大海. 2005. 渔业补贴对渔业资源可持续利用的影响. 中国渔业经济，（2）：27～29.
赵子明，吴晟. 2000. 施氏鲟仔鱼培育. 水产养殖，（5）：5.
周荪文. 2004. 当前我国鲟鱼养殖的问题和建议. 科学养鱼，（4）：4～5.
朱永久，危起伟，杨德国，等. 2005. 中华鲟常见病害及防治. 淡水渔业，35（6）：47～49.
庄平，曾令兵，章龙珍. 1999. 施氏鲟南移驯养及生物学的研究. 淡水渔业，29（11）：6～8.
庄平，李大鹏，王立金. 2001. 施氏鲟的人工养殖技术. 武汉：湖北科学技术出版社.
Bemis W E，Findeis E K，Rande L G. 1997. An overview of Acipenseriformes. Environmental Biology of Fishes，1997，48：25～71.
Bemis W E，Kynard B. 1997. Sturgeon rivers：an introduction to acipenseriform biogeography and life history. Environmental Biology of Fishes，48：167～183.
Billard R，Lecointre G. 2001. Biology and conservation of sturgeon and paddlefish. Reviews in Fish Biology and Fisheries，10（4）：355～392.
Bound J P，Voulvoulis N. 2004. Pharmaceuticals in the aquatic environment-a comparison of risk assessment strategies. Chemosphere，（56）：1143～1155.
Carlton J T，Geller J B. 1993. Ecological roulette：The global transport and invasion of non-indigenous marine organisms. Science，261：78～82.
Costanzo S D，Murby J，Bates J. 2005. Ecosystem response to antibiotics entering the aquatic environment. Marine Pollution Bulletin，（51）：218～223.
Dijek P V，Van de Voorde H. 1976. Sensitivity of environmental microorganism to antimicrobial agents. Applied & Environmental Microbiology，（31）：332～336.
Gray J S. 2002. Biomagnifcation in marine systems：the perspective of an ecologist. Marine Pollution Bulletin，（45）：46～52.
Hektoen H，Berge J A，Hormazabal V. 1995. Persistence of antibacterial agents in marine sediments. Aquaculture，（133）：175～184.
Hochlrithner M，Gesser J. 1999. The Sturgeons and Paddlefishes（Acipenseriformes）of the World：Biology and Aquaculture. Aqua Tech Publications.
http：//www.un.org/chinese/events/wssd/agenda21.htm.
HungS S O，Paul B. 1993.Effect of feeding rate and water temperature on growth of juvenile white sturgeon（*Acipenser transmontanus*）. Aquaculture，（115）：297～303.
Kynard B，Wei Q W，Ke F E. 1995. Use of ultrasonic telemetry to locate the spawning area of Chinese sturgeons. Chinese Science Bulletin，40（8）：668～671.
Kynard B. 1997. Life history，latitudinal patterns，and status of the shortnose sturgeon，Acipenser brevirostrum. Environmental Bology of Fishes，48：319～334.
Li R，Zou Y，Wei Q. 2009. Sturgeon aquaculture in China：status of current difficulties as well as future strategies based on 2002-2006/2007 surveys in eleven provinces. J. Appl. Ichthyol.（25）：632～639.
Livingstone D R. 1998. The fate of organic xenobiotics in aquatic ecosystems：quantitative and qualitative 20 differences in biotransformation by invertebrates and fish. Comparative Biochemistry & Physiology，Part

A，（120）：43～49.

Migilore L，Civitareale C，Brambilla G. 1997. Toxicity of several important agricultural antibiotics to Artemia. Water Research，31（7）：1801～1806.

Miranda C D，Zemelman R. 2002. Antimicrobial multiresistance in bacteria isolated from freshwater Chilean salmon farms. The Science of the Total Environment，（293）：207～218.

Moore，B J，Hung S S O，Medrano J F. 1988. Protein requirement of hatchery produced juvenile white sturgeon（*Acipenser t ransmontanus*）. Aquaculture，（71）：235～245.

Pomati F，Netting A G，Calamari D，et al. 2004. Effects of erythromycin，tetracycline and ibuprofen on the growth of Synechocystis sp. and Lemna minor. Aquatic Toxicology，（67）：387～396.

River. 128th Annual Meeting of American Fisheries Society. Hartfoed Connecticut.

Sulak K J，Randall M. 2002. Understanding sturgeon life history：enigmas，myths，and insights from scientific studies. Journal of Applied Ichthyology，18（4～6）：519～528.

Tamas G，李融. 2006. 鲟鱼的杂交育种——兼谈杂交后代的能育与不能育. 中国水产，（11）：47～49.

Tamas G，李融. 2006. 鲟鱼养殖中的几个常见问题. 中国水产，（12）：41～43.

Ternes T. 2000. Pharmaceuticals and metabolites as contaminants of the aquatic environment：an overview. American Chemistry Society，（219）：301～309.

Wei Q W，Kynard B. 1998. Spawing of Chinese sturgeon，*Acipenser sinensis*，in the Yangtze

Wei Q W，Ke F E，Zhang J M，et al. 1997. Biology，fisheries，and conservation of sturgeons and paddlefish in China. Environmental Biology of Fishes，48（1～4）：241～255.

Wei Q，He J，Yang D，Zheng W，Li L. 2004. Status of sturgeon aquaculture and sturgeon trade in China：a review based on two recent nationwide surveys.Journal of Applied Ichthyology，（20）：321～332.

Wemer S，Horst J，Frank F. Possibilities of sturgeon culture in central Europe. Aquaculture，（89）：101～122.

Wollenberger L，HallingSurensen B，Kusk K O. 2000. Acute and chronic toxicity of veterinary antibiotics to Daphnia Magna. Chemosphere，（40）：723～730.

Zhuang P，Kynard B，Zhang L. 2000. Overview of Biology and Aquaculture of Amur Sturgeon（*Acipenser schrenckii*）in China. J. Appl，（3）：12～16.

第十四章　乌　　鳢

乌鳢又叫黑鱼、乌鱼、生鱼、黑鱼棒子、斑鱼、草鳢、火头、财鱼、斑鱼等，俗称乌棒，隶属鲈形目、攀鲈亚目、鳢科、鳢属，是一种凶猛的肉食性名贵经济鱼类。据不完全统计，鳢科鱼类大约有 30 种，分布于世界各地，其中我国的鳢科鱼类主要有三种：乌鳢、斑鳢、月鳢。目前我国除新疆、西藏地区外，其他省份各大水系均有分布。该鱼对水质、溶氧量、盐度和酸碱度等外界环境有较强的适应能力。我国于 20 世纪 70 年代末开始人工养殖乌鳢，并逐渐成为外贸出口的重要淡水养殖经济鱼类。由于乌鳢营养价值高、无肌间刺、味道鲜美，并具有一定的医药功效，因而广受人们喜爱。2011 年我国乌鳢年产量达到 376529t，列所有淡水鱼类的第八位。

14.1　生物学特征

14.1.1　形态特征

乌鳢（图 14-1）体呈圆筒状，尾部略侧扁；头尖、长而扁平，覆鳞片，口大端位，口裂稍斜并延伸到眼后，下颌稍突出；上下颌、犁骨和口盖骨上密布细齿；眼中大；鳃孔大，鳃耙粗短而稀疏，鳃腔上方有一个密布毛细血管的鳃上器，为辅助呼吸器官；体被圆鳞，较大；侧线较平直，在臀鳍起点上方折断，侧线鳞 60～67；背鳍和臀鳍均很长，脊与圆形的尾鳍相连，无硬刺，胸鳍圆扇形，腹鳍短小。肛门位于体中点的腹面；鳔一室，较细长；胃呈囊状，具 2 个幽门垂；肠短，双曲，仅为体长的一半略多。体背部为黑色，腹部灰白色或浅黄色，体侧有许多不规则的黑色斑条，头侧边有 2 条黑纹，奇鳍有黑白相间的花纹，偶鳍浅黄色，间有不规则的斑点，胸鳍基部有一黑色斑点。

图 14-1　乌鳢

14.1.2　生活习性

乌鳢属底栖鱼类，喜居水草丛生的静水或微流水水域。幼体集群生活，常密集于水的上层，有较强的趋光性。在自然界体长3～4cm幼体开始散群，离开亲鱼，而人工养殖的体长5～6cm幼体才开始散群。散群后，胆小畏光，分布在水域边缘、水草丛或洞穴中。昼伏夜出，白天多呈隐蔽状态而活动较少，但在投饵时觅食。到了晚上则活动较为频繁，觅食、交配和产卵等。乌鳢不仅能用鳃呼吸，还有辅助呼吸器官——鳃上器。因此在水中，它每隔数分钟或更长时间才浮出水面作一次呼吸，它忍受低氧的能力比一般鱼类强，离水后的存活时间也比一般鱼类长。因此，乌鳢便于运输，存活率也高，缺氧情况下可靠鳃上器在空气中呼吸。即使无水但有一定湿度也可存活1周以上。适宜生长的水温是13～30℃，当低于7℃或高于33℃时，会藏身于深水处的稀泥中，不食不动，进入蛰伏状态。乌鳢跳跃能力强，体长5cm时即能跳出水面20～30cm高度。随着个体长大，跳离水面高度不断增加，高达70～100cm。成鱼能跃出水面1.5m以上，6.6～10.0cm的鱼能跃离水面0.3m以上。因此，在池中饲养要注意防逃。

14.1.3　食性

乌鳢属肉食性鱼类，贪食，以偷袭式掠食方式捕食。食物缺乏时有相互蚕食现象。以鱼虾等为食，食物组成随个体增大而改变。30mm以下的幼鱼以浮游甲壳类、桡足类、枝角类及水生昆虫为食。30～80mm的幼鱼以昆虫、小鱼虾类为食。成鱼阶段主要以银鲫、刺鳅、蛙类为食。成鱼生殖期停食，处于蛰居状态。随不同的发育阶段其要求的食物组成是不同的。刚孵出的幼体全长0.34～0.40cm，以自身卵黄囊为营养。孵出后第5天，开始完全自主平游，卵黄囊与油球尚存在，但已开始摄食，此时由内源性营养向外源性营养转化，以轮虫、小型浮游生物为食，也食蛋黄鱼粉或人工配合的微型饵料。第7～10天，全长0.83～0.92cm，卵黄囊与油球消失，完全依靠外界营养，可摄食红虫或其他浮游动物。当个体长到1.4cm以上时，开始吞食为自身体长1/2～2/3的同类个体。随着鱼体逐渐长大，乌鳢开始吞食水生昆虫、小型甲壳类、水生蠕虫、蝇蛆、蚯蚓、蚕蛹及鱼肉等。当全长6.4cm时，乌鳢食性以水生昆虫、软体动物、蝌蚪、小龟虾等为食，也吃人工配合饲料。

人工养殖的乌鳢，在体长为3cm时开始驯食人工配合饵料，越晚驯食，难度越大。乌鳢贪食，人工投饵的枝角类、桡足类、蚌肉、蚯蚓、蝇蛆、鱼糜等均大量抢食摄食后，腹部溜圆，充塞度4～5级。体长10cm左右的个体饱食后，经常会将胃内食物吐出。当水温升至15℃开始摄食，水温22～28℃时，摄食量最大；水温降至18℃时，摄食量则明显减少。

14.1.4　生长与生殖

乌鳢生长速度快，当年孵化的幼鱼到秋季平均长可达15cm，体重50g左右，5龄鱼可约达 5kg。在水温 25℃时，乌鳢生长最快。成熟亲鱼的怀卵量与亲鱼的大小有关，体长 52cm 的亲鱼怀卵量 3.6 万粒，体长 35cm 的亲鱼怀卵量约为 1 万粒。产卵期为 5 月下旬至 6 月末。卵产在水草茂盛的浅水区，亲鱼能在水草中用牙拔草筑环形巢，卵受精后亲鱼潜伏在鱼巢下守护。卵大，黄色，为浮性，卵膜薄而透明。当水温 26℃时，36h 孵出仔鱼。初孵出的仔鱼体长 3.8～4.3mm，侧卧漂浮于水面下，运动微弱。6.0mm 时卵黄油球位置变换，鱼苗呈仰卧状态，9.0mm 的鱼苗开始摄食。乌鳢亲鱼有护卵、护仔习性，自卵产出起至幼鱼达 10.0mm 这一阶段，雌雄鱼潜伏其旁守护，防止蛙、鱼类袭击其卵和幼鱼。幼鱼达 10mm 时，亲鱼停止保护仔鱼。

1. 雌雄鉴别

乌鳢为雌雄异体，体外受精。在通常情况下，乌鳢没有明显的副性征，接近生殖期雌雄差别逐渐明显，其区别见表 14-1。

表 14-1　雌雄性成熟乌鳢的区别

性状＼性别	雌性	雄性
体型	圆筒状略粗短	略显细长
体色	腹部有白色或偏黄色，无或很少有斑点	腹部偏灰色，臀鳍及泄殖孔周围有密集的银灰色小斑点
腹部形态	卵巢轮廓明显	腹部狭小
生殖孔	圆形、开张、充血	较细长、内凹，无明显充血现象

2. 成熟期和产卵期

乌鳢一般到 2 冬龄就开始性成熟，少数 1 冬龄的个体到翌年亦有成熟现象，雌性较为多见，最小个体性成熟时间，雌鱼为 12 月龄，体重 57.5g，体长 15.8cm；雄鱼较雌鱼晚，最小个体性成熟为 23～24 月龄，体重 75.5g，体长 16.8cm。在江南，乌鳢自然产卵时间一般为 4～9 月，产卵盛期为 5～6 月中旬，繁殖水温一般 18℃以上，最适水温为 25～28℃。

3. 交配与产卵受精

在自然界中，乌鳢成鱼各占一地，成熟亲鱼往往雌雄成对（“一夫一妻”式），占据一定地盘，进行追逐活动，寻找合适的产卵场所。此时若有第三者存在，数天内将被咬伤乃至死亡。乌鳢产卵位置一般在水体向阳面的边缘，周围生长着不同的水生或陆生植物，水体多为静水或微流水，鱼巢的大小与亲鱼大小相关，一般直径 15～30cm。雌鱼腹部向上仰卧，缓缓晃动而排卵，相继雄鱼按同样方式排精。产卵多在清晨，产卵时，亲鱼要求环境十分安静，稍有惊吓就停止产卵或不再产卵，刚产出的卵是金黄色球形的漂浮卵。

据试验，水温在 22～24℃时，孵化时间为 53h50min；水温在 27.5～31℃时，孵化时间为 32h40min。乌鳢属分批产卵类型，乌鳢的怀卵量为 800～6000 粒不等，乌鳢 1 年产卵 5～6 次，一般多为 2～3 次，两次产卵间隔时间为 7～10 天。同规格雌鱼怀卵量的多少，关键在秋季个体发育的好坏，这决定了卵细胞的分裂数和卵细胞形成的质量。

4. 胚胎发育

乌鳢卵呈球形，金黄色，浮于水面，卵膜薄而透明，无黏性。受精卵直径为1.2～1.5mm，卵黄的直径为0.8～0.95mm，卵黄的上部为油球，其直径为0.5mm。当水温在22～24℃时，35min后受精卵开始分裂，2h50min后分裂为8个细胞，6小时30分进入囊胚期，10小时10分进入原肠期，13小时器官开始分化，经53小时50分仔鱼出膜。出膜仔鱼全长0.34～0.38cm，体透明，头部及卵黄囊背部两侧有较密的星状黑色素，头部及卵黄囊朝上，尾朝下垂，漂浮于水体表面。初孵出的仔鱼经5～6天后，卵黄囊尚存在，已能开口摄食小型浮游动物如轮虫、枝角类、桡足类幼体。当鱼苗长至3～5cm从群游逐步到散游之后，亲鱼才离去。

14.2 繁殖技术

14.2.1 乌鳢的繁殖技术

1. 乌鳢亲鱼的来源、选择及运输

（1）亲鱼的来源：每年冬季从乌鳢成鱼养殖池中挑选或从市场上收购合格的亲鱼。但市场上收购的亲鱼必须注意是否受伤或口腔中是否有钩或线头等，应十分小心避免收购受伤的亲鱼。

（2）亲鱼的选择：任何一个养殖品种要获得优良的后代，必须注意亲本的选择。乌鳢应选体重100g以上，体质健壮，无伤无病，雌雄比为1∶1，年龄最好2龄以上。实践证明，个体较大的亲鱼，不仅产卵量多，产卵期早，孵化率高，且后期发育更好。由于乌鳢属小型野生鱼类，雌鱼怀卵最少，在选留种时，亲鱼数量要适当多些，按每组鱼平均产卵2000粒留种。

（3）亲鱼的运输：由于乌鳢耐低氧，在少水甚至无水的条件下，只要它的鳃部和皮肤保持一定的湿度，仍可存活较长时间，采取带少量水（能淹没鱼体即可）、无须充氧直接运输的方法。

2. 乌鳢亲鱼的培育

培育出数量充足的优质亲鱼，是乌鳢人工繁殖极其重要的物质基础。一般按照亲鱼性腺发育规律，采用适宜的饲养管理方法，使亲鱼有较好的成熟度，这是亲鱼培育的目的。

1）培育池的条件

亲鱼培育池是亲鱼的生活环境，亲鱼所进行的物质代谢必须通过它的生活环境来实现。乌鳢在对其生活环境的长期适应过程中，形成了特有的生活习性，只有满足这种生活习性所要求的环境条件，才能得到良好的生长发育，达到性成熟。因此，创造一个优良的亲鱼培育环境是很重要的。下面简述它的环境条件。

（1）位置：根据生产规模，选择一个适宜的亲鱼培育场地，其位置应该是水源良好，无毒、无臭、无污染，排灌方便，无旱无涝，阳光充足，环境安静，不受自然或人为的干扰。

（2）面积：在有条件的地方，亲鱼培育池应分两种：一种面积较小，4～10m^2，主要用于产卵期的亲鱼培育，这种水池有利于亲鱼成熟度的观察。捕捞时，操作较方便，也可用于越冬期的亲鱼培育。另一种面积较大，50～100m^2，主要用于产卵期过后到越冬期来到之前的亲鱼培育。这种水池，有较大水体，水质稳定，亲鱼有较大的活动水体，有利于育肥，经济效益较高。如添加一定的越冬设施，也可用于越冬期的亲鱼培育。

（3）水深：产卵季节，池水应浅些，以 20～40cm 深为宜，以利于观察和操作。秋季和越冬期间，池水应加深，以 1.0～1.2m 为宜，有利于保持比较恒定的水温和减少外来的不良影响。

（4）水质：总的要求，水质清新，水温相对恒定。产卵季节要有较高的透明度，pH 以 7～8 为宜。

（5）底质：培育池一般为水泥结构或水泥砖石护墙，池底为土质；但应彻底清除淤泥。无论是哪一种类型的水池，都要求池底平坦并稍留一定的坡度，以便排干池水。在水池底部，都应投放一定数量的隐蔽物作亲鱼的巢穴或供其躲藏。

2）放养前的准备工作

（1）池塘清理：清除池底淤泥、池中杂物，修补池边，疏通进排水管道，设置防逃栏栅等。

（2）清塘消毒：选择晴天，排掉池水至 5～10cm 深，按每亩投放 75～100kg 生石灰的用量消毒。三天后注水至 50cm 深，待毒性消失后放鱼。

（3）设置隐蔽物：用破缸、瓦片或旧车胎、毛竹筒等作亲鱼的巢穴或供其躲藏。

3）亲鱼放养

亲鱼投放前用 2%食盐水浸洗 10～30min，对鱼体进行消毒处理。亲鱼投放量随水体面积大小而定，一般按每平方米 1 组。

4）饲养管理

在冬季水温低，可少投或不投饵。当水温 15℃以上时，乌鳢即能摄食，可投喂一些小杂鱼、虾、蚯蚓、蚌肉碎片、蚕蛹、成鱼碎片作为亲鱼的饵料，日投喂量为鱼体重的 5%左右。为减少投饵麻烦，可采取一次投放数公斤鲜活小杂鱼或小规格鱼种，待池中饵料全部吃完后再补充。乌鳢对水质虽无严格要求，但在培育期间，适当注水，保持培育池良好的水质，有利于性腺的发育。

乌鳢在开春后经 1～2 个月精养，待繁殖季节，水温适当时，视亲鱼成熟程度，及时捕捞，供人工催产或任其在池中自行产卵受精。

3. 乌鳢人工催产

催产是人工繁殖的重要手段，使亲鱼在催产剂的作用下，在人为仿生态的环境中产卵，受精的关键是在适宜的温度下挑选成熟度适当的亲鱼，选用合适的催产剂和剂量，挑选适当注射部位，获取理想的催产效果。乌鳢性成熟以 5 月下旬至 6 月中旬较集中，最早在 4

月底，最迟在 7 月份。催产根据亲鱼性成熟度和水温而定。在江南，5～6 月水温可达 18～28℃，7 月份当水温升至 30℃以上乌鳢生殖腺逐渐趋向退化，自然萎缩。

一般在 5 月挑选腹部膨大松软、卵巢轮廓明显、中央出现凹沟、生殖孔充血的雌性个体；雄性挑选个体瘦长、腹部灰白色、生殖孔微凹的个体。将雌雄个体按 1∶1 放入产卵池让其自由配对或按 1∶1 放入缸中产卵，水面放浮萍或水花生等。常用催产剂有鲤鱼脑垂体（PG）、绒毛膜促性腺激素（HCG）、促黄体生成素释放激素类似物（LRH-A）、多巴胺（RES）等多种；在催产过程中可采用单种催产剂催产和混合催产剂催产。但经多年催产试验表明，单用 $LRH\text{-}A_2$ 催产简单方便且效果明显。常用剂量为 10μg/kg。注射部位为体腔或背部肌肉。一般分两次注射，第一次注射剂量为 1/3，间隔 12～24h，第二次注射，剂量为 2 / 3。若亲鱼成熟度好可一次注射。雄鱼成熟度差的亦可分两次注射，成熟度好的雄鱼一般第一针不注射，而在雌鱼注射第二针时同时注射，剂量为雌鱼的一半。

从试验统计来看，乌鳢在水温 22～28℃范围内，温度与催产效应时间呈负相关，即水温升高，效应时间缩短。一般在水温 22～28℃时，效应时间为 60～70h，25℃时为 40～50h。

4. 乌鳢配对与产卵受精

乌鳢属雌雄单配种类，同一小水体中不得放入经注射催产激素的第三者，否则将发生争斗，互相咬伤乃至死亡。乌鳢的配对方式有两种：一为对配（单配），按雌雄 1∶1 配对，一小型产卵容器内只放 1 对个体大小相近的亲鱼。另一种为群配，按雌雄 1∶1 比例，将一定对数（3～5 对或以上）的亲鱼放入产卵池中。乌鳢在静水和浅水中产卵，对产卵场地要求不太严格。如水缸、木盆、帆布桶、小网箱、的水泥池或土池，以及孵化环道均可，产卵地的选择视生产规模大小而定。

无论对配或群配，在产卵容器或池内均需投放一些水草（如水花生、水浮莲、金龟藻）等。亲鱼入池后，在产卵池或其他产卵容器上应加盖竹帘或网片等，以防亲鱼跳逃。试验表明，采用小面积（1～4m^2），每个容器放 1 对亲鱼，静水产卵，其效果较好。水温相同时，水池对配产卵比大池群配产卵要好得多，每组平均产卵数为群配组的 1.5 倍以上。因群配雄鱼争夺配偶、互斗，损伤皮肤，各组相互干扰，影响产卵和受精。配对后，应保持环境安静，一般 14h 左右，亲鱼开始发情产卵，雌鱼缓缓摇动身体，产出成熟卵，同时雄鱼射出精液，精、卵在水中结合完成受精过程。此时可在水面植物上见到金黄色卵粒。乌鳢产卵数量随个体大小、成熟度有所差异，一般单次产卵数为 800～6000 粒，多数为 1500～3000 粒。乌鳢有复产的特点，产后注意加强亲鱼的培育，7 天左右可复产，一年可复产 5～6 次。

5. 乌鳢人工孵化

（1）受精卵与未受精卵的区别特征：受精卵呈金黄色，透明晶莹，卵膜吸水膨胀后卵径为 1.5～1.8mm；未受精卵由金黄色逐渐变为蛋黄色和浅黄色，最后成不透明的白色，浮在水面，两者极易区分。

（2）孵化方法：可收集受精卵集中孵化，也可移走亲鱼，让受精卵留在原池孵化。乌鳢鱼卵的孵化对孵化池要求不高，以水质清新、无吃卵的敌害生物为宜。生产规模小的，可将受精卵置面盆、水缸、塑料桶，或四周用砖垒，内铺塑料薄膜的小池中进行静水孵化。每升水体放卵 500～800 粒，如有增氧条件，密度可适当加大。大规模生产苗种时，可将受精卵放孵化桶或孵化环道中进行微流水孵化，每平方米 10 万粒左右，这样便于管理，且生产效率也高；也可用面积较大的水泥池静水孵化。一般每平方米放卵 1.5 万～2 万粒为宜。水温 22～24℃时经 54h 即能孵化出膜。

（3）孵化中应注意的问题：多年的生产实践表明，鱼卵受精率的高低、水质条件的好坏、能否及时清除死卵，将直接影响到孵化率。因此，在人工孵化中应做好以下几点：①随时拣出死卵，防止水霉发生。②捞鱼卵要带水操作且动作要轻，防止损伤鱼卵。③鱼苗出膜后要及时清除卵膜，防止卵膜腐败而引起水质恶化。④保持水温相对稳定，防止水温突变。

（4）水温与孵化的关系：受精卵在 18～30℃均可孵化，水温升高，胚胎发育加快，反之则减慢。水温 22～24℃时，孵化 54h 出膜，水温 28～30℃时，孵化 34h 即可出膜。

6. 乌鳢仔鱼驯养

乌鳢苗种培育可分为三个阶段：仔鱼驯养、鱼苗培育及鱼种培育。刚孵出的仔鱼身体嫩弱，以自身的卵黄囊为营养，浮于水面。它比家鱼苗要娇嫩得多，易生水霉且活动范围小，主动摄食能力差，管理较难。因此，应先在塑料盆、小水泥池或原孵化容器内驯养几天，待能成群游泳和饱食浮游动物时，再移入鱼苗培育池培育，这样有利于提高成活率。

(1)放养密度：直径 40～60cm 的塑料盆，水深 12～18cm，每盆放刚孵出的幼体 1000～1500 尾。

（2）投饵：刚出膜仔鱼要依靠自身卵黄囊作营养，出膜 4～5 天后开始手动摄食。町用浮游动物网捞取浮游动物，经 30～40 目筛绢过滤，以小型的浮游动物投喂。投喂量随摄食强度而定，以少量多次为宜。如投喂过量，仔鱼与活水蚤同时消耗盆中溶氧，易造成水中缺氧，引起仔鱼与水蚤同时死亡。也可投喂鸭蛋黄、鱼粉等。实践表明，投喂浮游动物的，仔鱼生长速度最快。每日投喂 2 次，上、下午各 1 次，投喂量以仔鱼在 1h 内摄食完为宜，‘

（3）日常管理：每日换水 2 次，在投饵前 1h 进行，每次换水 2/3 左右（注意：温差不超过 2℃），同时将沉底污物用虹吸法清除掉。当投喂驯养 4～5 天（即孵化后第 10～11 天），仔鱼能自由游泳（能下沉并能在水嘶游动）和集群摄食时，要及时分盆稀养。在仔鱼驯养阶段应注意以下环节：①出膜后 1～7 天大有严重集群栖息现象，会在小区域内产生缺氧，这时，应及时采取搅动水体、驱散群体的做法，以提高小苗的成活率。②出膜后的第 5～7 天死亡率较高，经压片检查，一种是胀腹死亡，胃肠有较多的浮游动物残体和未消化的甲壳类动物；另一种是萎瘪死亡，消化道无食物，说明开口饵料不适口而未觅食。所以，采用浮游动物网捞取浮游动物经 30～40 目筛绢过滤，滤液投喂初孵仔鱼，滤渣投喂幼鱼的措施，效果较好。在动物饵料不足的情况下，略增投一些蛋黄液、豆浆等。③待鱼苗培育 15～20 天后，体长达 2.0cm，体色由黑色逐渐变为黄色，鱼苗的呼吸系统更完善，鳍条等发育完整，能在水中上下集群游动，正常觅食。随着个体长大，相对密度增高，易产生摄食不足、溶氧不足、鱼体个体差异分化明显，应及时进行分养、移池，降低密度，进入鱼苗培育阶段。

7. 乌鳢鱼苗培育

将驯养后的仔鱼移放到培苗池（水泥池、土池或网箱等），培育成体长 3～4cm 的鱼种，这一阶段称为鱼苗培育。

1）水泥池培育乌鳢鱼苗

（1）池的规格与消毒。长方形、方形或圆形的水泥池均可，一般以长方形为好。其大小主要视生产鱼苗的规格而定，面积从几平方米至十多平方米不等，一般以 3～12m^2 为宜。水深 0.4～0.8m，放苗前先消毒，然后注入新水，培肥水质。

（2）放养密度。仔鱼 300～400 尾/m^2。

（3）投饵。预先用专用池培育饵料生物，然后从中捞取。每日投喂 2～3 次，投喂量以鱼苗 1h 内食完为宜，隔 4～6h 再投喂。培育一周后，每天先喂配合饲料，然后补充动物性饵料。实践表明，培育鱼苗最重要的条件，就是尽量给予丰富的天然饵料（浮游动物），使其饱食，这样不但成长迅速，且可提高成活率。

（4）日常管理。主要做好以下两点：其一，保持池水清新，隔 3～5 天换新水一次，每次换水 1/3，清除池底污物；其二，加强巡塘，注意观察鱼苗活动的情况，以便及时采取措施，同时要常检查进出水口的防逃设施，防止逃苗。

2）土池培育乌鳢鱼苗

土池培养乌鳢鱼苗时，应彻底清除塘中一切敌害，施肥培水，鱼苗适时下塘，合理放养，及时分级分塘，培育乌鳢苗种，成活率可达 50%～70%。

（1）培育池条件。面积 100～200m^2，水深 40～60cm，池堤牢固，不漏水。池底平坦，少淤泥。池四周种水草，池边搭架设遮阴篷或在池边用毛竹圈拦水葫芦，供鱼苗避暑。

（2）消毒。放苗前，用生石灰消毒，按每亩用 100～150kg 泼洒，杀灭池中各种病原、虫卵、敌害和野杂鱼。

（3）培肥水质。采取豆浆肥水效果比禽畜粪肥好。豆浆肥水水质肥力变化缓和易控制，在放苗前 3 天，开始每亩用 1kg 黄豆磨浆泼洒，使鱼苗下塘后能吃到足够的天然饵料。当池水特别清瘦时，可施经石灰消毒和发酵过的粪肥，以促进浮游生物发育和生长。

（4）鱼苗放养。放养前 2 天先试水，取一盆水放几尾鱼苗，24h 鱼苗活动正常方可放苗。放苗时，温差不应超过 2℃。一般每平方米放 1.5cm 左右的鱼苗 100～150 尾，经 25 天左右培育，可长至 3～5cm，成活率可达 50%～70%。

（5）饲养管理。刚下池的鱼苗，以浮游动物为食，只要培肥水质即可。一周后，随鱼体长大，还需向池中补充浮游动物。浮游动物可专池培育，也可从其他养鱼池捞取。每天每万尾苗补投 0.5kg 活水蚤，尽量满足鱼苗摄食需要。体长 2cm 开始，可投切碎的小鱼虾、蚌肉，逐渐过渡到鱼糜+配合饲料。体长在 3cm 左右就可开始驯食配合饲料。此时驯食较容易，若再继续长大则驯食较难。

在鱼苗生长过程中，一般每隔 7 天左右适当加注一些新水，以 5～10cm 深为宜。这样可调节水的肥度，增加水体含氧量，改善水的化学状况，还可扩大鱼的活动空间，促进鱼苗生长。当鱼苗长至 3cm 左右，就要开始拉网过筛分养，按不同规格分池饲养。

3）网箱培育乌鳢鱼苗

（1）网箱结构与材料。网箱采用筛绢制成，面积 8～10m^2，深 lm，长方形或正方形。网目大小为 8～20 目。

（2）网箱设置。网箱设置在水质肥沃、管理方便、避风的鱼塘，箱底入水深 0.4～0.6m。

（3）放养密度。2000 尾左右/m^2。

（4）投饵。每天投喂 2 次，可从其他池中捞取水蚤喂养。随着鱼体长大，还需补充鱼糜、蚯蚓等，保证有足够的鲜活饵料供鱼苗摄食。

（5）日常管理。经常注意洗箱和防逃。

鱼苗经 10 天培育，当全长达 1.5cm 左右时，就要转入网目稍大的网箱培育，密度为 1000～1500 尾/m^2，继续饲养 10～15 天，即可转入鱼种培育。

8. 乌鳢鱼种培育

鱼苗长到 3～4cm 时，需要更多食物和更大空间，这时需要分池分级饲养，以便培育成大规格鱼种，也可直接养成食用鱼。

（1）池塘条件：水泥池与土池均可，但水泥池具有面积小、养殖条件易控制、易管理等优点。一般多采用水泥池，面积 50m^2 左右，水深为 120cm，池埂高出水面 40～60cm，或池四周用纱窗布围高 40～60cm。

（2）放养前准备：清塘消毒，按每平方米用石灰 0.2～0.3kg 化水泼洒池壁及池底检查进出水口，做好防逃工作。池面引种水葫芦，既净化水质，又供乌鳢躲阴。

（3）放养密度：50～100 尾/m^2。

（4）投饲：每天投饵 2 次，采取边吃边喂的方式，既避免浪费，又保证鱼都能吃到。每天投饵量为鱼体重的 10%～15%。

（5）日常管理：乌鳢适宜生长水温为 22～32℃，鱼种培育阶段正值盛夏高温，因此应做好防暑降温工作。中午日照强烈可加盖篾席遮阴或种瓜类等牵藤植物或加注井水降温。

（6）由于鱼种摄食量大，排泄物多，水质易恶化，因此要经常更换新水；每周换水 1/3，每半个月大换一次，并做好排污工作。

（7）乌鳢长至 8～10cm 时，遇加水或雷雨大易跳逃，应做好防逃工作。

（8）乌鳢苗种培育关键技术是合理放养密度，大小分级饲养，提供充足的适口饵料，保持清洁新鲜的水质，水温 20～30℃，做好遮阴防逃，其成活率将不低于 70%。

14.2.2 苗种培育

1. 池塘准备

养殖前 1 个月，排干池水，铲除池边杂草，修整坍塌的池堤，填堵漏洞，疏通进水渠和排水渠，整平池底，曝晒 7～10 天。鱼苗放养前 10～15 天，池塘用生石灰 1 875～2 250kg/hm^2 化浆全池均匀泼洒。

2. 培育水质

鱼苗放养前7～10天，将新水注入已消毒的培育池中，水位控制在40～50cm，然后施放经发酵的有机肥4.5～6.0t/hm^2。

3. 种植水草

施肥的同时，在离池堤1.5m处种植一圈水草带，作为鱼苗栖息处。种草面积为池塘面积的15%～20%。

14.2.3 苗种放养

早、中期繁殖的鱼苗，放养密度为100～150尾/m^2。培育20天左右，待鱼苗长至3cm左右时分养1次，放养密度为50～60尾/m^2。6月下旬繁殖的鱼苗，放养密度为60～80尾/m^2。

14.2.4 苗种饲养管理

1. 泼浆投饵

乌鳢体长1.5cm时，视池水情况投放小型浮游动物45～75kg/（hm^2·d），黄豆磨浆分3～4次泼洒；体长1.5～2.5cm时，投喂浮游动物0.5kg/（万尾·d）；体长2.5～5.0cm时，投喂浮游动物1.0～1.5kg/（万尾·d）和鱼糜浆22.5～30.0kg/（hm^2·d）；体长5cm以上时，投喂活鱼苗或小鱼块，日投喂量为池塘内乌鳢总重量的20%左右，日投2次，上午、下午各1次。

2. 调节水质

鱼苗放养入池后，及时加注新水，每次加水10～20cm，保持水位稳定。

3. 巡塘管理

乌鳢鱼苗培育期间每天应早、中、晚3次巡塘，发现异常情况，应及时处理。

4. 苗种分池

乌鳢鱼苗长至3～4cm时应进行拉网分池。拉网前一天停喂饲料，选择天气晴朗的8：00～9：00进行，分池时乌鳢鱼苗的捕捞、过筛、计数、运输、消毒都要带水操作，分池后鱼苗的放养密度为50～60尾/m^2。

14.3 成鱼养殖

14.3.1 放养前准备

鱼种放养前应做好池塘修整、消毒工作。

14.3.2　鱼种选择

乌鳢鱼种应游动活泼、体色鲜艳、体表光洁、肌肉丰满、无伤无病、争食凶猛。在同一池塘内，鱼种规格要整齐。大规格鱼种，体重 100g 左右；小规格鱼种，尾重 20g 左右。

14.3.3　鱼种放养

大规格鱼种，于 2 月下旬至 3 月上旬放养；小规格鱼种，于 6 月下旬至 7 月中旬放养。乌鳢鱼种入池前应用 2%～4%食盐水浸浴 5～10min 进行鱼体消毒。鱼种放养密度见表 14-2。

表 14-2　乌鳢鱼种放养密度

池水深度（m）	大规格（100g/尾）（万尾/hm^2）	小规格（20g/尾）（万尾/hm^2）
1.0	3.00～3.75	4.50～5.25
1.5	3.75～4.50	5.25～6.00
2.0	4.50～5.25	6.25～6.00

14.3.4　塘池饲养

1. 饲料

乌鳢喜食野杂鱼和冰鲜鱼，因此应以这两种食物为主。各种饲料以活体为佳，活体饲料不足时，可用无腐败变质的冰鲜鱼。乌鳢生长发育与饲料鱼块的大小、规格有很大关系，其投放要求应与乌鳢的生长相适应。乌鳢体长与饲料鱼块大小的关系见表 14-3。

表 14-3　乌鳢体长与饲料鱼块大小对照表（单位：cm）

乌鳢体长	饲料鱼块长	饲料鱼块宽
15～20	3.0～4.0	1.0～2.0
20～25	4.0～5.0	2.0～2.5
25～30	5.0～6.5	2.5～3.5
30～35	6.5～8.0	3.5～4.0
35～40	8.0～10.0	4.0
＞40	＜10.0	＜4.0

2. 饲料投喂方法

投喂时间：水温 12～19℃，每天 10：00 投喂 1 次；水温 20～29℃，每天投饲 2 次，即 8：00～9：00、16：00～17：00 各投喂 1 次；水温 30～33℃，每天投饲 2 次，即 7：00、18：00 各投喂 1 次。日投饲量为池内乌鳢总重量的 10%～15%。投喂方法：每个池塘应建一个 4～5m^2、置于水面下 50cm 处的食台，固定于离岸边 2m 处，饲料抛投于食台中。饲料投喂前应消毒，冰鲜饲料要待冰块融化后，其温度与池水温度大致相近后才可投喂。每次投饲时间控制在 30～40min。

14.3.5　日常管理

（1）加强巡塘，定期换水。每天根据天气、水质和乌鳢活动的变化制定并实施当天的饲养管理措施。春季每隔 10～15 天换水 1 次，每次换去全池水量的 20%～25%。夏秋高温期间，每隔 5～10 天换水 1 次，每次换去全池水量的 33%～50%。

（2）清洗食台，捞除垃圾。每天喂食结束后，将食台上残饵回收，再用二氧化氯消毒洗刷食台后放回原处。要每天捞除漂浮于池面的垃圾、病死鱼，并挖坑深埋。

（3）防止逃鱼，解救浮头。下雨天要严防池水溢堤逃鱼。发现浮头，及时注入含氧丰富的新水或开启充气式增氧机。

14.4　病 害 防 治

乌鳢对环境条件要求很低，有较强的抗逆性，在野生、疏养情况下病害较少发生。近年来，由于池塘养殖的集约化程度提高、密度增大、管理不善导致水质恶化，加之饵料消毒不彻底、带入病原菌及饵料不足、相互咬伤、操作不当等原因致使乌鳢发生传染病的情况日渐增多。潘立新等研究表明，某养殖场饲养的乌鳢 6 000 余尾暴发传染病，4 天内共死亡成鳢 1500 余尾，病死率 23%，发病率 80%，造成较大的经济损失。曹铮等研究表明，2006 年 4 月份起，浙江萧山、桐乡的某些养殖场，出现乌鳢大面积死亡现象，其中萧山地区某养殖场死亡乌鳢的体重为 2～3kg，使养殖户蒙受了巨大损失。2008 年 4 月份，安徽省霍邱吴某养殖场养殖的乌鳢爆发体表溃烂病，共死亡 1200 余尾，此次发病主要是幼鱼。由于病害的发生，导致养殖场经济严重亏损，影响了乌鳢养殖业的健康发展。有关乌鳢疾病的系统研究并不多见，而流行病学调查更是凤毛麟角。目前，只有黄江峰等对乌鳢溃疡综合征在江西省的流行病情况进行了调查。结果表明：该病发生的水温在 15℃以下，主要在 12 月份到翌年 2 月份流行，发病率成鱼高于种鱼，死亡率种鱼高于成鱼；该病的发生与放养密度过大、饲养管理不善、引种时没有合理的检疫有关，这些都是致使乌鳢经常发病的主要原因。

1. 水霉病

【病原】鞭毛菌。

【症状及危害】当受精卵感染时，内菌丝侵入卵膜内，卵膜外丛生大量呈放射状的外菌丝，造成受精卵死亡；成鱼感染时，鱼体似生长白毛，又称“白毛病”，内菌丝侵入肌肉，造成组织坏死，病鱼消瘦厌食，最终死亡。乌鳢孵化阶段，由于水环境不良或气温低

（15～20℃），特别在阴雨天，易突然感染引起卵膜外丛生大量放射状外菌丝，造成受精卵大批死亡。

【流行】当水质恶劣，水温为 15～20℃，机体损伤或越冬时冻伤都可发病，从鱼卵到亲鱼均可发生此病。

【防治方法】对池塘严格消毒。捕捞、运输鱼种时，避免鱼体受伤，运输后可用 2%～5%的食盐水浸泡。当鱼发病时，可用亚甲基蓝或新洁尔灭全池泼洒，或制霉菌素、克霉唑口服。

2. 出血病

【病原】嗜水气单胞菌、河弧菌等。

【症状及危害】其主要症状为鱼体暗黑消瘦，腹部肿大，肛门红肿，鳃盖、鳍充血，体表有出血斑；剖检可见黄色或红色腹水，肠道充血，肝呈紫色，个别病鱼脾脏肿大；鳔、生殖腺、肌肉可见出血症状。

【流行】出血病是乌鳢的一种常见病，鱼种和成鱼均可感染，其发病率和病死率均较高。每年 6～9 月份为高发期。当水质恶化、饵料变质、水温过高时易爆发此病。

【防治方法】加强水质管理，保证饲料新鲜，定期换水清淤。病鱼可用恩诺沙星加维生素 C 拌饵，也可用虞美人、金草拌入饵料投喂病鱼。有研究表明，用嗜水气单胞菌脂多糖治疗乌鳢，可提高乌鳢的抗氧化性能及免疫、消化功能。发病季节，在水深 1m 的池塘，用生石灰 375kg/hm^2 加水溶解后全池泼洒，以后每月至少进行 1 次，直至 9 月。

3. 白皮病

【病原】气单胞菌。

【症状及危害】病鱼尾鳍烂掉或残缺不全，游动不平衡，头部向下，尾部向上。

【流行】夏花鱼种发病重，多在 6～8 月流行。夏花分塘前后，因操作不慎，碰伤鱼体或水质恶化，尤其是投放了没有充分发酵的粪肥，导致病原菌更易滋生和繁殖，鱼体容易感染此病。死亡率可达 50%以上，从发病到死亡只有 2～3 天。

【防治方法】发病鱼池可用漂白粉（含有效氯 30%）全池泼洒，使池水药物浓度为 1mg/L，或用中药五倍子捣碎后，用开水浸泡，将渣汁一起全池泼洒，使池水药物浓度为 3mg/L。

4. 腐皮病

【病原】嗜水气单胞菌。

【症状及危害】其典型症状是皮肤溃烂，类似家鱼的打印病、烂尾病。剖检可见肾脏间质充血、肝脏脂肪变性。

【流行】鱼种、成鱼均可感染。该病一年四季均可发生，当水温升高、水中含氧量下降、水质恶化、鱼体受伤时容易感染病原菌而引发腐皮病，该病病程长，病死率高。

【防治方法】保持饵料新鲜、水质清新和定期消毒是预防腐皮病的关键；土霉素拌饵料可治疗该病。体外药物筛选试验结果表明，诺氟沙星有较好的抑菌效果，而中草药如大黄液、五倍子或乌桕叶也可治疗该病。

5. 腹水病

【病原】弗氏柠檬酸杆菌。

【症状及危害】病鱼皮下积水，肌肉水肿，竖鳞，腹部膨大，肛门红肿；剖检可见腹部有积液、腹水清亮，肝脏肿大、呈土黄色。此病发病率可达 90%，病死率可达 100%。

【流行】该病流行于夏季，当水温 27～30℃、水质极差、鱼体受伤时易发生。

【防治方法】定期换水，减少鱼的应激反应，保证饵料新鲜。病鱼可用诺氟沙星、卡那霉素等拌饵投喂，同时结合浸浴治疗；此外，内服中草药制剂“乌鳢腹水内籽灵”对防治乌鳢腹水病有较好的效果。

6. 结节病（诺卡菌病）

【病原】鱼诺卡氏菌（革兰阳性丝状杆菌）。

【症状及危害】该病在发病初期，病鱼反应迟钝，食欲下降；随病情加重，体表损伤溃烂；剖检可见肝脏、脾脏肿大，肾脏有白色结节，严重时所有器官表面布满白色结节，肾脏、脾脏切面也有白色结节。该病病程长，病死率高达 100%。

【流行】当水质恶化、养殖密度高、饵料带菌时易引起乌鳢诺卡氏菌病。此细菌主要感染 1 龄以上乌鳢，发病高峰期为 6～9 月份，水温在 25～28℃时发病严重。

【防治方法】诺卡菌一旦感染机体，对内脏器官损伤较大，较难治愈。对该病原菌的防治关键要做好预防，即选择健康鱼种，投喂新鲜饵料，保证水质优良。此外，外用药物也能起到较好的预防效果。一旦发病，应换注新水，并进行水体消毒，同时用维生素 C 拌饵投喂，可起到一定的治疗效果。

7. 车轮虫

【病原】车轮虫（车轮虫和粗棘车轮虫）。

【症状及危害】病鱼表现为体表黏液增多，鱼苗呈“白头白嘴”症状，鱼体消瘦，呼吸困难，直至死亡。对鳃丝和体表刮取物镜检，可见车轮虫。

【流行】车轮虫主要对乌鳢鳃和鱼种有较大的危害，在 5～8 月份较流行。

【防治方法】生石灰清塘，可杀死虫卵及虫体，发病时可将硫酸铜按 5∶2 比例配制后全池泼洒，也可用苦楝树叶浸沤水。

8. 小瓜虫病

【病原】小瓜虫。

【症状及危害】病鱼皮肤和鳃上布满白色点状囊泡，又称“白点病”。病鱼反应迟钝，游动缓慢，浮于水面，并常与固体物摩擦，最终因呼吸困难死亡。

【流行】水温在 15～25℃时易流行，春秋季多发，小瓜虫以孢囊及幼虫传播并感染鱼体，乌鳢各年龄段均易感，但幼鱼更易感。

【防治方法】生石灰清塘，可杀死虫体、孢囊；亚甲基蓝全池泼洒；五倍子磨碎浸泡，浸出液全池泼洒。

14.5 结　　语

有关乌鳢病害的研究并不多见，各种病害的实验室检测方法的建立也鲜有报道。有关疾病的诊断一般只是通过眼观、剖检等经验判定，可以说乌鳢病害的诊断相关研究尚处于起步阶段，随着研究的深入，免疫学、分子生物学等检测方法会在乌鳢疾病的诊断中得到广泛应用。在疾病防治上，抗生素的滥用导致耐药株的产生，给乌鳢疾病的治疗带来很大困难。水产动物疫苗受到水温及免疫方式的制约，疫苗研发遇到亟待解决的瓶颈。目前，抗菌肽及新型药物的研发，筛选抗性基因并获得抗逆性强的品种，给乌鳢疾病的防治带来了新的希望。相信随着各方面研究的深入，乌鳢疾病的诊断和防治都会再上一个新的台阶。

主要参考文献

曹振杰，杨玲，巩俊霞. 2001. 乌鳢对蛋白质、脂肪、糖类、混合无机盐的适宜需求量的初步研究. 内陆水产，(8)：12～14.
陈松林. 2007. 水产生物技术研究的回顾、最新进展及前景展望. 水产学报，31（6）：825～840.
陈文银，张克俭. 2003. 乌鳢卵巢发育的组织学. 水产学报，27（2）：183～186.
姜巨峰，韩现芹，傅志茹，等. 2012. 雌雄乌鳢可食部分主要营养成分的比较分析. 凯里学院学报，30（3）：71～75.
姜龙，王忠卫，周莉，等. 2013. 乌鳢一个养殖群体中性别连锁 AFLP 标记的筛选. 水生生物学报，37（6），1174～1178.
刘改艳. 2011. 乌鳢、斑鳢性别差异 SSR 标记的初步筛选及其遗传多样性分析. 上海海洋大学.
刘人群，代绍祥，刘吕生，等. 1999. 白甲乌鳢的生物学及其养殖技术. 淡水渔业，（9）：26-28.
梅洁，桂建芳. 2014. 鱼类性别异形和性别决定的遗传基础及其生物技术操控. 中国科学：生命科学，44（12）：1198～1212.
秦伟，倪建国，张学斌，等. 2004. 乌鳢及鳢科鱼类染色体组型的比较研究. 水利渔业，24（5）：14～16.
王金星，赵小凡，周才武，等. 1992. 乌鳢和白乌鳢的比较研究. 海洋湖沼通报，（2）：51～57.
谢从新，熊传喜，周洁，等. 1997. 乌鳢仔鱼摄食和消化器官的发育及其选食行为. 华中农业大学学报，16（5）：399～407.
曾立新. 2007. 白乌鳢苗种驯食膨化颗粒饵料的关键技术和方法. 科学养鱼，7：65～65.
中国水产科学研究院珠江水产研究所，上海水产大学，华南师范大学，等. 1990. 广东淡水鱼类志. 广州：广东科技出版社.

第十五章　台 湾 泥 鳅

台湾泥鳅，在分类学上隶属于鲤形目、鳅科、花鳅亚科、副泥鳅属，可能是大鳞副泥鳅 *Paramisgurnus dabryanus* 的生态种群或遗传改良群体，其生活习性、繁殖生物学特点与大鳞副泥鳅相似。因其个体大、生长速度快、抗病力强、适应广、不钻泥、能越冬、雌雄个体同样大而被养殖户所喜爱养殖。由于泥鳅自然资源逐渐减少，市场需求越来越大，而同属的台湾泥鳅生命力较强，容易开展人工养殖，生长快，养殖周期短，易捕捞，经济效益较高，作为出口日本和韩国的重要水产品，其人工养殖有着广阔的前景。

15.1　生物学特征

15.1.1　形态特征

台湾泥鳅身体近似于圆筒形，头部较短；下位口，呈马蹄形，下唇中央有一小缺口；鼻孔靠近眼；鳃孔小；头部无鳞，身体部分的鳞较其他泥鳅大；侧线完全；5 对须；尾柄处皮褶棱发达，与尾鳍相连，尾柄长与高约相等，尾鳍圆形；肛门近臀鳍起点。体侧上半部及体背部呈现灰褐色，腹面为乳白色。体侧分布着不规则的黑色斑点。背鳍、尾鳍具黑色斑点，其余各鳍均呈现灰白色。台湾泥鳅体色常因生活环境和饲料营养不同而发生变化。

15.1.2　生活习性

台湾泥鳅属于淡水性底层、杂食性鱼类。人工养殖条件下可投喂蛆虫、蚯蚓、蚌肉、鱼粉、野杂鱼肉、畜禽下脚料等动物性饲料及麦麸、米糠、豆渣、油饼等植物性饵料。台湾泥鳅一般在白天摄食。因此投食亦可在白天进行。

15.1.3　生长特性

当年繁殖的苗种，养殖 5～6 个月平均可达 50～100g/尾或 7～8 尾/500g 的上市规格。属亚热带鱼类，适宜生长水温为 23～28℃。当水温下降至 10～15℃时，食欲减退，生长缓慢。水温低于 10℃的晴天中午仍有觅食。当水温下降到 4℃以下，通常呈不食不动的休眠状态。

15.1.4　繁殖特性

在自然环境下泥鳅 1 冬龄即可达到性成熟，一般在每年的 4～8 月为繁殖旺季，9～10

月亦可进行催产。亲鱼怀卵量因个体大小不同而异，体长 150～200mm 的雌鱼的怀卵量为 17000～25000 粒。自然条件下，常在雨后的夜间产卵。产卵环境为有流动水的水田、池沼、河沟边等。受精卵黏性，黏附在水草、石头等物体上孵化。

15.2 人 工 繁 殖

15.2.1 亲鱼培育与选择

1. 雌雄亲鱼区别

胸鳍：雌鱼胸鳍宽短，前端圆，呈扇形，第二、三软鳍条长短基本相同；雄鱼胸鳍窄而长，比雌鱼大，第二鳍条基部有小骨板。

2. 亲鱼培育

春季水温达到 16℃以上，是亲鱼性腺发育最迅速的时期，饲料要求蛋白质含量略高于成鱼养殖饲料，进行亲鱼的强化培育。催产前半个月到 20 天可经常冲注新水，以促进性腺发育。培育池用水泥池或土池均可，池底要求有淤泥 150mm 左右。水深 0.5～0.7m，进、出水口处用拦鱼网罩拦好，以防泥鳅逃逸。

3. 亲鱼的选择

亲鱼的来源包括培育的已达性成熟的成鳅，或者从市场上购买的性成熟的泥鳅。选择体格健壮、无病伤、体色正常、体表黏液多、体长 150～200mm、体重 30～50g 及以上的台湾泥鳅作为亲本。雌鱼腹部浑圆膨大，有弹性。雄鱼用手挤压腹部有精液溢出。

15.2.2 人工催产

催产药物采用马来酸地欧酮（DOM）、绒毛膜促性腺激素（HCG）、促黄体素生成类似物（LHRH-A_2）等催产剂。用量为地欧酮 5mg/kg，HCG 2000～4000IU/kg（100～200IU/尾），LRH-A_2 100～200μg/kg（5～10μg/尾），雄鱼剂量减半。采取背部肌肉一次性注射方法，注射剂量 0.2mL，注射深度 2mm。效应时间为 15～20h。

15.2.3 人工授精

催产后在效应时间前后，应当加强检查。轻压雌鱼腹部有卵粒流出时进行人工授精。通常采用干法授精。人工授精时先将卵子挤入干净的盆内，待有一定数量后再挤进精子，然后用羽毛轻轻搅拌，使精、卵混合均匀，数秒钟后加入少量清水，随后将受精卵撒在准备好的网片上。一般情况下人工授精时雌雄鱼的比例是 10∶1。

15.2.4　孵化

台湾泥鳅鱼卵具有黏性，脱黏后进行孵化。脱黏剂可以使用黏土或者滑石粉。在21℃水温条件下，受精卵经 28～30h 孵化出膜。初孵化仔鱼长约 3mm，3 天后体长达到5mm，已经能够自由游动并开始觅食。仔鱼孵出 4 天后，卵黄囊吸收完毕。

15.3　苗 种 培 育

台湾泥鳅初孵仔鱼的体长为 2～3mm，10 天增长到 8.2mm；仔鱼在 10～25 天中增长迅速，体长由 8.2mm 增长到 24.5～40mm，25 天之后体长增长较为平缓。

泥鳅鱼苗培育主要有水泥池培育和池塘培育两种方法。通常采用池塘培育。

1. 池塘要求

培育池要求选择排灌方便、水源充足、水质良好的池塘。面积 1～5 亩，水深 0.7～1m为宜。前期要进行整理，清除杂草，平整池底，修好塘基，填补漏洞，以防鱼苗逃逸，同时设置防鸟网以防鸟类捕食。

2. 清塘

在水花放塘前 7 天采用生石灰带水清塘，池塘水深 0.20m 左右，生石灰每亩用量为50～75kg。清塘 2 天后加水至 0.3m。

3. 肥水

加水至 0.3m 后即施肥肥水，按每亩水体 200～300kg 的量施入发酵好的人畜粪，培育水中天然饲料，逐渐加水至 0.6～0.7m。下塘 6～8 天以后，每隔 2～3 天适量追肥。

4. 鱼苗投放

晴天的上午，经过试水后确认无毒性就可投放鱼苗进行培育。放养密度为 30 万～50 万尾水花/亩。

5. 饵料投喂

从泥鳅水花下塘第二天开始，每亩水面使用 2～3kg 黄豆磨成的豆浆，分 2～3 次全池泼洒投喂，投喂的时间为上午 9：00、下午 4：00；或者上午 9：00、下午 2：00 和下午 4：30，同时可以搭配 1/3 泥鳅开口粉料进行投喂。投饵量为鱼苗体重的 8%，可根据池塘中饵料生物的多少适当增加或减少。投饵以少量多次为好，避免残饵过多污染水质。也可以使用专门的鱼苗开口粉剂饲料进行投喂。

6. 水质管理

池水以黄绿色为好，透明度在 0.2～0.3m 为宜。日常要多注意观察水质变化，要及时追肥，防止水色变淡；如果水质过肥，要及时注入新水，保持水质肥而不老。经过一个月的培育，泥鳅苗体长可达 30～50mm，这时就可分塘到成鱼池塘养殖了。

7. 分塘

水花下塘 30 天左右，当体长达到 30～40mm 即可进行分塘或者苗种出售。

15.4 成鱼养殖

（1）池塘要求。同苗种培育。

（2）清塘。同苗种培育。清塘 2 天后加水至 0.7～1m。

（3）苗种投放。晴天的上午，经过试水后确认无毒性就可投放苗种。放养密度为 2 万～4 万尾/亩。

（4）饵料投喂。投饵量为鱼苗体重的 3%～8%，可根据当天水温变化调整投饵量。当水温为 22～30℃时，日投喂量要高一些，为泥鳅存塘量的 6%～8%；其他水温下日投喂量保持在 3%～5%；当水温低于 10℃或大于 30℃时，停止投料。水温适宜时每天分早、中、晚投喂三次，水温较低时每天只分上午、下午投喂两次。刚下塘 40～50mm 个体使用粉剂饲料，60～80mm、80～100mm、100～150mm、150mm 以上分别饲喂 0.5mm、1.0mm、1.5mm、2.0mm 浮性颗粒料。每天投喂三次，分别在上午 8：00、中午 12：00、下午 6：00，要做到少量多次。

（5）水质管理。池水以黄绿色为好，透明度在 0.2～0.3m 为宜。日常要多注意观察水质变化，尤其注意避免氨氮含量过高，如果水质过肥，要及时注入新水，保持水质。养殖期间每 30 天施用生石灰（15kg/亩）调节水质。养殖期间可充气增氧，保证水体溶氧。

（6）出塘。当年 9～10 月之后，经养殖 5～8 个月，体重达 30～50g 以上规格即可起捕上市。根据市场消费习惯，建议出塘个体控制在 150mm 以下。每年在四川可以养殖多批成鱼出塘。

15.5 病害防治

台湾泥鳅在养殖过程中病害发生较少，目前发现了出血溃疡病、肠炎等病害。

1. 出血溃疡病

【病原】温和气单胞菌。

【症状及危害】反应迟钝、食欲下降，颌部、身体两侧可见大量点状出血，头部出血尤其严重，更严重者身体部位出现溃疡腐烂，肛门部位红肿。鳃部有大量车轮虫寄生。病灶组织血平板接种，可见大量半透明状菌落生长，产生 β 溶血，营养琼脂接种长势良好，镜检观察为短杆菌，革兰氏染色为阴性，进行生化鉴定表明为温和气单胞菌。

【流行】氨氮含量高的水体。

【防治方法】

（1）首先利用排毒养水宝、抗坏血酸盐（维生素 C）全池泼洒，进行水体解毒。同时使用底居安，连用 2 天。

（2）EM 菌 1 瓶，菌来 1 包，麸皮 25kg，红糖适量（上述为 3 亩用量，应用时按实际用量进行配比）放入塑料桶内密封发酵，发酵 3 天，3 天后全池泼洒，以后每周一次，每月 3～4 次。

（3）调水后 4 天内服氟苯尼考加水产多维，连续投喂 5 天。

（4）第 5 天全池泼洒阿维菌素。

2. 肠炎

【病原】点状气单胞菌。

【症状及危害】行动缓慢，停顿摄食，体色变黑，腹部显现红斑，肛门外突红肿，肠管充血发炎，轻压腹部时有血和黄色黏液流出。腹内有大量的积液，肠道紫红色，肠内无食物。

【流行】夏季，水温在 20℃时开始流行，25～30℃极易流行。

【防治方法】每 1kg 饲料用磺胺甲噁唑（磺胺甲噁唑、新明磺，sulfamethoxazole）100mg 拌饲料投喂，一日两 2 次，连喂 5～7 天。可添加合成抗菌药剂甲氧苄啶片 Trimethoprim Tablets（甲氧苄啶）以增强作用，每 1kg 饲料，2.5～10mg。

主要参考文献

陈石娟. 2014. 台湾泥鳅. 海洋与渔业. 60.

傅建军，徐如卫，薛婷，等. 2015. 3 种泥鳅微卫星标记和 D～Loop 部分序列遗传变异分析. 水产学报，39（4）：465～474.

梁德进，黄维，林碧海. 2014. 台湾泥鳅的人工繁殖及育苗技术. 海洋与渔业技术.（7）：53～54.

邱楚雯，王韩信，陈迪虎，等. 2014. 台湾泥鳅人工繁殖及早期发育的研究. 水产科技情报. 41（6）：284～289.

吴跃平，龚泽良，等. 2015. 台湾泥鳅山泉水池塘繁养试验. 养殖与饲料，（2）32～34.

姚发清，孙守旗. 2015. 台湾泥鳅苗种培育技术. 科学养鱼，9.

赵长臣，彭勇鳌，巩华，陈姗姗. 2015. 台湾泥鳅体表出血溃疡病的病原鉴定及防治措施. 科学养鱼，2：63～64.

第十六章　乌苏里拟鲿

乌苏里拟鲿，别名牛尾巴，隶属于硬骨鱼纲、辐鳍亚纲、鲇形目、鲿科、拟鲿属，是分布在我国黑龙江流域的特有种类，也是当前水产养殖很有前途的一个新品种。

16.1　生物学特征

16.1.1　形态特征

乌苏里拟鲿（图 16-1）身体细长，前部宽厚，后部侧扁，体裸无鳞，有侧线。头扁平，枕骨突几乎与背鳍刺相接。眼小，位于头的前部，侧上位，眼睑稍发达。吻端圆钝。口下位，横裂，唇厚，具有皱褶，上、下颌有绒毛状细齿。须共有 4 对，鼻须 1 对，长度后延至眼后缘；上颌须 1 对，较长，长度不达鳃孔；下颌须 2 对，外侧须长于内侧须；鳃膜不与峡部相连，背鳍具硬刺，前缘光滑，后缘有锯齿，刺长超过头长的二分之一。脂鳍低，长度与臀鳍相仿，且相对。胸鳍具有 1 硬刺，后缘有发达的锯齿，腹鳍达至肛门。尾柄细长。尾鳍分叉呈凹形，上、下叶圆钝。体背、体侧灰黄色，背部颜色深于腹部，背鳍、尾鳍末端为黑色。

图 16-1　乌苏里拟鲿（自百度）

16.1.2　生活习性

乌苏里拟鲿一般栖息于静水或缓流水中，属底层性鱼类，白天栖息于水底层，夜间则游到水上觅食。对环境的适应能力较强。适应的温度较广，最适合生长的温度是 25～28℃，pH 范围 6.0～9.0，最适 pH 为 7.0～8.4，耐低氧能力一般，水中溶氧在 3mg/L 以上时正常生长，低于 2mg/L 时出现浮头，低于 1mg/L 时会窒息死亡。

16.1.3　食性

乌苏里拟鲿常年摄食，生殖期和冬季摄食减弱。规格不同其食性也有所不同，体长 2～4cm 的，主要摄食桡足类和枝角类；体长 5～8cm 的，主要摄食浮游动物以及水生昆虫；体长超过 8cm 的，摄食软体动物和小型鱼类等，人工饲养条件下完全以人工饲料为食。

16.1.4　生长特性

乌苏里拟鲿雄鱼随着生长时间的推移，生长速度明显快于雌鱼。3 龄雄性乌苏里拟鲿在养殖池塘中 11 月份时的体重和体长分别是雌性鱼的 235.2%和 150.3%，该种鱼类具有体长生长快于体重生长的异速生长特性。这一现象在雄性成鱼中尤为明显，成年雄鱼体态较细长，丰满度低于成年雌鱼，随着年龄的增长，其体型也越显细长。

16.1.5　繁殖习性

乌苏里拟鲿 3 年达性成熟，体长 20cm 左右，雌鱼个体相对比雄鱼小，产卵期在 6 月中旬至 7 月初，自然状态下挖穴产卵，是目前鲿鱼类中生长速度最快的种类，最大个体长度可达 1m。体长 205～232mm 的个体怀卵数为 2300～3300 粒，270～320mm 的个体怀卵数为 4000～9000 粒，群体平均绝对怀卵数为 6900 粒。繁殖期间，雌、雄鱼有明显区别，雌鱼体型匀称，腹部较为膨大松软，泌尿生殖乳突不明显，繁殖期间红润；雄鱼身体细长，腹部狭瘦，泌尿生殖乳突长约 1cm 以上。乌苏里拟鲿的卵子呈橘黄色，卵径平均 2mm，在水温 15～17℃时，受精卵需要 4～5 天的胚胎发育，鱼苗出膜约 96h 以上可孵出鱼苗。

16.2　人 工 繁 殖

16.2.1　亲鱼培育

1. 亲鱼培育池

池塘面积 1～2 亩，池深 2m，水深 1.2～1.5m。池底平坦且淤泥厚度不超过 15cm。池塘不渗漏，注排水方便。

2. 亲鱼的选择与放养

亲鱼可从江河、湖泊、水库中捕捞，也可在人工养殖的商品鱼中挑选。从江河自然水域捕捞亲鱼，选择 3 龄以上，雌亲鱼体重 200g 以上，雄亲鱼体重 300g 以上的个体。专池培育时每亩放养 100kg。另外，搭配少量鲢、鳙鱼，以改善水质。

3. 日常管理

亲鱼放养前一周，用生石灰彻底清塘消毒。采用专用池塘，为便于管理与投喂，池塘面积以 1～2 亩为宜，水深 1.5m 左右。

亲鱼池要有专人负责、精心管理。做到经常巡塘，定时加注新水增加溶氧，防止渗漏，保持一定水位，以提高水体温度。投饲管理和水质调节是培育的重点环节。将鱼块打碎拌在鳗鱼料中制成团状投喂。投喂方法按“四定”原则，投喂量以 30min 内摄食完为宜。每天测量水温，水温太高时，要加注新水，保持水质清新，防止鱼池缺氧造成亲鱼“泛池”，适时开增氧机，定期用生石灰对水泼洒进行消毒，以改善水体，达到鱼病预防的效果。

16.2.2　人工繁殖

1. 雌、雄鉴别

雌鱼个体较小，成熟个体一般在 50～70g，体型较粗壮，生殖季节（即每年 5 月底至 6 月初）腹部膨胀、柔软、有弹性，提起头部时，腹部卵巢有流动感，生殖孔呈红色且稍突出。雄鱼个体较大，成熟个体在 250g 以上，体型细长，类似牛尾巴（在鸭绿江当地此鱼俗称“牛尾巴”）。雄鱼的生殖突呈圆锥状，长约 1cm 的成熟个体的生殖突顶端也呈红色。

2. 催产前的准备

常用水泥池催产，面积 $37m^2$，深度 1m。在产卵池内设置鱼巢，当亲鱼发情时，会游进鱼巢内产卵。鱼巢设置方式为：以水桶作鱼巢，水桶的高度低于产卵池内水面，在水桶底部平铺沙子，厚度为 1～5cm；其中水桶直径为 20～60cm，沙子需经过 20～40 目筛子筛滤，用于产后卵的脱黏。

3. 亲鱼配组

将选择好的亲鱼放入产卵池中，放鱼密度为每平方米 1～2 组亲鱼，雌雄比例为 3∶1 配组，每组亲鱼放置一个鱼巢。

4. 人工催产

催产激素的注射用量为：雌鱼分两次注射，第一次每千克鱼体重注射 LRH-A_2 5μg 和 HCG 2000IU；11h 后进行第二次注射，第二次每千克鱼体重注射 LRH-A_2 5μg、DOM 5.0mg 和 HCG 2000IU；给雌鱼第二次注射同时给雄鱼注射，剂量为雌鱼第二次注射剂量的 1/2。催产激素用 0.9%生理盐水稀释，注射药液的总量为每 100g 鱼体重注射 1mL 药液。注射方法为，注射部位在亲鱼背鳍后基部，针头朝向鱼头，与鱼体呈 45°角，进针深度为 1cm。

16.2.3　受精卵的采集及人工授精

采用自然产卵和人工授精两种方法。自然产卵的亲鱼，发情时会游进鱼巢内产卵。也可人工授精后采用相应孵化设备进行人工孵化。

催产 15～18h 后，每隔 2～3h 适时地对亲鱼进行检查。待轻挤雌亲鱼腹部有卵粒流出（卵为橘黄色、卵径平均 2mm），流出的卵粒色泽均一、颜色较深且呈游离状态即可进行人工授精，要求精子活力在 85%以上（可通过显微镜检查），按雌雄比例（1∶1～1.5∶1）配组，先杀死雄鱼，取出精巢，放入研钵内用剪刀剪碎，同时人工将成熟卵挤到盛卵盆内，用 0.7%的盐水将精巢稀释并冲入盛卵容器内，立即搅拌、摇晃，使精卵充分接触，静止 1min 后，即可将受精卵用吸管均匀的布置到已准备好的聚乙烯网片上。人工授精过程中要注意充分擦干净鱼体表和各种器具表面的水分。

16.2.4　受精卵的孵化

产卵结束后，将鱼卵或粘有受精卵的网片上从产卵池（桶）中取出，用淘洗的方法除去白色的未受精卵、沙子和其他杂物，然后放入孵化桶中孵化。孵化桶为内壁光滑的倒置圆锥形容器，出水口加 80 目筛绢，孵化前孵化桶要进行消毒，洗净；鱼卵放入密度为 20 万粒/m^3，从容器底部通入清水，水中溶解氧达到 5.5mg/L，使鱼卵悬浮在流动水中，水温为 22～28℃，60～90h 后孵化完成，平均孵化率可达 80%。刚孵出的乌苏里拟鲿仔鱼，全长仅为 6.0mm 左右，形似蝌蚪，卵黄囊硕大，仔鱼只能附于鱼巢或躺卧于池底，仅尾部在不停地颤动。由于仔鱼发育速度较慢，在 20～24℃水温下，暂养 5～7 天后，仔鱼全长可达 1.0cm，卵黄囊缩小，仔鱼开始开口摄食，此时可进行鱼苗培育。但暂养时，要求水质清洁、溶氧充足，还要避免阳光直射。

16.3　苗 种 培 育

16.3.1　选池、清塘及肥水

选择水质良好、水源充足、无污染的鱼池，面积 1～3 亩，消毒须选择晴天进行，放养前 10～15 天，每亩用生石灰 50～75kg 或漂白粉 7～10kg 溶解化浆全池泼洒。鱼塘消毒 5 天后，将水加至 60～70cm，每亩施基肥 150～200kg 腐熟的人畜粪，以培肥水质，增加水中生物饵料。

16.3.2　苗种放养

乌苏里拟鲿池塘投放密度为 2 万～3 万尾/亩的水花，投放一定数量的鲢、鳙鱼的夏花或鱼种，鲢、鳙比例为 3∶1，以调节水质。

16.3.3 投喂

采用肥水（浮游动物大量繁殖）下塘与人工投喂饲料相结合的饲养技术，鱼苗下塘后以人工培养的浮游动物为食，浮游动物量可维持鱼苗3～4天的摄食量。从第5天开始进行人工投喂，池塘中可以设置饵料台，便于仔鱼定点驯养以提高饲料利用率，同时在池边布置一定数量的水草等物品供仔鱼栖息。将鳗鱼粉料揉成团状放在池边搭建的食台上，每天投喂2次，上午、傍晚各投喂1次，以傍晚投喂为主，占总投喂量的60%～70%。开始投喂量要小，占鱼体重的3%～5%为宜，无剩料则要适当加大投喂量。若有剩料则需及时清出，并适当减少投喂量，防止水质变坏。具体根据天气、水质和鱼的摄食情况灵活掌握。饵料蛋白含量在38%～45%为好。由于乌苏里拟鲿有明显的集群性和避光性，夜间摄食明显，因此，白昼要设置避光设施避免阳光直射，夜间投饲量较大（占日投饲量的2/3），白天投喂较少（占日投喂量的1/3）。经过15～25天的培育，规格可达到2.5～4.0cm，再分池或进行下一阶段的饲养。

在整个培育的过程中，鱼苗依赖于天然饵料，不但刚下鱼塘的鱼苗需要充足的适口饵料，而且各个发育阶段也都要有丰富的适口饵料，因此天然饵料是否充足与适口，是养好鱼苗的关键。采用肥水（浮游动物大量繁殖）与人工投喂饲料相结合的饲养技术。每天早上、傍晚各检查一次池塘中的饵料生物量，鱼苗下鱼塘饲养3～5天后，池中饵料生物量逐渐下降，此时应及时投喂鲜鱼浆，每天泼洒2次，早晨5：00和晚上7：00进行，用量为每亩用1.5kg，或从其他池塘中捞取浮游生物作为补充饵料，在鱼塘四周投喂。

16.3.4 日常管理

鱼苗入池后，逐渐加深水位，7～9月保持水深1.2～1.5m。每天勤巡池，注意观察鱼类活动情况，发现异常情况，及时解决。

16.4 成鱼养殖

16.4.1 池塘条件

养殖池塘宜选择在向阳、水源充足、进排水方便、水质清新、无污染、安静、交通便利的地方。面积2～5亩为好，池底平坦，水深1.3～2.5m，底部淤泥控制在20cm左右，并要求保水保肥性能良好，每个池塘必须配备增氧机和抽水机等机械设备。

16.4.2 鱼种投放

培育鱼种一般每亩放2.5～3cm的鱼种4000～6000尾。

16.4.3　饲料投喂

为了使下塘的乌苏里拟鲿鱼吃到饵料和便于驯化，每座池塘下塘前，用 0.8 网目围圈 60～100m^2 左右的地方，底上搭上比较大的饵料台，在饵料台上面遮盖 30%～40%遮阴布，再挂上一两盏电灯，有利于驯化。开食饵料是鳗粉 60%加其他粉末料掺和捏成团放在饵料台上，等乌苏里拟鲿鱼长到 5cm 左右可以用 0#料进行投喂，每天三次，到投喂 0#料时，以有机乌苏里拟鲿鱼吃饱散开时停止投食，当驯化到 15～20 天，把围圈的网布拔掉。有条件的，在池塘里面用占 10%～20%的遮阴布遮盖一下最好。

16.4.4　日常管理

（1）日常管理。鱼苗下塘后，每隔 10～15 天加水 1 次，每次 10～20cm。每天坚持巡塘，注意水质变化，定时开启增氧机，尽量保持池水的“肥、活、嫩、爽”。在养殖过程中注意疾病的预防，泼洒水体消毒和杀虫的药物。

（2）巡塘。每天早、中、晚巡视池塘 3 次，观察池鱼动态。黎明时观察有无鱼浮头现象，日间结合投喂饲料和测定水温等工作，检查池鱼的活动和摄食情况。近黄昏时检查全天摄食情况，有无残剩饲料，有无浮头预兆，以便及时进行处理。

（3）防逃。掌握池水注排，保持适当水量，以防止鱼逃跑。

16.5　病 害 防 治

乌苏里拟鲿为黑龙江鱼类，虽经人工驯化，但其仍具有较强的抵抗外界不良环境的能力，对水体环境适应性强，在整个池塘养殖期内，没有发生任何疾病，只是在夏季高温季节由于向池塘内加注新水，注水口附近水体浑浊导致部分个体死亡。

对乌苏里拟鲿的常见疾病，要坚持“以防为主，防重于治”的方针，切实做好预防工作。

1. 机械损伤

乌苏里拟鲿同黄颡鱼生活习惯相似，喜群集生活，在网箱分养和运输过程中其硬棘易造成鱼体皮肤擦伤、裂鳍等机械性损伤，继发细菌感染和霉菌感染，以烂鳍和生长水霉为主要症状。

预防方法：在出苗时暂养的时间不要过长，并尽可能降低放养密度，鱼种入池或入网箱前用低浓度高锰酸钾或 30%食盐水溶液浸洗消毒。

2. 水霉病

【病原】水霉菌。

【症状及危害】水霉菌初寄生时，肉眼看不见，当肉眼能看到时，菌丝已呈灰白色的棉絮状附着物，病鱼游动失常，焦躁不安，直到肌肉腐烂而死；若鱼卵上布满菌丝，则变成白色绒球状死卵。此病严重危害孵化中的鱼卵和体表带有伤口的苗种和成鱼。

【流行】在水温低时易发病，多因拉网、分箱、运输过程中操作不当引起。

【防治方法】在捕捞、运输和放养过程中，尽量避免鱼体受伤，并掌握合理的放养密度。鱼种下塘前，用浓度为2%～3%的食盐水溶液药浴消毒，全池泼洒亚甲基蓝，2天后再泼洒1次。受精卵在孵化前要进行严格消毒，水温最好控制在23～28℃。

3. 车轮虫病

【病原】车轮虫和小轮虫

【症状及危害】主要危害鱼苗、鱼种。虫体寄生在病鱼体表和鳃上，鱼苗可出现“白头白嘴”或“跑马”（环游不止）症状。病鱼表现为鱼体发黑，离群独游。有的又成群围绕池边狂游，常引起鱼苗、鱼种的大批死亡。寄生于鱼体表的车轮虫在鱼体表来回滑动，剥取宿主的皮肤组织细胞和鳃组织作营养，破坏皮肤和鳃组织，影响鱼的呼吸和正常活动。

【流行】在水质浑浊且有机质多的池塘较易发生，4～7月较流行。

【防治方法】

（1）预防：硫酸铜，一次量，每1m^3水体0.5～1g，鱼种放养前，浸浴15～30min。高锰酸钾，一次量，每1m^3水体10～20g，鱼种放养前浸浴15～30min。

（2）硫酸铜和硫酸亚铁，一次量，每1m^3水体0.5g和0.2g，配制成合剂后全池泼洒一次。苦参碱溶液，一次量，每1m^3水体0.4g，全池泼洒1～2次。严重时，苦参碱溶液和阿维菌素溶液配合使用，量不变。

4. 细菌性败血症

【病原】嗜水气单胞菌、河弧菌、鲁克氏耶尔森氏菌等。

【症状及危害】早期表现为病鱼的口腔、颌部、鳃盖、眼眶、鳍及鱼体两侧轻度充血症状，肠道尚见有少量食物。随着病情发展，充血现象加剧，鳃丝充血，呈浅紫色，肿胀，肌肉呈出血症状；眼眶周围充血，眼球突出，腹部膨大、红肿。腹腔内有腹水，肝、脾、肾肿大，肠壁充血、充气，有的病鱼肛门红肿并伴有肠液溢出。病鱼周身病变，在水中行动迟缓或阵阵狂游。如不及时治疗，短时间可引发大量死亡。

【流行】水温9～34℃条件下都可爆发。

【防治方法】

（1）预防：彻底清塘，清除池底过多的淤泥，从而减少淤泥消耗大量的氧气。定期加注清水、换水及遍洒生石灰，调节水质和改良池塘底质，提供鱼类生长不可缺乏的钙元素。把好鱼种和饲料关，选择优质鱼种和营养全面的配合饲料。做好鱼体、饲料、工具和食场各项的消毒。疾病流行季节应用药物预防，做到早发现早治疗，防范在先。

（2）治疗：该病一旦发生则周身病变，必须以内服与外用泼洒两种方式结合进行，单用一种方式，治里则不治表，治表则不治里，达不到里表兼治的目的。

外用药物采用二溴海因0.3g/m^{3}水体的浓度全池泼洒，每天下午5点左右泼洒1次，连续3天。第一疗程完成后，隔3～4天进行第二疗程，方法与剂量相同。

内服药物采用聚维酮碘制剂，每100kg鱼体重，在饲料中掺入5g药剂，制成药料，全天投喂，连喂10天为一疗程，需2个疗程。如果是颗粒料，可用喷壶将稀释好的药液均匀地喷在饲料表面，但不应使饲料潮解，应马上进行人工投喂；如果散料，可将饲料先用药液浸泡，然后扣堆定点投喂。

患细菌性败血症的鱼体，常常有寄生虫寄生，如发现鱼有阵阵狂游症状，在施用上述药物前，应每亩先加鱼虫净18L予以杀灭，疗效更加明显。

据观察，经上述方法治疗的细菌性败血症90%以上明显好转，治愈率为60%，30%左右因无法进食仅表现为体表症状减轻，而内部病变依旧。单独外用或单独内服方法治疗该病，无一痊愈。

主要参考文献

陈军，潘伟志，赵春刚，等. 2006. 乌苏拟鲿苗种培育技术. 黑龙江水产，2006，(3)：3～17.
高征，崔杰，徐光宏，等. 2010. 乌苏里拟鲿夏花培育方法. 吉林农业，2010，(9)：241.
何华敏，黄鹤忠，范皖苏，等. 2011. 乌苏里拟鲿的不可逆点及其对5种常见渔药的敏感性研究. 海洋科学，35（4）：26～32.
何华敏. 2011. 乌苏拟鲿养殖生物学研究. 苏州：苏州大学硕士学位论文.
何金钊，黄彩林，李华，等. 2013. 乌苏里拟鲿对6种常用鱼药的耐受性实验. 水产科技情报，40（3）：131～138.
何金钊，李华. 2011. 乌苏里拟鲿苗种培育技术. 广西水产科技，(3)：34～35.
贾一何，黄鹤忠，李倩倩，等. 2012. 池养乌苏里拟鲿雌雄鱼生长及周年性激素与性腺发育. 海洋科学，36（3）：61～66.
贾一何. 2012. 乌苏里拟鲿雌雄鱼生长和性腺发育以及芳香化酶抑制剂对其早期生长和性腺的影响. 苏州：苏州大学硕士学位论文.
刘金兰，陈志伟，张家全，等. 2012. 不同规格乌苏里拟鲿耗氧率及窒息点研究. 天津农学院学报，19（3）：3～7.
马国军，王裕玉，石野，等. 2012. 乌苏里拟鲿稚鱼饲料中蛋白质的适宜水平. 动物营养学报，24（1）：176～182.
潘伟志，陈军，王鹏. 2006. 乌苏里拟鲿人工繁育技术研究. 水产学杂志. 19（1）：32～35.
潘伟志，王鹏，赵春刚. 2001. 乌苏里拟鲿人工繁育技术及开发利用——乌苏里拟鲿繁殖生物学及人工催产初步研究. 水产学杂志，14（2）：2～3.
潘伟志，尹洪滨，孙中武，等. 2006. 乌苏拟鲿（*Pseudobagrus ussuriensis*）同工酶分析. 东北林业大学学报，34（6）：66～69.
沈平，王洪印. 2009. 鱼类养殖的新品种——乌苏拟鲿. 渔业致富指南，(7)：46.
沈怡. 2007. 四种鲇形目鱼消化系统及消化酶的研究. 哈尔滨：东北林业大学硕士学位论文.
陶刚. 2013. 乌苏拟鲿人工繁育及线粒体基因组结构研究. 合肥：安徽农业大学硕士学位论文.
王明华，蔡永祥，陈校辉，等. 2010. 乌苏里拟鲿人工繁育技术. 水产养殖，(4)：23～24.
王明华，蔡永祥，陈校辉，等. 2013. 乌苏里拟鲿、瓦氏黄颡鱼杂交与自交子代生长性能比较. 水产科学，32（1）：51～54.
王鹏，赵春刚，叶继丹，等. 2001. 乌苏里拟鲿人工繁育技术及开发利用—乌苏里拟鲿仔幼鱼食性与生长的初步研究. 水产学杂志，14（2）：5～6.
王裕玉. 2013. 乌苏里拟鲿 *preudobagras ussuriensis* 品质评价适宜蛋白能量水平和氨基酸需要量及对豆粕的利用研究. 哈尔滨：东北农业大学博士学位论文.
徐汗福，黄鹤忠，范皖苏，等. 2011. 马苏拟鲿野生群体和人工养殖群体遗传多样性的比较研究. 海洋科学，35（3）：17～22.
徐汗福. 2011. 乌苏拟鲿（*Pseudobagrus ussuriensis*）不同群体间的遗传多样性比较研究. 苏州：苏州大学硕士学位论文.
薛淑群，尹洪滨. 2008. 乌苏拟鲿的染色体组型研究. 水产学杂志，21（2）：75～80.
杨广，王心华，胡玉花，等. 2012. 乌苏里拟鲿对盐度、碱度的适应性. 天津农学院学报，19（3）：32～35.
杨雨虹，王裕玉，于世亮，等. 2014. 乌苏里拟鲿营养与饲料研究. 饲料工业，35（21）：77～80.
尹海富. 2008. 乌苏拟鲿的人工繁育技术. 科学养鱼，（9）：8～9.
尹洪滨，于波，孙中武. 2009. 乌苏拟鲿（*Pseudobagrus ussuriensis*）精子超微结构的研究. 广东海洋大学学报，29（6）：29～31.
于波. 2008. 乌苏拟鲿精巢发育的周期变化及精子入卵研究. 哈尔滨：东北林业大学硕士学位论文.
周凤建，强晓刚，陈文勇. 2010. 乌苏里拟鲿驯化养殖试验. 科学养鱼，（4）：32～33.